U0805761

全国高等院校水利水电类精品规划教材

水工与河工模型试验

主　编　黄伦超　许光祥
副主编　于　奎　贺　晖
主　审　沈小雄

黄河水利出版社
·郑　州·

内 容 提 要

本书主要介绍水利工程中各种水流模型试验,包括模型试验理论基础、河工模型试验、水工模型试验、模型设计制作与验证、试验设备与量测技术、试验数据整理与分析等。书中除阐述一般理论和试验方法外,还尽可能结合实例进行介绍。

本书为高等学校水利类(水利水电工程、港口航道与海岸工程、农业水利工程等)专业教材,亦可供相关研究人员参考。

图书在版编目(CIP)数据

水工与河工模型试验/黄伦超,许光祥主编.—郑州:黄河水利出版社,2008.12

全国高等院校水利水电类精品规划教材

ISBN 978-7-80734-534-3

Ⅰ.水… Ⅱ.①黄…②许… Ⅲ.①水工模型试验-高等学校-教材②河工模型试验-高等学校-教材 Ⅳ.TV131.6

中国版本图书馆 CIP 数据核字(2008)第 199558 号

策划组稿:杨雯惠 电话:0371-66020903 E-mail:yangwenhui923@163.com

出 版 社:黄河水利出版社

地址:河南省郑州市顺河路黄委会综合楼14层 邮政编码:450003

发行单位:黄河水利出版社

发行部电话:0371-66026940、66020550、66028024、66022620(传真)

E-mail:hhslcbs@126.com

承印单位:河南新华印刷集团有限公司

开本:787 mm×1 092 mm 1/16

印张:16.5

字数:380 千字 印数:1—3 100

版次:2008 年 12 月第 1 版 印次:2008 年 12 月第 1 次印刷

定价:32.00 元

出版者的话

近年来，随着我国对基础设施建设投入的加大，水利水电工程建设也迎来了前所未有的黄金时间。截至2006年，全国已建成堤防28.08万公里，各类水库85 849座，2006年水利工程在建项目4 614个，在建项目投资总规模达6 121亿元（《2006年全国水利发展统计公报》）。据《可再生能源发展"十一五"规划》，到2010年，我国水电总装机容量将达到1.9亿千瓦。水利水电工程的大规模建设对设计、施工、运行管理等水利水电专业人才的需求也更为迫切，如何更好地培养适应现今水利水电事业发展的优秀人才，成为水利水电专业院校共同面临的课题。作为水利水电行业的专业性科技出版社，我社长期关注水利水电学科的建设与发展，并积极组织水利水电类专著与教材的出版。

在对水利水电类本科层次教材的深入了解中，我们发现，以应用型本科教学为主的众多水利水电类专业院校普遍缺乏一套完整构建在校本科生专业知识体系又兼顾实践工作能力的教材。在广泛调研与充分征求各课程主讲老师意见的基础上，按照高等学校水利学科专业教学指导委员会对教材建设的指导精神与要求，并结合教育部实施的多层次建设、打造精品教材的出版战略，我社组织编写了本系列"全国高等院校水利水电类精品规划教材"。

此次规划教材的特点是：

(1)以培养水利水电类应用型人才为目标，充分重视实践教学环节。

(2)在依据现有的专业规范和课程教学大纲的前提下，突出特色，力求创新。

(3)紧扣现行的行业规范与标准。

(4)基本理论与工程实例相结合，易于学生接受与理解。

本系列教材除了涵盖传统专业基础课及专业课外，还补充了多个新开课程的教材，以便于学生扩充知识与技能，填补课堂无合适教材可用的空缺。同时，部分教材由工程技术人员或有工程设计施工从业经历的老师参与编写，也是此次规划教材的创新。

本系列教材的编写与出版得到了全国21所高等院校的鼎力支持，特别是三峡大学党委书记刘德富教授和华北水利水电学院副院长刘汉东教授对系列教材的编写与出版给予了精心指导，有效保证了教材出版的整体水平与质量。在此对推进此次规划教材编写与出版的各院校领导和参编老师致以最诚挚的谢意，是他们在编审过程中的无私奉献与辛勤工作，才使得教材能够按计划出版。

"十年树木，百年树人"，人才的培养需要教育者长期坚持不懈的努力，同样，好的教材也需要经过千锤百炼才能流传百世。本系列教材的出版只是我们打造精品专业教材的开始，希望各院校在对这些教材的使用过程中，提出改进意见与建议，以便日后再版时不断改正与完善。

黄河水利出版社

全国高等院校水利水电类精品规划教材

编审委员会

主　任：三峡大学　刘德富　　华北水利水电学院　刘汉东

副主任：西安理工大学　黄　强　　郑州大学　吴泽宁

云南农业大学　文　俊　　长春工程学院　左战军

委　员：西安理工大学　姚李孝　　西北农林科技大学　辛全才

扬州大学　程吉林　　三峡大学　田　斌

华北水利水电学院　孙明权　　长沙理工大学　樊鸣放

重庆交通大学　许光祥　　河北农业大学　杨路华

沈阳农业大学　迟道才　　河北工程大学　丁光彬

山东农业大学　刘福胜　　黑龙江大学　于雪峰

新疆农业大学　侍克斌　　内蒙古农业大学　刘廷玺

三峡大学　张京穗　　华北水利水电学院　张　丽

沈阳农业大学　杨国范　　南昌工程学院　陈春柏

长春工程学院　尹志刚　　昆明理工大学　王海军

南昌大学　刘成林　　西华大学　赖喜德

前　言

随着水利工程建设的迅速发展，越来越多的工程技术问题需要人们去认识、研究和解决。从理论分析、原型观测分析到模型试验研究是一个巨大的飞跃，人们可主动地将原型缩小和将过程周期缩短，并能将过程中的某些因素孤立起来或抽出来，以便观察比较和发现因果关系。自 H · 恩格斯(H. Engels)于 1898 年在德国的德累斯顿(Dresden)工科大学建立第一个河流水力学试验室以来，模型相似律不断发展和完善，而且发展到用不同物质进行模拟以求现象的相似。解决工程上的复杂问题，几乎都要借助于模型试验研究。随着科学技术的进步，虽然模型试验的某些功能可以被计算技术或其他方法所代替，但是并不能完全取代这些物理模型。水工及河工模型试验仍然是解决水利工程规划、设计、施工及运行管理等方面问题的主要手段。因此，模型试验不仅在目前仍有重要的实用意义，而且具有广阔的发展前景。

介绍模型试验理论和方法的论著多散见于期刊杂志上，国内在水工及河工模型试验方面也有一些专门著作和教科书。但随着科学技术的进步，水工及河工模型试验出现了许多新技术、新设备、新方法、新材料，也取得了许多新的经验，有关模型试验规程也相继制定或修编。这些新成果很有必要编入教材，走进课堂，为培养新世纪的专业人才服务。因此，在教学和科学试验上急需有一本内容稍全面，能反映一些新成就而又适于水利水电工程、港口航道与海岸工程、农业水利工程等专业教学的教材。

2008 年 1 月在郑州召开了“全国高等院校水利水电类精品规划教材”编审委员会会议，会议明确了整套规划教材的定位，即突出“应用型人才培养”及“应用型教材”特色，以“水利水电工程”专业为基础，兼顾“港口航道与海岸工程”、“农业水利工程”等专业需求。本教材是根据该会议确定的编写大纲组织相关院校共同编写完成的。在编写过程中，编者力求反映水工及河工模型试验的最新成果，同时注重基本理论和方法、拓宽学生知识面、提高学生综合试验能力和研究问题能力。

本教材由黄伦超教授和许光祥教授担任主编，于奎和贺晖担任副主编，由黄伦超教授负责组织协调工作和统稿。具体编写分工如下：前言、第一章及第五章的第一、三、五、八节由长沙理工大学的黄伦超教授编写，同时对第七章进行了补充编写和对第五章的第九节进行了重新编写；第二章由华北水利水电学院的宋永军老师编写；第三章由长沙理工大学的贺晖老师编写，同时完成第四章的第二轮编写；第六章及第五章的第二、六、七节由重庆交通大学的许光祥教授编写，同时编写第三章第五节的部分内容；第五章的第四、十节由黑龙江大学的于奎副教授编写，同时完成第四章及第五章的第九节的第一轮编写；第七章由长春工程学院的李宗伟老师编写；第八章由长沙理工大学的江诗群老师编写；云南农业大学的宋天文老师参加了第八章编写的前期工作。

本教材由长沙理工大学的沈小雄教授担任主审。

本教材的出版得到了黄河水利出版社的大力支持，特别是马广州主任对教材编写给予了极大的关心，在此表示诚挚的感谢！

限于编者的水平，本教材难免有谬误与不当之处，衷心希望读者批评指正，以便今后改进。

编　者

2008 年 9 月

目　录

第一章　绪　论

水利工程规划、设计、施工及运行管理中涉及到的许多问题,往往均要借助于物理模型试验来研究解决,因此水工及河工模型试验已广泛应用于工程实践。本章主要介绍水工及河工模型试验的意义、发展状况、分类及研究范围等内容。

第一节　水工与河工模型试验的意义

随着水利工程建设事业的迅速发展,越来越多的工程技术问题需要人们去认识、研究和解决。诚然,通过大量实践和试验研究,人们已经认识和掌握了许多有关水工及河工的自然现象和规律,提出了不少成熟的理论和符合实际的设计计算方法。然而,由于水工及河工问题的复杂性,也有许多自然现象及其内在机理人们至今尚未充分认识和掌握。因此,我们必须采取一系列技术手段和研究方法,以确保工程方案的安全可靠和经济合理。

为此,人们对水工及河工问题的研究,主要有理论分析、原型观测和模型试验等技术手段。

理论分析是根据成熟的理论和计算方法等对相关问题进行分析和计算,从而可以解决工程中的问题,其结果准确、可靠。但许多水工及河工问题至今还没有成熟的理论和计算方法,因此理论分析方法的应用受到一定限制。

原型观测是对现场自然条件、对已建成或在建工程原型进行现场观测,藉此更好地认识自然和检验设计计算理论、方法和成果的可靠性。近年来,国内外对于原型观测研究越来越重视,有些观测研究规模十分庞大。原型观测避免了试验室研究中因比尺效应而影响精度等问题,因而可以获取较为可靠的观测数据。但是原型观测不仅消耗巨大的人力和物力,而且还存在着观测上的种种限制和困难。例如,某些特殊工况条件下就较难进行原型观测和取得可靠的数据,而这些数据可能恰恰是人们最期望取得的。此外,原型观测中各种因素掺和在一起,十分复杂,不容易把人们感兴趣的因素分离出来。所以,尽管某些原型观测已经取得重大进展,但目前仍有许多原型观测无论在观测手段和还是在数据处理方面都不够成熟,根据观测资料得出的成果差异也较大。

模型试验就是仿照原体实物,按照相似准则将原型缩制成模型进行试验研究。如想了解原体的实际现象和性质,或检查其水力安全性,就可以用模型重演与原体相似的自然情况进行观测和分析研究,然后按照一定的相似准则引伸到原型,从而作出判断,这就是水工及河工模型试验的基本任务。因此,运用水工及河工模型试验的方法,不仅可以论证工程设计的安全性和合理性,而且还可以预见原型可能发生的现象,同时,对设计时所依据的理论和技术前提进行验证。因此,在现阶段,人们仍不得不凭借模型试验手段来解决某些实际工程问题,特别是在重大工程中,模型试验研究更被认为是不可缺少的环节。例如我国的长江三峡工程,单就泥沙淤积问题就投入了大量人力、物力,在不同的研究单位进行了不同类型、不同比尺的模型试验，获得了丰硕的研究成果。

第二节　水工与河工模型试验的发展状况

相似理论和其他学科一样，都是随着社会生产需要、基础科学、相关学科理论以及观测、试验、量测技术的前进而发展起来的。

在理论上，关于相似现象的学说，早在1686年牛顿(I. Newton)的著作中已有阐述，牛顿在理论上对其三定律就是用两个物体做相似运动来表述和论证的，后来又提出了被称为牛顿数的相似准数。但直到1848年，别尔特兰(J. Bertrand)才首先确定了相似现象的基本性质，并提出尺度分析的方法。1872年左右，弗劳德(W. Froude)进行船舶模型试验，提出了著名的弗劳德数，奠定了重力相似律的理论基础。1882年，法国J·B·傅里叶提出了物理方程必须是齐次的。

模型相似重要的理论基础和方法手段之一就是因次分析，而因次分析的意义和作用又远远超出模型试验的范围，是整个物理科学体系中的重要一环。没有因次分析就不能揭示品类繁多的各种物理量之间的关系，就不能建立严格的单位系统，也不能正确建立和检验各种数学物理方程。相似概念不仅是试验模型的基木特性，也是一切物理试验数据处理的基础和某些物理方程求解的手段。因次分析就是以最普遍的函数形式描述所研究的物理现象的方程分析。对因次分析的研究成果，主要集中在1900年前后约30年的许多物理学家发表的大量论文和争议中。如瑞利在1891年和1915年，傅里叶在1888年，雷包钦斯基在1919年，瓦谢在1892年，普朗克在1916年，费斯特－阿芳纳赛瓦在1916年，勃利基曼在1922年等。而1915年白金汉把它普及到一般工程界。在这段时间以后的论著甚多，几乎都是建立在以上讨论的基础上的。实际上，就这方面的问题而论，也没有多少全新的内容了，而20世纪初遗留下的问题，有的迄今也未得到解决，如热和温度作为基准物理量的因次关系究竟应如何处理，π定理究竟如何证明才算严格完整等。

整个20世纪是“相似”这一普通的概念和词语逐步成为专门特殊学科的过程，其理论和应用日益发展扩大，进入各个领域，由广而专，又由专而更广。20世纪30年代形成了各种理论体系和各种应用科学的模型试验方法。20世纪70年代，由于计算机的应用，“模型”和“相似”的概念突破了原来的范围，成为仿真技术的基础。近一二十年，国内外又出现了把“相似论”作为思维科学和认知哲学来进行研究的学术分支。

在实践上，有资料表明英国在1741年前就已进行过大量炮舰的水池拖曳试验；法格的动床模型试验约在1875年；雷诺(O. Reynold)层流和紊流试验在1883年；1885年雷诺第一个应用弗劳德数进行摩塞(Mersey)河模型试验，研究潮汐河口的水流现象；1886年费弄－哈哥特(Veron-Harcourt)又进行了莱茵河河口模型试验；1898年H·恩格思(H. Engels)在德国的德累斯顿(Dresden)工科大学首创河工试验室，从事天然河流的模型试验。不久，费礼门(J. R. Freeman)创设美国标准局水工试验室，从事水工建筑物的模型试验。此后，欧美各国水工及河工模型试验室的兴建蔚然成风。

我国进行水工及河工模型试验，始于1933年天津第一水工试验所。随后，1935年在南京筹建中央水工试验所，即现在南京水利科学研究院的前身。新中国成立以来，由于大规模水利工程建设的需要，水工及河工模型试验机构得到很大的发展，也取得了大量举世瞩目的研究成果。

从一般试验到相似模型试验是一个飞跃，科学的发展大大地推进了模型试验。目前，模型试验已普及到各行各业，尤其是造船、航空、水利、化工、建筑、热工、电工等方面。从此，“模型”一词被赋予了新的含义。

第三节　水工与河工模型分类

由于试验研究任务的不同，采用不同类型的模型，以满足不同的要求。为此，水工及河工模型通常有以下分类方法和类型。

一、按照研究对象的侧重点分

（一）水工模型

水工模型是指主要针对水工建筑物的工程水力学及工程设计等问题进行研究的模型，包括水工常规模型和水工专题模型。

（二）河工模型

河工模型主要是用以研究河道的水流和泥沙运动状态、河道冲淤变化规律及河道治理工程效果等方面的模型。

二、按照模拟原型的完整性分

（一）整体模型

整体模型是指为模拟研究对象整体而建立的模型，模型范围一般包括研究对象及其上下游和左右边界的一定范围。例如，当研究河道中水利枢纽工程的总体布置时，就需要将所研究的枢纽建筑物及上下游一定河段，按一定的比例缩制成模型进行试验，这就叫做整体模型。

（二）半整体模型

如一些水工建筑物两边对称，水流情况也对称，可以研究一半来代替整体，这时可采用半整体模型。

（三）局部模型

局部模型是指为模拟研究对象的某个局部而建立的模型。

（四）概化模型

当主要要求研究某些水工及河工的水流泥沙运动特性，或仅为数学模型提供相关参数时，可将研究对象进行概化，然后进行研究，称为概化模型。

（五）断面模型

当研究的问题可以简化为二维时，可以建立以原型断面为研究对象的模型，即断面模型。断面模型一般在水槽中进行试验，如研究泄水建筑物堰面压力分布、上下游水流衔接、消能工作用及下游局部冲刷等，一般截取枢纽坝轴线的一段制成模型，安装在玻璃水槽中进行试验研究。

三、按照模型结构组成分

(一)定床模型

定床模型是指模型地形在水流等动力条件作用下不发生变形的模型。

(二)动床模型

动床模型是指模型床面铺有适当厚度的模型沙,其地形在波浪、潮流、水流等动力条件作用下发生冲淤变化的模型。如研究河床演变、水工建筑物下游局部冲刷等,需按照相似条件将模型床面做成活动河床进行研究。

动床模型根据动床的范围又分为全动床和局部动床;根据模拟原型泥沙运动情况又可分为推移质泥沙模型、悬移质泥沙模型和全沙模型。推移质泥沙模型是指模拟原型推移质(底沙)泥沙运动的模型;悬移质泥沙模型是指模拟原型悬移质(悬沙)泥沙运动的模型;全沙模型是指同时模拟原型推移质和悬移质泥沙运动的模型。

四、按照模型比尺关系分

(一)正态模型

正态模型是指将原型的长、宽、高三个方向尺度按照同一比例缩制的模型。水工模型一般要求采用正态模型。

(二)变态模型

有时因受各种条件的限制,如粗糙度、水流流态、场地条件等限制,采用垂直几何比尺与平面几何比尺不同来缩制模型,即变态模型。水工模型一般不能采用变态模型,而河工模型一般可采用变态模型。

五、按照模拟方法分

按照水工及河工模型模拟的方法可分为物理模型、数学模型和复合模型等,本教材仅介绍物理模型,其他模拟方法见其他文献。

(一)物理模型

物理模型是指将研究对象按照一定的相似条件或相似准则缩制的实体模型。物理模型具有直观性强,对工程结构近区模拟的准确性高,并能准确反映复杂几何边界、复杂流态等方面的优点,但它受模型比尺等的限制。

(二)数学模型

数学模型是指针对研究对象和需要研究的问题,建立基本方程式,按定解条件进行数值计算研究的模型。数学模型在模拟非恒定流场随时间变化时有较好的效果,宏观上能给出计算域中的整体流态特征。但是,如模拟水域的形态比较复杂,特别是一些复杂的水工建筑物,形态各异,尺寸相差悬殊,数学模型对建筑物的形态逼近受到离散网格的制约,往往影响模拟的精度。

(三)复合模型

复合模型是指将物理模型和数学模型相结合的模型。物理模型和数学模型是模拟水工及河工的主要手段,它们有各自的优点但也存在着局限性。有些问题的研究需要综合物理模型和数学模型的优点来模拟研究，复合模型正是在这种情况下出现的。

六、按照模型试验采用的试验流体分

（一）水流模型

用水作为介质来研究相关问题的模型称为水流模型。水工及河工模型绝大多数情况下为水流模型。

（二）气流模型

用空气作为介质来研究问题的模型称为气流模型，其成果一般供规划比较方案之用。

（三）其他液体或介质模型

当模型采用与原型相同的介质进行试验，测量困难或难以掌握某些物理现象的演变过程，甚至还会歪曲所研究的现象时，可用其他介质所产生的物理现象来模拟所要研究的水力现象。如地下水渗流模型，就经常采用黏滞流模型、水力网模型和电模型（导电液和电网络）等。

第四节　水工与河工模型试验的研究范围

随着相似理论的完善及试验和量测技术的发展，模型试验已普及到各行各业。水工及河工模型试验研究范围已覆盖了与水工及河工有关的各个方面。

一、水工模型试验研究范围

水工模型试验研究范围主要包括水工建筑物的工程水力学及工程设计等问题，包括水工常规模型试验和水工专题模型试验。

（一）水工常规模型试验

水工常规模型试验的研究范围主要包括水利枢纽布置和各种工程水力学问题，如泄水建筑物的体型优化、泄流能力、水流作用于建筑物上的压力和脉动荷载、上下游水流衔接、消能工的作用以及下游局部冲刷和防冲措施等。

（二）水工专题模型试验

水工专题模型试验的研究主要包括水工建筑物的水流空化模型试验、掺气减蚀模型试验、水流压力脉动与流激振动模型试验、闸门与阀门水力模型试验、航道水力模型试验、通航建筑物水力模型试验、水电站有压引水系统模型试验、施工导流截流模型试验、溃坝模型试验、滑坡涌浪模型试验、波浪模型试验、泄洪洞水力学模型试验、紊流边界层模型试验、地下水渗流及环境流体力学模型试验等方面。

二、河工模型试验研究范围

河工模型试验主要用以研究河道的水流和泥沙运动状态、河道冲淤变化规律及河道治理工程效果等方面。包括河流、湖泊冲淤演变规律及发展趋势试验研究；河道治理规划及岸线利用选址等试验研究；治河、航道整治工程方案试验研究、工程效果预报；人类活动（修建水利枢纽、裁弯取直、护岸工程等）对防洪、通航的影响试验研究；河道取（引）水、桥

渡等模型试验研究;海岸与河口潮流泥沙试验研究等。

复习思考题

1. 水工及河工问题的研究方法有哪些？各有何优缺点？
2. 水工及河工模型试验对水利工程建设的意义是什么？
3. 简述水工及河工模型试验的发展状况。
4. 水工及河工模型试验的一般分类方法有哪些？
5. 试述水工模型与河工模型的联系和区别。

第二章　因次分析

对于自然界中很多复杂的物理现象,人们很难直观地发现各个物理量或影响因素之间的规律,例如有压管中水流、高含沙水流的流动现象,目前还不能单纯用理论分析方法对其进行研究,但可以从定性或定量的角度出发,获得规律性的结果。随着自然科学的发展以及研究的深入,利用因次分析的方法解决问题就逐渐成熟起来,它体现了试验成果验证理论的特性,并且在模型试验的规划、设计等方面起到了指导性作用,并在流体力学理论和模型试验理论之间架起了沟通的桥梁。

第一节　因次与单位

因次,亦称量纲(dimension),表征物理量的性质和类别,例如质量、长度、时间或其一种组合,可以视其为一种基本的测量值或一种物理量的一组基本的测量数据之一。而单位(unit)则表征度量物理量的基准,例如米(m)、千克(kg)、秒(s)和牛顿(N)分别是度量长度、质量、时间和力的单位。因次和单位是表征物理量性质的两个相关的概念。单位是物理量的因次在某种单位制下的具体形式,一种因次可以用多种单位表示,比如长度可以用米(m)、分米(dm)、厘米(cm)等单位表示,而因次是物理量属性的抽象与概括。

因次可以分为两类:基本因次与导出因次。基本因次具有独立性,即任何一个基本因次都不能由其他的基本因次推导得到;而导出因次则可以由其他基本因次推导出来,一旦基本因次确定后,其他因次都可以用基本因次的幂指数乘积形式表达出来。在水力学中通常采用长度[L]、时间[T]、质量[M]或者长度[L]、时间[T]、力[F]作为一组基本因次,速度[U]、压强[P]用以上两组基本因次可分别表示为[LT^{-1}]、[$ML^{-1}T^{-2}$]和[LT^{-1}]、[FL^{-2}]。

如果某一物理量可用基本因次表达,且其表达式中各基本因次的指数均为零,例如[X] = [$M^0L^0T^0$] = [1],即把该物理量 X 称为无因次数、无因次量或者因次为 1 的数。无因次数可以由基本因次和导出因次组合表达。无因次数具有如下特点:

(1)因次表达式的指数均为零;

(2)没有单位;

(3)量值与所采用的单位制无关。

根据基本因次彼此之间相互独立、不能由其他基本因次表达的性质,则可推知基本因次的判定条件。根据 GB3101—93,在物理量代表符号前面加“ dim ”表示因次,例如质量的因次表示为 $\dim m$ 。任一物理量 X 的因次可以表达为 $\dim X = L^aM^bT^c$ 。假设 A 、B 、C 为三个基本因次,其成立的条件是幂乘积不是无因次数,即式(2-1)的非零解不存在。

$$(\dim A)^x(\dim B)^y(\dim C)^z = M^0L^0T^0 = 1 \tag{2-1}$$

则 A、B、C 的因次可以分别表示为:

$$\left.\begin{aligned}\dim A &= L^{a_1}M^{b_1}T^{c_1}\\ \dim B &= L^{a_2}M^{b_2}T^{c_2}\\ \dim C &= L^{a_3}M^{b_3}T^{c_3}\end{aligned}\right\}$$

将其代入式(2-1),则关于幂指数的关系式为:

$$\left.\begin{aligned}a_1x + a_2y + a_3z &= 0\\ b_1x + b_2y + b_3z &= 0\\ c_1x + c_2y + c_3z &= 0\end{aligned}\right\} \tag{2-2}$$

方程(2-1)若无零解,则:

$$\begin{vmatrix} a_1 & a_2 & a_3 \\ b_1 & b_2 & b_3 \\ c_1 & c_2 & c_3 \end{vmatrix} \neq 0$$

即可认为变量 A、B、C 相互独立,可以作为基本因次。

既然任一因次都可以由一组既定的基本因次表达出来,而在一组多个因次中如何确定基本因次?根据经验,可以把物理量分为三类:几何学物理量、运动学物理量和动力学物理量。只要所选取的一组三个基本因次中分别含有几何学物理量、运动学物理量和动力学物理量,则可认为所选取的基本物理量正确。如何区分这三类物理量?一般来讲,若物理量的因次仅是长度[L],则表示该物理量为几何学物理量;若物理量因次表达式中含有时间[T]而不含质量[M](或力[F]),则表示该物理量为运动学物理量;若物理量的因次含有质量[M](或力[F]),则表示该物理量为动力学物理量。水力学中常见的三类物理量见表 2-1。

表 2-1　常用物理量的因次和单位

物理量		因次		单位(SI 制)
		(L、M、T)	(L、F、T)	
几何学量	长度 l	L	L	m
	水头损失 h	L	L	m
	面积 A	L^2	L^2	m^2
	体积 V	L^3	L^3	m^3
	面积矩 I	L^4	L^4	m^4
运动学量	时间 t	T	T	s
	流速 u	LT^{-1}	LT^{-1}	m/s
	流量 Q	L^3T^{-1}	L^3T^{-1}	m^3/s
	单宽流量 q	L^2T^{-1}	L^2T^{-1}	m^2/s
	重力加速度 g	LT^{-2}	LT^{-2}	m/s^2
	运动黏滞系数 ν	L^2T^{-1}	L^2T^{-1}	m^2/s

续表 2-1

物理量		因次		单位(SI 制)
		(L、M、T)	(L、F、T)	
动力学量	质量 m	M	$FL^{-1}T^2$	kg
	力 F	MLT^{-2}	F	N
	密度 ρ	ML^{-3}	$FL^{-4}T^2$	kg/m^3
	容重 γ	$ML^{-2}T^{-2}$	FL^{-3}	N/m^3
	压强 p	$ML^{-1}T^{-2}$	FL^{-2}	N/m^2
	动量 K	MLT^{-1}	FT	kg · m/s
	功、能量 K'	ML^2T^{-2}	FL	J
	功率 N	ML^2T^{-3}	FLT^{-1}	J/s
	剪切应力 τ	$ML^{-1}T^{-2}$	FL^{-2}	N/m^2
	弹性模量 E	$ML^{-1}T^{-2}$	FL^{-2}	N/m^2
	动力黏滞系数 μ	$ML^{-1}T^{-1}$	$FL^{-2}T$	$N \cdot s/m^2$
	表面张力系数 σ	MT^{-2}	FL^{-1}	N/m

在描述物理规律时，物理量的数值会随所选用单位的不同而改变，如 1m 和 100 cm。所以，采用有因次的物理量作为自变量所表达的客观规律，其关系式中的函数会随着所选取的单位的变化而改变数值。如果要正确表示反映客观规律的关系式，则需将其中物理量表示为由无因次数构成的关系式，这样就避免了由于所选择单位的不同而引起的数值变化。因次分析就是确定出无因次函数关系式，进而揭示物理量之间的客观规律。

第二节　因次和谐原理

对于自然界中的一切物理过程，原则上都可以采用一定的物理方程表达，该物理方程可以是单项式或多项式，且同一方程各项可以由不同物理量组成，不同因次的项显然不能进行加减等代数运算。因此，任一物理方程中的各个项的因次必须相同。换言之，所有的物理方程都必定是齐次的，即因次和谐，这就是因次和谐原理。

如果一个物理方程经过变化后，方程中各项都变为无因次数，则该物理方程称为无因次方程，亦即无量纲方程。显然，无因次方程也是齐次方程，且无因次方程所表达的物理含义与原方程相同。由于无因次量与所用单位制无关，所以无因次方程也与所选用的单位制无关，这在具体问题的运算中甚为简便。例如，牛顿第二运动定律可用下式表示：

$$F = ma \tag{2-3}$$

式(2-3)左右两边同时除以 F，则牛顿第二运动定律变为无因次方程：

$$1 = \frac{ma}{F}$$

又如理想流体的伯努利方程：

$$z_1 + \frac{p_1}{\rho g} + \frac{u_1^2}{2g} = z_2 + \frac{p_2}{\rho g} + \frac{u_2^2}{2g} \tag{2-4}$$

将式(2-4)两边同时除以左边的动能项并合并后，则伯努利方程可以化为无因次方程：

$$1 = \frac{z_2 - z_1}{u_1^2/(2g)} + \frac{p_2 - p_1}{\rho u_1^2/2} + \left(\frac{u_2}{u_1}\right)^2$$

但在实际应用中，由于客观条件的限制及认识的局限性，一些根据观测数据或试验资料所得到的经验公式，仅与相应的数据相对应，而单位不符，则该经验公式因次可能是不和谐的，但不和谐的因次表达式也具有一定的实用价值。尽管和谐的因次方程式才有可能正确反映客观规律，但由于目前人类对客观事物的认识还不完全，因此还需要继续研究，以探求能正确反映客观规律的公式。

英国的瑞利(Rayleigh)曾利用因次和谐的原理，提出了一种分析方法，该方法适用于所涉及的物理量较少且比较简单的物理过程，物理量数目一般不超过4个，并且未知物理量可以表达成单项指数乘积的物理形式。

瑞利法的基本原理可描述为：已知某一物理过程与几个物理量有关，记为：

$$f(N_1, N_2, \cdots, N_n) = 0 \quad (n \leqslant 4)$$

其中的某个物理量可以表示为其他物理量的指数乘积形式：

$$N_i = kN_1^a N_2^b \cdots N_n^m \tag{2-5}$$

式(2-5)中，k 为常数，可通过具体的试验测定。再写出其因次关系式：

$$[N_i] = k[N_1]^a[N_2]^b \cdots [N_n]^m$$

根据因次和谐原理，确定出方程式右边相应的指数，即可得到表达该物理过程的方程式。通过如下算例，可进一步加深对瑞利法的理解及应用。

例2-1　用水泵输水，已知水泵的输出功率 N 与水的容重 γ、流量 Q 及水泵扬程 H 有关。试用瑞利法推导出输出功率的表达式。

分析：既然水泵的输出功率与水的容重、流量及水泵扬程有关，且该物理过程所涉及的物理量不超过4个，可用瑞利法求解。

解：首先写出该物理过程函数关系式：

$$f(N, \gamma, Q, H) = 0$$

将输出功率表达为其他物理量指数乘积的形式：

$$N = k\gamma^a Q^b H^c$$

取长度[L]、质量[M]、时间[T]作为基本因次，将以上各物理量均用基本物理量表示，则该乘积式可表达为：

$$[ML^2T^{-3}] = k[ML^{-2}T^{-2}]^a[L^3T^{-1}]^b[L]^c$$

根据因次和谐原理，可得到一个关于 a、b、c 的三元一次方程组：

$$\left.\begin{aligned} -2a + 3b + c &= 2 \\ -2a - b &= -3 \\ a &= 1 \end{aligned}\right\}$$

解方程组得 $a=1$、$b=1$、$c=1$，即可得到水泵输出功率的表达式：

$$N = k\gamma QH$$

在功率表达式中，k 为系数，可通过具体的试验测出。本例中 k 为与水泵总效率有关的系数。

利用瑞利法求解未知物理量时，有关物理量不宜超过 4 个，且待求的因次方程指数不超过 3 个，否则，瑞利法不能反映正确的物理过程。

第三节　π 定理及应用

在自然界任何物理过程中，均会涉及到多个物理量，在描述物理过程的模型试验与数据整理中，常使用因次分析法来确定物理过程中某个未知量的影响因素。上节介绍的因次分析法中的瑞利法即为其中的一种方法。尽管瑞利法使用较为简单方便，但由于其只能适用于不超过 4 个物理量的物理过程，并且要求未知物理量可以表达成单项指数乘积的物理形式，因此其应用条件受到限制。目前，广泛使用白金汉（E. Buckingham）于 1915 年提出的另外一种因次分析方法，即著名的白金汉定理。由于白金汉定理采用一系列常数 π 来表示方程中的这些无因次数，因此亦称为 π 定理。

一、π 定理

π 定理可以表述如下：如果任意一个物理过程涉及到 n 个物理量，若取此 n 个物理量中的 m 个作为基本因次，则此物理过程可由这 n 个物理量组成的 $n-m$ 个无因次量的函数关系式来描述，这 $n-m$ 个无因次量用 $\pi_i(i=1、2、3、\cdots、n-m)$ 来表达。

假设某个物理过程中含有 n 个物理量，在这 n 个物理量中有一个因变量、$n-1$ 个自变量，假设 N_1 为因变量，其他物理量为自变量。由于在此物理过程中 n 个物理量所组成的函数关系式尚且不知道，但可以用一个简单的函数关系表达式来代替。如：

$$N_1 = f(N_2, N_3, N_4, \cdots, N_n) \tag{2-6}$$

若取 N_2、N_3、N_4 这三个基本物理量的因次为基本因次，则各物理量均可由这三个基本物理量的因次表示出来：

$$\left.\begin{aligned} N_1 &= \pi_1 N_2^{x_1} N_3^{y_1} N_4^{z_1} \\ N_2 &= \pi_2 N_2^{x_2} N_3^{y_2} N_4^{z_2} \\ N_3 &= \pi_3 N_2^{x_3} N_3^{y_3} N_4^{z_3} \\ N_4 &= \pi_4 N_2^{x_4} N_3^{y_4} N_4^{z_4} \\ &\vdots \\ N_n &= \pi_n N_2^{x_n} N_3^{y_n} N_4^{z_n} \end{aligned}\right\} \tag{2-7}$$

在式（2-7）中，根据因次和谐原理，第二式中的 $x_2=1$、$y_2=0$、$z_2=0$，所以无因次数 $\pi_2=1$；同理 $\pi_3=1$、$\pi_4=1$。由以上分析可知，所选定基本物理量的无因次常数 π_2、π_3、π_4 均为 1。

同样，根据因次和谐原理，即等式两边的基本因次的系数对应相等，则可以确定

式(2-7)中所有指数 x_i、y_i、z_i,从而可确定 π_i,即:

$$\pi_i = \frac{N_i}{N_2^{x_i} N_3^{y_i} N_4^{z_i}} \tag{2-8}$$

则方程式(2-6)用无因次方程表达为:

$$\pi_1 = f(\pi_2, \pi_3, \pi_4, \cdots, \pi_n)$$

由于 π_2、π_3、π_4 均为1,故上式又可表示为:

$$\pi_1 = f(1, 1, 1, \pi_5, \cdots, \pi_n)$$

由于常数1可以不写入方程,这样原来由 n 个物理量组成的物理方程式转化为仅含有 $n-3$ 个无因次量的无量纲方程式,即:

$$\pi_1 = f(\pi_5, \pi_6, \pi_7, \cdots, \pi_n) \tag{2-9}$$

从式(2-9)不难看出,总的变量数减少了3个,这极大地简化了模型试验和试验数据的分析整理工作。利用 π 定理,可以推求出一些物理过程的函数关系式。但需要注意的是,并非所有的物理过程都能利用 π 定理来确定物理过程的函数表达式。研究者只有在理论分析或试验的基础上,对所要研究的物理过程有所了解,正确确定出影响该物理过程的主要物理量,才可能得到正确的结论。否则,有时即使利用 π 定理进行因次分析的过程完全正确,也会得出错误结论。

π 定理中基本物理量的数目 m 并非只能取 $m = 3$,在一些情况下,可以取 $m = 2$,甚至可以取 $m = 1$。

值得注意的是,在 π 定理中的无因次数就是后面章节中所涉及到的“相似准数”或“相似判据”,而这些无因次数的倒数、幂次方,以及它与另外无因次数(或常数)的和、差、积等仍为无因次量,体现为新的相似准数。

综上所述,在使用 π 定理求解时,需要遵循以下步骤:

(1)通过对所研究的物理过程进行深入分析,列出该物理过程所涉及的所有物理量,并表达为如式(2-6)所示的形式。

(2)在所有物理量中确定三个基本因次,采用长度[L]、时间[T]、质量[M]或长度[L]、时间[T]、力[F]均可。

(3)将其余物理量按照因次和谐原理用基本因次表达,并按照式(2-7)和式(2-8)求出各式中相应的指数以及 π 常数。

(4)检验所求解 π 常数,确保它们均为无因次数。

(5)将所有的 π 常数表示为如式(2-9)所示的无因次方程式。

二、π 定理应用

下面结合两个水工及河工模型试验的例子来进一步介绍 π 定理的具体应用。

例 2-2 通过试验研究发现,当水流流过平面壁时,液体流动的边壁切应力 τ 与液流的水力半径 R、液流断面的平均流速 u、流体的密度 ρ、流体的动力黏滞系数 μ、平面壁的绝对粗糙度 Δ 有密切关系。试采用 π 定理分析壁面切应力 τ 的表达式。

分析:由题意知,液流流经平面壁时,共涉及到6个物理量,选取长度[L]、时间[T]、质量[M]作为基本因次,则在这6个物理量中选取水力半径 R、液流断面的平均

流速 u 以及流体密度 ρ 作为基本物理量，显然，这三个基本物理量相互独立，满足 π 定理的要求。

解：首先将这6个物理量，写成函数表达形式：

$$\tau = f(R, u, \rho, \mu, \Delta)$$

根据 π 定理，该方程可表示为含有3个无因次数构成的无因次方程，形式如下：

$$\pi_1 = f(1, 1, 1, \pi_5, \pi_6)$$

由于无因次数1可以省略，故无因次方程亦可表达为：

$$\pi_1 = f(\pi_5, \pi_6) \tag{2-10}$$

无因次数 π_1、π_5、π_6 可分别表示为：

$$\pi_1 = \frac{\tau}{R^{x_1} u^{y_1} \rho^{z_1}}$$

$$\pi_5 = \frac{\mu}{R^{x_5} u^{y_5} \rho^{z_5}}$$

$$\pi_6 = \frac{\Delta}{R^{x_6} u^{y_6} \rho^{z_6}}$$

根据因次和谐原理，第一式中，τ 应与 $R^{x_1} u^{y_1} \rho^{z_1}$ 因次相同，μ 应与 $R^{x_5} u^{y_5} \rho^{z_5}$ 因次相同，Δ 应与 $R^{x_6} u^{y_6} \rho^{z_6}$ 因次相同。

对于 π_1，由于 $\dim\tau = [ML^{-1}T^{-2}]$，$\dim R = [L]$，$\dim u = [LT^{-1}]$，$\dim\rho = [ML^{-3}]$，则：$[ML^{-1}T^{-2}] = [L]^{x_1}[LT^{-1}]^{y_1}[ML^{-3}]^{z_1}$。

基于同因次指数相等原则，可得到一个关于 x_1、y_1、z_1 的三元一次方程组：

$$\left.\begin{aligned} x_1 + y_1 - 3z_1 &= -1 \\ -y_1 &= -2 \\ z_1 &= 1 \end{aligned}\right\}$$

解此方程组，得到 $x_1 = 0$，$y_1 = 2$，$z_1 = 1$，即可得出无因次数 π_1 的表达形式如下：

$$\pi_1 = \frac{\tau}{\rho u^2}$$

同理，按照 π_1 的求解方法，可以求出 π_5、π_6 的表达式为：

$$\pi_5 = \frac{\mu}{R\rho u}$$

$$\pi_6 = \frac{\Delta}{R}$$

根据雷诺数定义，π_5 又可表示为：

$$\pi_5 = \frac{\mu}{R\rho u} = \frac{\nu}{Ru} = \frac{1}{Re}$$

通过对求得的 π_1、π_5、π_6 进行检验，表明 π_1、π_5、π_6 符合无因次数的特征，从而证明求解正确，将其代入无因次方程式(2-10)中，得到下式：

$$\frac{\tau}{\rho u^2} = f\left(\frac{1}{Re}, \frac{\Delta}{R}\right)$$

上式还可改写为：

$$\tau = \rho u^2 f\left(\frac{1}{Re}, \frac{\Delta}{R}\right)$$

由以上因次分析过程可知，壁面切应力是雷诺数 Re 、壁面相对粗糙度 $\frac{\Delta}{R}$ 的函数，尽管其具体的函数表达式未知，但以上推论为我们进一步研究沿程水头损失系数在不同的流态下的变化规律及相应的计算公式指明了方向。

在某些特殊情况下，比如当需要导出的某一物理量的函数关系式不能表示成显式函数时，因次分析中，可先用隐式的函数式代替，经对物理过程进行分析后，通过中间物理量来间接求解。

例 2-3 已知二维沙质河床的条件：平均水深为 h ，水的密度为 ρ ，水的动力黏滞系数为 μ ，河床过流断面平均流速为 u ，泥沙粒径为 d ，泥沙的密度为 ρ_s 。试用因次分析法推求二维沙质河床条件下泥沙起动的临界剪切应力 τ_{cr} 。

分析：根据水力学知识，临界剪切应力 τ_{cr} 可以用临界摩阻流速 u_{*cr} 来表达：$\tau_{cr} = \rho u_{*cr}^2$ ，而临界摩阻流速与断面平均流速呈正比关系：$u_{*cr} = \frac{\sqrt{g}}{C}u$ ，因此可以用临界摩阻流速 u_{*cr} 代替断面平均流速 u ，先求出 u_{*cr} 的表达式，然后得出临界剪切应力的表达式。由于床沙在水中受到浮力作用，考虑将泥沙的密度 ρ_s 用泥沙与水的密度差（$\rho_s - \rho$）替代。

通过对物理过程分析，我们所要研究的问题的影响因素为 7 个：水的密度 ρ 、临界摩阻流速 u_{*cr} 、泥沙粒径 d 、当地重力加速度 g 、水的动力黏滞系数 μ 、泥沙与水的密度差（$\rho_s - \rho$）、平均水深 h 。进行因次分析时，我们选取长度[L]、时间[T]、质量[M]作为基本因次，则在这 7 个物理量中选取水的密度 ρ 、临界摩阻流速 u_{*cr} 以及泥沙平均粒径 d 作为基本物理量，这三个基本物理量相互独立，满足 π 定理的要求。

解：首先将这 7 个物理量写成隐式函数表达形式：

$$f(\rho, u_{*cr}, d, g, h, \mu, \rho_s - \rho) = 0$$

根据 π 定理，该方程可表示为含有 4 个无因次数构成的无因次方程，形式如下：

$$f(1,1,1,\pi_4,\pi_5,\pi_6,\pi_7) = 0$$

由于无因次数 1 可以省略，故无因次方程亦可表达为：

$$f(\pi_4,\pi_5,\pi_6,\pi_7) = 0 \tag{2-11}$$

则无因次数 π_4 、π_5 、π_6 、π_7 可分别表示为：

$$\pi_4 = \frac{g}{\rho^{x_4} u_{*cr}^{y_4} d^{z_4}}$$

$$\pi_5 = \frac{h}{\rho^{x_5} u_{*cr}^{y_5} d^{z_5}}$$

$$\pi_6 = \frac{\mu}{\rho^{x_6} u_{*cr}^{y_6} d^{z_6}}$$

$$\pi_7 = \frac{\rho_s - \rho}{\rho^{x_7} u_{*cr}^{y_7} d^{z_7}}$$

根据因次和谐原理，在 π_4 的表达式中，当地重力加速度 g 应与 $\rho^{x_4} u_{*cr}^{y_4} d^{z_4}$ 因次相同，平

均水深 h 应与 $\rho^{x_5}u_{*cr}^{y_5}d^{z_5}$ 因次相同,水的动力黏滞系数 μ 应与 $\rho^{x_6}u_{*cr}^{y_6}d^{z_6}$ 因次相同,泥沙与水的密度差 $(\rho_s-\rho)$ 应与 $\rho^{x_7}u_{*cr}^{y_7}d^{z_7}$ 因次相同。

对于 π_4,由于 $\dim g=[LT^{-2}]$,$\dim\rho=[ML^{-3}]$,$\dim u_{*cr}=[LT^{-1}]$,$\dim d=[L]$,则:$[LT^{-2}]=[ML^{-3}]^{x_4}[LT^{-1}]^{y_4}[L]^{z_4}$。

基于同因次指数相等原则,可得到关于 x_4、y_4、z_4 的三元一次方程组:

$$\left.\begin{aligned}-3x_4+y_4+z_4&=1\\x_4&=0\\-y_4&=-2\end{aligned}\right\}$$

解此方程组,得 $x_4=0$,$y_4=2$,$z_4=-1$,即可得出无因次数 π_4 的表达形式如下:

$$\pi_4=\frac{g}{u_{*cr}^2d^{-1}}=\frac{gd}{u_{*cr}^2}$$

参照 π_4 的求解方法,同理可以求出 π_5、π_6、π_7 的表达式:

$$\pi_5=\frac{h}{d}$$

$$\pi_6=\frac{\mu}{\rho u_{*cr}d}$$

$$\pi_7=\frac{\rho_s-\rho}{\rho}$$

通过对求得的 π_4、π_5、π_6、π_7 进行检验,表明 π_4、π_5、π_6、π_7 符合无因次数特征,因而表明求解正确,将其代入无因次方程式(2-11)中,得到下式:

$$f\left(\frac{gd}{u_{*cr}^2},\frac{h}{d},\frac{\mu}{\rho u_{*cr}d},\frac{\rho_s-\rho}{\rho}\right)=0$$

将上式变为关于临界摩阻流速 u_{*cr} 的显式函数关系式:$\frac{gd}{u_{*cr}^2}=f\left(\frac{h}{d},\frac{\mu}{\rho u_{*cr}d},\frac{\rho_s-\rho}{\rho}\right)$,则:

$$u_{*cr}^2=gdf\left(\frac{d}{h},\frac{\rho u_{*cr}d}{\mu},\frac{\rho_s-\rho}{\rho}\right)$$

由于 $\frac{\rho_s-\rho}{\rho}$ 与函数值 f 呈正比关系,所以上式可变为:

$$u_{*cr}^2=\frac{\rho_s-\rho}{\rho}gdf\left(\frac{d}{h},\frac{\rho u_{*cr}d}{\mu}\right)$$

将其代入临界剪切应力 τ_{cr} 的表达式:

$$\tau_{cr}=\rho u_{*cr}^2=\rho\frac{\rho_s-\rho}{\rho}gdf\left(\frac{d}{h},\frac{\rho u_{*cr}d}{\mu}\right)=(\rho_s-\rho)gdf\left(\frac{d}{h},\frac{u_{*cr}d}{\nu}\right)$$

由此可以看出,临界剪切应力 τ_{cr} 与泥沙与水的密度差 $(\rho_s-\rho)$、泥沙粒径 d、当地重力加速度 g、相对粗糙度 $\frac{d}{h}$ 和 $\frac{u_{*cr}d}{\nu}$ 有关系。值得注意的是:由于 $\frac{u_{*cr}d}{\nu}$ 中的特征尺度是泥沙颗粒的平均粒径,所以称无因次数 $\frac{u_{*cr}d}{\nu}$ 为沙粒雷诺数;泥沙与水的密度差

$(\rho_s - \rho)$ 反映了泥沙颗粒受浮力作用的大小；相对粗糙度 $\frac{d}{h}$ 反映了水深的影响，其对泥沙颗粒运动的影响是随着水深的增大而减小的，当水深 h 达到一定深度后，水深对泥沙的影响可以忽略不计。

因次分析和 π 定理是水工及河工试验研究中一种行之有效的数学分析方法，不仅可以借助因次分析求得各变量之间的某种关系，还可通过 π 定理把参变量组合成个数减少了的无因次量，使问题得到简化；有时使偏微分方程变成为常微分方程，便于求解。应用因次分析可以使一些纯经验公式具有理论上（因次和谐性）的正确形式。此外，经过因次分析把包含若干个参变量的函数式转换为只包含几个无因次数的函数式，而这些无因次数往往就是该函数式所描述的物理现象互为相似的一族相似准数，即设计模型试验所必须遵循的相似准则，而且这些准数也成为将试验结果进行正确处理和推广引申的依据。

必须指出，因次分析毕竟是一种数学分析方法，具有一定的局限性和缺陷。在因次分析中，常由于以下原因而导致错误或出现困难：

（1）遗漏了主要参变量，引入了次要变量或完全无关的变量。研究因次分析方法的先驱者之一——瑞利，在分析流体通过恒温固体的热传导问题时，曾遗漏流体动力黏滞系数 μ 的影响，而导出一个不全面的物理方程式，导致建立的方程式错误。应用因次分析方法得到的物理方程式是否符合客观规律，首先与所选物理量是否正确有关，而因次分析方法本身对有关物理量的选取不能提供任何指导和启示。

（2）取了较多没有决定性意义的物理量，造成方程中出现累赘的因次。

（3）把有因次的某些常数或系数（如引力常数）视为无因次数而未作为参变量，遇到因次相同而物理意义不同的量，在分析时难以区分（如弯矩与功）。

（4）在所求得的若干无因次准数中，仅凭因次分析法无法确定哪些是决定性的，哪些是次要的。

总之，因次分析方法十分有用，但有局限性，故只能作为模型试验研究工作中一种重要的辅助方法。正确的因次分析必须基于研究者对物理现象本身正确的认识和理解。因此，越是善于观察物理现象、把握现象的物理本质及富有实践经验的研究者，越能充分利用因次分析这一工具。

复习思考题

1. 理解并掌握单位与因次、基本因次与导出因次的含义及相互之间的联系。

2. 因次齐次性原理的意义是什么？

3. 已知过堰水流的单宽流量 q 与堰顶水头 H 、堰高 H_1 、重力加速度 g 、水的密度 ρ 、水的动力黏滞系数 μ 、水的表面张力系数 σ 有关，试用 π 定理推导过堰水流单宽流量 q 的函数表达式。

4. 倾斜放置的长直管道内有水流动，已知倾斜角为 α 、水流速度为 u 、管径为 d 、水的动力黏滞系数为 μ 、水的密度为 ρ ，试用 π 定理推求剪切应力 τ 的函数表达式。

5. 长度为 l 的物体部分浸没于可压缩黏性流体中，并做匀速运动。若物体阻力 R 与物体的速度u、液体的密度ρ、液体的动力黏滞系数μ、液体的体积弹性模量E、当地重力加速度g有关，试用π定理推求阻力R的函数表达式。

6. 已知河槽挟沙水流剪切应力τ与水的密度ρ、水的动力黏滞系数μ、泥沙沉速ω、泥沙与水的密度差$(\rho_s-\rho)$、泥沙平均粒径d、河槽平均水深h、水面宽度B、槽底坡度J、当地重力加速度g有关，试用π定理推求剪切应力τ的函数表达式。

第三章　水工与河工模型试验理论基础

水工及河工模型试验，因其本身特点及场地、设备等条件的限制，设计制作时往往要缩小原型，从而产生模型和原型的相似问题。同时，水工及河工模型必须能复演原型中各种动力因素影响下发生的物理力学现象，才能很好地用于研究和解决水利工程的实际问题。不仅如此，由于流体力学、河流动力学等理论及实际工程问题的复杂性，模型往往无法获得严格的相似，还需要采用某种近似模拟的方法。因此，水工及河工模型试验必须建立在基于相似原理的模型试验方法上才具有普遍的推广意义。本章将从一般的相似现象和原理出发，系统地介绍水工及河工模型试验的相似条件、相似准则等。

第一节　相似现象及相似概念

所谓相似现象，通常指的是自然界中物理现象的相似，即两个物理体系的形态和某种变化过程相似。从广义的角度来说，相似大致有三种含意：①同类相似（相似）；②异类相似（拟似）；③变态相似（差似）。

要求两种物理现象严格的相似，必须保证这两种现象具有同一的物理性质，例如一种流体运动与另一种流体运动、一种机械运动与另一种机械运动。

如果两个物理体系的物理性质不同，但它们的变化过程遵循同一数学规律，如人们熟悉的渗流场与电场、扩散与热传导等，它们之间也存在着广义的相似。这种通过研究一种物理现象的变化规律去了解另一种物理现象的方法，即通常所说的“模拟”。

同类相似（以下简称相似）是本书重点讨论的对象。几何相似是相似现象最基本的条件，而具有“同一物理性质”是相似现象的重要前提，如即使同为流体运动，若流态不同，则其流体内部的阻力规律完全不同。“同名物理量”即表征同一种物理属性，如长度对应长度，流量对应流量等。相似现象同名物理量具有固定的比数，这一固定的比例常数称为相似常数，在模型设计中称为比尺，通常用 λ 表示，如长度比尺 λ_l、流速比尺 λ_u、作用力比尺 λ_F 等。总而言之，如果两个力学系统相似，必然能用相同的数学物理方程来进行描述，并同时满足以下三个相似条件，即几何相似、运动相似和动力相似。

一、几何相似

我们知道，最早在几何学中就有相似的概念，例如若两个三角形对应边成同一比例，或对应角相等，则称为相似三角形。这一概念可推广到其他物理现象中，即两个体系（通常一个是实际的物理现象，称为原型；另一个是在试验中进行重演或预演的同类物理现象，称为模型）彼此所占据的空间的对应尺寸之比为同一比例常数，则称这两个系统彼此几何相似，该比例常数即为长度比尺 λ_l。例如，在两个空间体系 xyz 和 $x'y'z'$ 中，空间对应尺寸之比为：

$$\left.\begin{aligned}\frac{x_1x_2}{x'_1x'_2}&=\lambda_x\\ \frac{y_1y_2}{y'_1y'_2}&=\lambda_y\\ \frac{z_1z_2}{z'_1z'_2}&=\lambda_z\end{aligned}\right\}$$

若$\lambda_x=\lambda_y=\lambda_z=\lambda_l$，则两空间体系严格几何相似，即“正态相似”，如大小不同的两个圆球体。若$\lambda_x=\lambda_y\neq\lambda_z$，即平面几何比尺与垂直几何比尺不同，则两体系就不是正态相似，而是“变态相似”，例如圆球体与椭球体、正方体与长方体。通常把平面几何比尺与垂直几何比尺的比称为变率η，即：

$$\frac{\lambda_x}{\lambda_z}=\eta$$

显然，变率越大，几何相似性越差。

二、运动相似

运动相似是指两体系中对应的两个质点沿着几何相似的轨迹运动，在互成一定比例的时间内通过一段几何相似的路程（见图3-1），即两个体系动态相似。

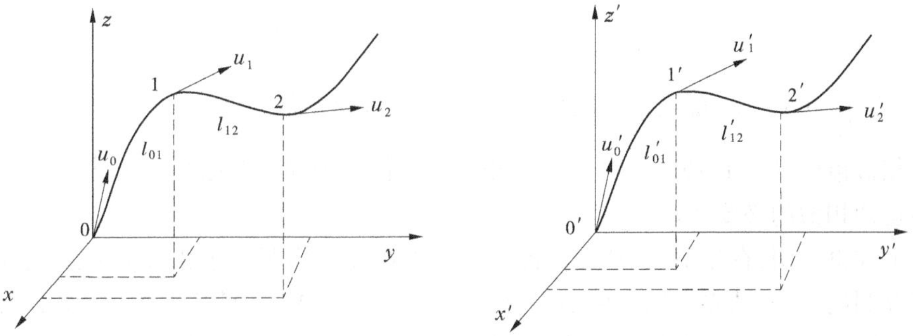

图3-1　质点运动相似

若路程l、时间t、速度u、加速度a各要素的比尺分别为λ_l、λ_t、λ_u和λ_a，即：

$$\frac{l_{01}}{l'_{01}}=\frac{l_{12}}{l'_{12}}=\cdots=\lambda_l$$

$$\frac{t_{01}}{t'_{01}}=\frac{t_{12}}{t'_{12}}=\cdots=\lambda_t$$

$$\frac{u_{01}}{u'_{01}}=\frac{u_{12}}{u'_{12}}=\cdots=\lambda_u$$

$$\frac{a_{01}}{a'_{01}}=\frac{a_{12}}{a'_{12}}=\cdots=\lambda_a$$

则图3-1所示的两质点运动相似可表示为：

$$\left.\begin{aligned} \vec{l} &= \lambda_l \vec{l}' \\ t &= \lambda_t t' \\ \vec{u} &= \lambda_u \vec{u}' \\ \vec{a} &= \lambda_a \vec{a}' \end{aligned}\right\}$$

在以上体系中,各种比尺始终保持某一固定常数,这些常数之间并不一定相同,这是由现象本身规律所决定的,且它们之间存在一定的制约关系。在图 3-1 中有:

$$u_{01} = \frac{l_{01}}{t_{01}} \qquad u_{01}' = \frac{l_{01}'}{t_{01}'}$$

由于 $u_{01} = \lambda_u u_{01}'$, $l_{01} = \lambda_l l_{01}'$, $t_{01} = \lambda_t t_{01}'$,代入上式得:

$$\lambda_u u_{01}' = \frac{\lambda_l}{\lambda_t} \frac{l_{01}'}{t_{01}'}$$

或

$$\frac{\lambda_u \lambda_t}{\lambda_l} u_{01}' = \frac{l_{01}'}{t_{01}'}$$

于是有:

$$\frac{\lambda_u \lambda_t}{\lambda_l} = 1$$

$\frac{\lambda_u \lambda_t}{\lambda_l}$ 称为两相似体系运动的"相似指标"。上式还可以进一步改写为:

$$\left(\frac{ut}{l}\right)_p = \left(\frac{ut}{l}\right)_m = idem = K$$

式中 $\left(\frac{ut}{l}\right)_p$ 和 $\left(\frac{ut}{l}\right)_m$ 都是无因次数,称为相似准数或相似判据。

相似指标等于 1,或原型与模型的相似准数保持为同量并始终等于某一常数 K ,是两体系运动相似的必要条件。

上式也说明,在相似系统中,各种比尺或各物理量均服从于相应的公式或方程,且彼此相互制约,互不独立。如上例中,一旦 λ_l 和 λ_t 确定, λ_u 也就确定了。因此,在模型设计中,各种比尺的确定要满足相应的相似指标的约束关系,而不能全部任意指定。

三、动力相似

两个几何相似体系中,对应点上的所有作用力方向相互平行,大小成同一比例,则这两个体系动力相似,即力的作用相似。

$$\frac{\vec{F}}{\vec{F}'} = \lambda_F$$

式中 λ_F 为力的比尺。

一个物理体系,可能同时存在有多个动力作用。如水利工程中,可能遇到的作用力包括惯性力 F_I 、重力 F_g 、黏滞力 F_μ 、摩阻力 F_D 、表面张力 F_σ 和弹性力 F_e 等。在动力相似体系中,所有这些对应的力的方向应相互平行、大小成同一比例,即:

$$\lambda_{F_I} = \lambda_{F_g} = \lambda_{F_\mu} = \lambda_{F_D} = \lambda_{F_\sigma} = \lambda_{F_e} = \lambda_F$$

第二节　模型试验相似理论

水工及河工模型试验的主要目的在于通过模型试验尽可能准确地模拟各种动力因素作用下水利工程及其周围水域水流、河床变化等现象，并将试验中获得的可靠结果推广应用于原型。水工及河工模型试验所研究的问题是非常复杂的，要达到上述目的，就必须解决模型设计和试验应满足哪些具体相似条件、试验中应采集哪些物理量、试验成果如何整理和推广应用等一系列问题。

和其他领域的模型试验一样，水工及河工模型试验的基础是相似理论。人们对自然界相似现象及规律的认识和研究已有200多年的历史了，一些学者对相似理论进行总结，提出了具有概括性的“相似三定理”。

一、相似第一定理

彼此相似的物理体系应由同一方程式描述，各变量之间保持一定的比例，其相似指标为1或者它们的各种相似准数的数值相同。

相似第一定理阐明了本章第一节中所讨论的相似现象所具有的性质及相似准则的存在。下面结合对力学现象最一般的规律——牛顿第二定律进行相似变换，进一步说明相似第一定理。一般模型试验研究的是原型中的某一具体的运动现象，不论原型还是模型均应遵循牛顿第二定律。

$$\vec{F} = M\vec{a} = M\frac{\mathrm{d}\vec{u}}{\mathrm{d}t}$$

对于原型，应有：

$$\vec{F}_p = M_p\frac{\mathrm{d}\vec{u}_p}{\mathrm{d}t_p} \tag{3-1}$$

对于模型，同样应有：

$$\vec{F}_m = M_m\frac{\mathrm{d}\vec{u}_m}{\mathrm{d}t_m} \tag{3-2}$$

则各同名物理量之间应有固定的相似比尺：

$$\lambda_F = \frac{\vec{F}_p}{\vec{F}_m} \qquad \lambda_M = \frac{M_p}{M_m} \qquad \lambda_u = \frac{\vec{u}_p}{\vec{u}_m} \qquad \lambda_t = \frac{t_p}{t_m}$$

将它们代入式(3-1)得：$\lambda_F\vec{F}_m = \lambda_M M_m\frac{\lambda_u\mathrm{d}\vec{u}_m}{\lambda_t\mathrm{d}t_m}$，整理后得：

$$\frac{\lambda_F\lambda_t}{\lambda_M\lambda_u}\vec{F}_m = M_m\frac{\mathrm{d}\vec{u}_m}{\mathrm{d}t_m}$$

对比式(3-2)可知，上式左端的系数项应等于1，即得到相似指标：

$$\frac{\lambda_F\lambda_t}{\lambda_M\lambda_u} = 1 \tag{3-3}$$

式(3-3)表明：仅当这一相似指标为1时，原型和模型才都遵循牛顿第二定律。进一步改写可得到如下相似准数：

$$\left(\frac{Ft}{Mu}\right)_p = \left(\frac{Ft}{Mu}\right)_m = idem = K \tag{3-4}$$

式(3-4)称为牛顿相似准数，又称牛顿数，通常用 Ne 表示。

以上推导表明，若两体系现象相似，其几何尺寸和各物理量的值改变一个倍数(比尺)后表示运动规律的方程式不变，则可以据此得到若干个无因次的相似准数，作为判别现象相似的一种标志。这些相似准数是由该体系中的某些物理量按照一定规则组合而成的，相似指标也是由体系中同名物理量的比尺组合而成的。因此，这些物理量和物理量的比尺不再是独立存在的，而是服从相似准数及相似指标的约束，即两相似体系存在某种相似准则。

二、相似第二定理

对于两个同一类物理现象，如果它们的定解(单值)条件相似，而且由定解条件物理量所组成的相似准数相等，则现象必定相似。

模型设计最关键的问题是找出满足哪些条件才达到相似。由相似第一定理我们知道，模型与原型现象相似，则必然遵循同一客观规律，具有同等的相似准数，这是以现象相似为前提得出的结论，构成了现象相似的必要条件。但是不是只要按照相似准则去设计模型的各种比尺和测量各种物理量，就能使原型和模型的现象相似并获得符合实际的试验结果呢?

给定一个方程，一般只能描述某一现象的一般规律，还不能确定具体的运动状态，必须附加一些条件(如给定开始运动情况或在边界上施加一些约束，亦即给出初始条件或边界条件)，才能完全确定其具体运动状态。例如，不可压缩的黏性流体最普遍的运动方程式是水流运动方程和水流连续方程，只有给定自由表面边界条件和水流运动的初始条件后，这一流动才是特定的。这些条件称为定解条件或单值条件，有了这些条件就能够从一个普遍规律的无数现象中区别出某一特定的具体现象。因此，若要使某一具体的现象完全相似于另一具体现象，定解条件相似是现象相似的第二个必要条件，与相似准数相等共同构成了现象相似的充分必要条件。定解条件决定现象过程的特点，若这一条件不相似，则不可能保证现象时时处处总是相似。

定解条件相似包括：几何相似；介质物理性质相似；边界条件相似(如水流进出口处几何相似、流场相似等)；初始条件相似。

相似第二定理讨论了满足哪些条件(必要而且充分)现象才达到相似的问题。模型设计的关键问题就在于找出必须遵循的相似条件，因此相似第二定理是相似理论的核心。

三、相似第三定理

表示物理过程的微分方程式可以转换为由若干个无因次的相似准数组成的准数方程式。

如前所述，两物理体系相似，则表示其运动规律的方程式中的各物理量都乘上一对应比数(比尺)后的方程式仍然不变，由此可以得到若干个无因次的相似准数。描述某一物理现象的微分方程式既然表达了某些物理量间的函数关系，那么由这些物理量所组成的相似准数之间必然也存在着某种函数关系，称为相似准数方程或相似判据方程。各相似准数都是一个无因次的复合数，如牛顿数、弗劳德数、雷诺数等。相似准数方程可表示为：

$$f(\pi_1,\pi_2,\cdots,\pi_n) = 0$$

因此，相似第三定理又可称为第二章所述的 π 定理。由第二章可知，一个有 n 个变量参与作用的物理过程的函数式，经过处理，可以变为仅包含若干个无因次数的函数式，此准数方程与原微分方程表达的是同一物理规律。我们知道，物理现象相似也就是各物理量改变一个倍数而其运动规律保持相同，即表示其运动规律的方程式不变。由于准数方程中所包含的都是无因次数，其数值不会随单位更换而改变，那么将准数方程的各项数值倍增或倍减某一个比数，即可得到表征某一物理现象的具体函数关系式。也就是说，模型试验的结果若整理成准数方程后就可推广到原型中去。因此，对于凭借数学分析方法无法求解或难以求解的一些复杂现象的方程，以及尚未建立起数学方程的某些物理现象，相似理论提供了通过模型试验进行求解的一个有效途径。

综上所述，以相似三定理为总结的相似理论实质上是指导模型试验的基本理论，是规划试验方案、进行模型设计、组织试验、整理试验成果以及将试验结果推广到原型的理论依据。按照相似理论，我们在模型试验中，必须满足定解条件相似，必须使相似准数相等，应当采集相似准数中所包含的各个物理量，并且将试验成果整理成相似准数之间的函数关系式，这样才可以将它们推广到原型中去。

第三节　水动力现象相似准数的确定方法

模型设计关键在于确定相似准数，确定了相似准数，则各物理量比尺之间就建立了一定的关系，选择各物理量比尺也就有了可遵循的原则。确定相似准数的方法常有方程分析法、因次分析法和传统的推导法三种。

一、方程分析法

方程分析法即首先分析相似运动体系必须共同遵守的运动规律，建立基本微分方程式及其相应的定解条件，然后进行相似变换，从而得到表示其主要特征的相似准数。此方法严格、可靠，但如果研究对象影响因素复杂，不能建立相应的物理方程式，则不能应用此方法。

在上节中，我们通过对牛顿第二定律进行相似变换，得到力学相似体系中最基本的相似准数，即：

$$\left(\frac{Ft}{Mu}\right)_p = \left(\frac{Ft}{Mu}\right)_m = idem = K$$

若将上式中的质量 M 用 ρV（V 为体积）代换，则可得到：

$$\lambda_M = \lambda_\rho \lambda_V = \lambda_\rho \lambda_l^3$$

代入式(3-3)，得：

$$\frac{\lambda_F}{\lambda_\rho \lambda_l^2 \lambda_u^2} = 1 \tag{3-5}$$

或
$$\left(\frac{F}{\rho l^2 u^2}\right)_p = \left(\frac{F}{\rho l^2 u^2}\right)_m = idem = Ne \tag{3-6}$$

式(3-6)即为牛顿相似准数的另一表达形式。牛顿数表明,在原型和模型中,对应的力之间的比尺与密度比尺的一次方、长度比尺的平方及速度比尺的平方三者的乘积相等,或者说作用在原型和模型上的力与其密度的一次方、长度的平方和速度的平方三者乘积之比值等于同一常数。广义地说,如果两个几何相似体系达成运动规律相似,它们的牛顿数应相等。

对水工及河工模型试验来说,首先应该保证水流运动的相似,而其研究和模拟的对象通常都是三维紊动水流,因此有关物理量的相似比尺关系,可由三维紊动水流的微分方程式进行相似变换导出。

由流体力学可知,描述三维紊动水流运动的直角坐标的微分方程式为:

连续方程式
$$\frac{\partial u_x}{\partial x} + \frac{\partial u_y}{\partial y} + \frac{\partial u_z}{\partial z} = 0 \tag{3-7}$$

运动方程式
$$\left.\begin{aligned}
\frac{\partial u_x}{\partial t} + u_x\frac{\partial u_x}{\partial x} + u_y\frac{\partial u_x}{\partial y} + u_z\frac{\partial u_x}{\partial z} &= g_x - \frac{1}{\rho}\frac{\partial p}{\partial x} + \nu\nabla^2 u_x - \left(\frac{\partial u'^2_x}{\partial x} + \frac{\partial u'_x u'_y}{\partial y} + \frac{\partial u'_x u'_z}{\partial z}\right)\\
\frac{\partial u_y}{\partial t} + u_x\frac{\partial u_y}{\partial x} + u_y\frac{\partial u_y}{\partial y} + u_z\frac{\partial u_y}{\partial z} &= g_y - \frac{1}{\rho}\frac{\partial p}{\partial y} + \nu\nabla^2 u_y - \left(\frac{\partial u'^2_y}{\partial y} + \frac{\partial u'_y u'_z}{\partial z} + \frac{\partial u'_y u'_x}{\partial x}\right)\\
\frac{\partial u_z}{\partial t} + u_x\frac{\partial u_z}{\partial x} + u_y\frac{\partial u_z}{\partial y} + u_z\frac{\partial u_z}{\partial z} &= g_z - \frac{1}{\rho}\frac{\partial p}{\partial z} + \nu\nabla^2 u_z - \left(\frac{\partial u'^2_z}{\partial z} + \frac{\partial u'_z u'_x}{\partial x} + \frac{\partial u'_z u'_y}{\partial y}\right)
\end{aligned}\right\} \tag{3-8}$$

其中
$$\nabla^2 u_i = \left(\frac{\partial^2}{\partial x^2} + \frac{\partial^2}{\partial y^2} + \frac{\partial^2}{\partial z^2}\right)u_i \quad (i = x, y, z)$$

式中 u_x、u_y、u_z—— 时均流速在 x、y、z 方向的分量;
u'_x、u'_y、u'_z—— 脉动流速在 x、y、z 方向的分量;
p—— 压强;
ν—— 运动黏滞系数;
ρ—— 密度;
g_x、g_y、g_z—— 单位质量力沿 x、y、z 方向的分量。

由于几何相似应得到保证,故长度比尺应满足:
$$\lambda_x = \lambda_y = \lambda_z = \lambda_l$$

由式(3-7)进行相似转换,即对原型和模型而言,均应服从这一普遍的连续性方程,可求得:
$$\lambda_{u_x} = \lambda_{u_y} = \lambda_{u_z} = \lambda_u$$

考虑脉动流速的连续方程为:
$$\frac{\partial u'_x}{\partial x} + \frac{\partial u'_y}{\partial y} + \frac{\partial u'_z}{\partial z} = 0$$

用同样的相似转换办法可导得：

$$\lambda_{u_x'} = \lambda_{u_y'} = \lambda_{u_z'} = \lambda_u$$

利用式(3-8)中的任何一式，进行相似转换可求得：

$$\frac{\lambda_l}{\lambda_u \lambda_t} = \frac{\lambda_g \lambda_l}{\lambda_u^2} = \frac{\lambda_p}{\lambda_\rho \lambda_u^2} = \frac{\lambda_\nu}{\lambda_u \lambda_l} = \frac{\lambda_{u'}^2}{\lambda_u^2} = 1$$

由此可以导出有关的5个比尺关系式和相似准则，其具体形式为：

$$\frac{\lambda_t \lambda_u}{\lambda_l} = 1, \text{即 } St = \frac{tu}{l} = idem \tag{3-9}$$

$$\frac{\lambda_u^2}{\lambda_g \lambda_l} = 1, \text{即 } Fr = \frac{u^2}{gl} = idem \tag{3-10}$$

$$\frac{\lambda_p}{\lambda_\rho \lambda_u^2} = 1, \text{即 } Eu = \frac{p}{\rho u^2} = idem \tag{3-11}$$

$$\frac{\lambda_u \lambda_l}{\lambda_\nu} = 1, \text{即 } Re = \frac{ul}{\nu} = idem \tag{3-12}$$

$$\frac{\lambda_{u'}^2}{\lambda_u^2} = 1, \text{即 } \frac{u'^2}{u^2} = idem \tag{3-13}$$

上述5个比尺关系式决定三维紊动水流相似的各比尺关系，各式的意义如下：

式(3-9)中，St 称为斯特鲁哈数(*Strouhal*)。这个比尺关系式表示原型与模型由位变加速度引起的惯性力之比，等于由时变加速度引起的惯性力之比，它表示了两种非恒定流动在流速对时间关系上是否相似，实质上反映了水流运动连续性条件的相似要求。对于两个非恒定流动的相似，它决定了时间比尺与流速比尺、长度比尺的关系。当水流为恒定流时，水流运动方程式中的时变项为零，这个比尺关系式将自动满足。

式(3-10)中，Fr 称为弗劳德数(*Froude*)，即模型与原型的弗劳德数应保持相等。按照弗劳德数所表明的物理力学意义，这个比尺关系式实际上表示了原型与模型惯性力之比等于重力之比，表达了重力影响的大小。因此，弗劳德数实际上表达了重力相似的条件。

式(3-11)中，Eu 称为欧拉数(*Euler*)，即模型与原型的欧拉数应保持相等。这个比尺关系式表示原型与模型压力之比等于惯性力之比。当研究水流对边壁和建筑物的荷载时应予考虑，但研究一般明渠水流运动时，压力的影响则可不予考虑。

式(3-12)中，Re 称为雷诺数(*Reynolds*)，即模型与原型的雷诺数应保持相等。按照雷诺数的物理力学意义，这个比尺关系式表示原型与模型惯性力之比等于黏滞力之比。因此，雷诺数实际上表达了层流状态下流体内部黏滞阻力相似的条件。

由于天然河道水流及明渠水流一般均为紊流，而紊流中黏滞力的作用比较微小，因此在水工及河工模型中一般并不要求严格满足雷诺数相等这个条件，而只要使其保持在一定的范围内就可以了。事实上，这个条件也无法严格满足，这一点联解式(3-10)和式(3-12)就可明显看出。这时：

$$\lambda_l = \frac{\lambda_\nu^{2/3}}{\lambda_g^{1/3}}$$

当模型的几何尺寸较原型为小(通常都是如此)时,$\lambda_l>1$,则必须 $\lambda_\nu>1$,要满足这一要求,意味着不能用水作模型流体,而应使用运动黏滞系数 ν 较小的流体作为模型流体。否则,须使 $\lambda_g<1$,这又意味着增加模型的重力加速度。由于这两者均是很难做到的,为了满足上式,就只能取 $\lambda_g=\lambda_\nu=1$,由此必然有 $\lambda_l=1$,即模型与原型一样大小,当然就失去做模型的意义了。

式(3-13)为紊流判据,表示原型与模型由时均流速产生的惯性力之比等于由脉动流速产生的惯性力之比。由于脉动惯性力就是紊动剪力,它消耗水流的能量,对水流产生阻力作用。对于紊动水流,黏滞力可以忽略不计,这个比尺关系式就可视为惯性力之比等于阻力之比。由此可见水流的紊动相似与阻力相似的密切关联性。应该指出,直接利用式(3-13)推导实际使用的阻力相似的比尺关系是十分困难的,因而一般都是根据每一项试验的具体水流和边界条件,根据相应的微分方程式去导出。

以上这些无量纲相似准数实质上都是两种力的比值,是通过对方程组的分析得到的。如果两组流动由同样的物理方程所描述,在其几何和边界条件相似的条件下,其相似准数 St、Fr、Eu、Re 等都相等,则可以判断这两组流动是相似的。

二、因次分析法

当某一物理现象尚未建立微分方程时,可借助因次分析方法,研究该体系中各物理量的因次关系,从而找出该现象相似所应遵循的相似判据或相似准数。有关因次分析法在第二章中已有详细叙述。

三、传统的推导法

该法从相似概念出发,根据相似体系中同名物理量保持固定比例关系,来寻求表示这一体系主要特征的相似准数。因此,可从控制物理现象的作用力的一般表达式出发,将牛顿相似律的惯性力与各种力相比,可求得使各种力保持相似的相似准数(这一部分将在下节中详细介绍)。应该说此法最为简单,因此为试验研究工作者所习用。

上述三种方法都能导出某一物理现象相似应遵循的相似判据或相似准数。因次分析法或传统的推导法毕竟是一种数学分析方法,在选择物理量上可能因为对所研究的物理现象理解不够,而遗漏了某些重要的物理量或加入不必要的物理量,将会得出不正确的结论。例如,由于因次分析法不能区别因次相同但物理意义不同的物理量,因此用因次分析法可能得不出某些必须遵循的相似判据。而方程分析法从基本微分方程出发,不会附加额外的变量和遗漏重要变量,因此得到的结果最为严格、可靠。然而,在面对水利工程中某些复杂现象,无法建立微分方程的时候,第二种或第三种方法为我们寻求相似准数提供了一条有效途径。

此外,在由无因次相似准数组成的准数方程中,往往会出现一些将物理量自身无因次化后的无因次数,如相对水深、相对流速、泥沙相对沉降速度等,这些无因次数也可视为一个相似准数。

第四节　水工与河工模型试验中常用的相似准则

一、相似准则的概念

模型与原型的物理现象保持相似所必须遵守的规则称为相似准则，也称为相似律。

水工及河工模型试验的研究对象通常是非常复杂的物理力学现象，如研究防波堤、护岸等港工建筑物在波流作用下的布置方案及稳定性，船闸输水系统水力特性，确定水利枢纽中各主要建筑物的相互位置和结构型式等。由于影响因素错综复杂，作用于流体及各类建筑物上的力是多种多样的，如重力、阻力、压力、表面张力、弹性力等。按照相似原理，模型要与原型保持力的作用相似，这些力均应保持同一比尺，因此可利用上节所介绍的方法确定出各种各样的相似准数，作为模型设计的依据。但我们已知道，同时满足所有的相似准数要求是不可能做到的，也就是说，要求所有的力同时保持相似的比例关系是很困难的。这样就有一个取舍的问题，即要根据不同的试验目的和要求，分清起主导作用的是哪一种力，而哪些力的作用是处于次要地位的，可以忽略。然后根据对该体系起主导作用的力来确定其相似条件。

本章第二节和第三节已经指出，经典力学范畴内的力学现象最一般的规律是牛顿第二定律，由此通过相似变换得到牛顿相似准数 Ne，见式(3-6)。

牛顿数表明了一个普遍规律，即如果两个几何相似体系运动规律也相似，它们的牛顿数应相等。换言之，如果两个几何体系的牛顿数相等，那么它们之间是运动规律是相似的，这就是牛顿相似准则，或称牛顿相似律。

牛顿相似律是判别两个运动现象运动规律相似的普遍定律。这个相似律对作用于某一运动体系上任何不同性质的动力都是普遍适用的。因此，水工及河工模型试验也应当首先满足牛顿相似律的要求。根据相似定义的要求，同名物理量要保持固定的比数，我们可将水工及河工模型中最常见的几种作用力与牛顿相似律中的惯性力作比较，推导出模型试验中几种常见的相似准则。

二、水工及河工模型试验中常用的相似准则

（一）重力相似准则（弗劳德相似准则）

水工及河工模型试验中，若研究目的是了解以重力作用为主的运动现象，则应满足重力相似。

运动体系在重力作用下，由 $F_g = Mg = \rho Vg$ 可得重力比尺为：

$$\lambda_{F_g} = \lambda_\rho \lambda_g \lambda_l^3$$

由式(3-5)，惯性力比尺为：

$$\lambda_{F_I} = \lambda_\rho \lambda_l^2 \lambda_u^2$$

根据动力相似条件，惯性力比尺和重力比尺应相等，于是有：

$$\lambda_\rho \lambda_g \lambda_l^3 = \lambda_\rho \lambda_l^2 \lambda_u^2$$

整理后得：

$$\frac{\lambda_u^2}{\lambda_g \lambda_l}=1$$

或

$$\frac{u^2}{gl}=idem$$

上式可改为：

$$\left(\frac{u^2}{gl}\right)_p=\left(\frac{u^2}{gl}\right)_m=Fr \tag{3-14}$$

式中　Fr——重力相似准数，或称弗劳德数（*Froude*）。

式(3-14)表明，在原型和模型之间，欲满足重力作用下动力相似，它们的弗劳德数 Fr 应相等。换言之，若原型和模型中的弗劳德数相等，则所研究的模型必满足重力作用下的动力相似，这就是重力相似准则或弗劳德相似准则。在上节中我们用方程分析法也同样推导出了这一准则。由于惯性力和重力都是决定水流运动最重要的力，因此这个相似律也是水工及河工模型试验中最重要的相似律。如波浪、水流的运动机理及它们与水工建筑物作用等的试验研究都是根据重力相似准则来设计模型的。

通常，原型和模型都是处在同一重力场中，故它们的重力加速度相同，即 $\lambda_g=1$，这样可得重力相似情况下的其他比尺为：

速度比尺　$\lambda_u=\lambda_l^{1/2}$

时间比尺　$\lambda_t=\lambda_l^{1/2}$

通常模型采用与原型相同的流体，则有 $\lambda_\nu=1$，这时力和质量的比尺是相同的，即：

$$\lambda_F=\lambda_M=\lambda_l^3$$

（二）阻力相似准则

1. 内摩擦力相似准则（雷诺相似准则）

雷诺试验揭示了流体运动存在两种不同的流动型态，即层流与紊流，这两种流态最主要的区别在于紊流时各流层之间液体质点有不断的相互混掺作用，而层流则没有，因而其具有完全不同的阻力规律，不论有压管流还是无压的明渠流动均是如此。

若试验研究的目的是了解黏滞力（流体内摩擦力）起主要作用的运动现象，则应保持原型和模型间的黏滞力相似。

根据牛顿内摩擦定律，单位面积上的黏滞力 τ 与流线的法线方向的速度梯度成正比：

$$\tau=\mu\frac{\mathrm{d}u}{\mathrm{d}n}$$

式中　μ——动力黏滞系数，$\mu=\rho\nu$，ν 为运动黏滞系数。

相邻两流层间面积 A 上的黏滞力为：

$$F_\mu=\tau A=\mu A\frac{\mathrm{d}u}{\mathrm{d}n}$$

可得黏滞力比尺为：

$$\lambda_{F_\mu}=\lambda_\mu\lambda_l\lambda_u=\lambda_\rho\lambda_\nu\lambda_l\lambda_u$$

要使在黏滞力作用下模型与原型相似，同时必须满足牛顿相似律，也就是应使黏滞力比尺与惯性力比尺相等，即：

$$\lambda_\rho \lambda_\nu \lambda_l \lambda_u = \lambda_\rho \lambda_l^2 \lambda_u^2$$

即：

$$\frac{\lambda_u \lambda_l}{\lambda_\nu} = 1$$

或

$$\frac{ul}{\nu} = idem = Re$$

上式可改写为：

$$\left(\frac{ul}{\nu}\right)_p = \left(\frac{ul}{\nu}\right)_m = Re \tag{3-15}$$

式中　Re——黏滞力相似准数，或称雷诺数（*Reynolds*）。

式（3-15）表明，在模型和原型之间，欲满足黏滞力作用下获得动力相似，则它们的雷诺数应保持同一常数。换言之，如果原型和模型中的雷诺数 Re 相等，则它们必然是在黏滞力作用下动力相似，这就是雷诺相似准则。若研究有压管道、压力隧道、船闸输水系统等管流现象，由于其阻力损失主要由黏滞力产生，此时重力不是主要因素，因此雷诺相似准则是主要的相似准则。而对于一般的水工及河工模型，这一相似律并不要求严格满足，只要保证模型与原型是同一流态即可。

由雷诺数 Re 可知，若模型采用与原型相同的流体，试验时温度与原型也一致，则 $\lambda_\mu = \lambda_\nu = 1$，于是 $\lambda_u \lambda_l = 1$。由此可得到其他比尺：

速度比尺　$\lambda_u = 1/\lambda_l$

时间比尺　$\lambda_t = \lambda_l^2$

力的比尺　$\lambda_F = \lambda_\mu \lambda_l \lambda_u = 1$

2. 紊动相似准则（紊流阻力相似准则）

在上节中，我们通过分析水流微分方程，得到了反映水流紊动相似的相似准则，即两流动体系脉动流速与时均流速之比的平方保持相等，并等于一常数：

$$\frac{u'^2}{u^2} = idem$$

前已述，该相似准数实质上反映的是紊流阻力的相似，由于脉动流速的因素在实际操作中较难处理，因此不能直接用此式作为相似准则来指导模型设计，只能从问题的实质出发，即利用水力学中紊流阻力规律的研究成果来推求所需要的相似比尺。

若水流处于紊流的水力粗糙区，即此时紊流阻力为主要作用力，黏滞力比因紊动作用而引起的紊流阻力要小得多，可略去不计。由水力学可知，此时沿程水头损失与平均流速的平方成正比，所以又称紊流的阻力平方区。实际上，管流和明渠水流多为紊流。

下面以管流为例对此进行分析。对于管流，其紊流阻力可按下式计算：

$$F_f = \chi L f_0 \tag{3-16}$$

式中　χ——湿周；

L——流程长度；

f_0——单位长度管壁上的阻力，对于均匀流

$$f_0 = \rho g R J = \rho g \frac{A}{\chi} \frac{\Delta h}{L} \tag{3-17}$$

式中　A——过水面积；

Δh——沿程水头损失；

R——水力半径；

其余符号含义同前。

由水力学中达西－韦斯巴赫管流公式有：

$$\Delta h = f\frac{L}{D}\frac{u^2}{2g} \tag{3-18}$$

式中　D——管径；

u——平均流速；

f——沿程阻力系数。

将式(3-17)和式(3-18)代入式(3-16)计算，得：

$$F_f = \frac{1}{8}f\rho\chi Lu^2$$

则相应紊流阻力比尺为：

$$\lambda_{F_f} = \lambda_f\lambda_\rho\lambda_l^2\lambda_u^2$$

根据动力相似，紊流阻力比尺必须与惯性力比尺相等，有：

$$\lambda_f\lambda_\rho\lambda_l^2\lambda_u^2 = \lambda_\rho\lambda_l^2\lambda_u^2$$

可得：

$$\lambda_f = 1$$

即：

$$f_p = f_m = idem$$

上式表明，如果原型和模型均满足紊流阻力作用下的动力相似，则它们的沿程阻力系数 f 相等。换言之，如原型和模型中的沿程阻力系数 f 相等，则它们必在紊流阻力作用下达到动力相似，这就是紊流阻力相似准则。

对明渠流，当模型水流肯定处于阻力平方区时，可采用水力学中计算明渠均匀流沿程阻力的公式，即谢才公式：

$$u = C\sqrt{RJ}$$

式中　C——谢才系数；

R——断面水力半径；

J——水力坡度。

由 $C = \sqrt{\frac{8g}{f}}$、$\lambda_f = 1$ 可得 $\lambda_C = 1$，即：

$$C_p = C_m = idem$$

如用曼宁公式表达谢才系数：

$$C = \frac{1}{n}R^{1/6}$$

式中　n——糙率系数。

则糙率比尺：

$$\lambda_n = \frac{\lambda_l^{1/6}}{\lambda_C} = \lambda_l^{1/6} \tag{3-19}$$

应该指出，以上紊动相似准则是由一维均匀流动微分方程式及边界条件出发推导得到的，其物理量都是取断面平均值，且紊流阻力的变化规律均与雷诺数无关，这使得模型设计能够比较简便。实际上,天然河流和一般的明渠水流一般都处于阻力平方区,大多数情况下,水工及河工模型水流亦处在阻力平方区。此时紊流阻力系数只取决于边壁的相对糙率,而与 Re 无关。显然,在紊流区内,只要使模型糙率系数满足式(3-19)的要求,即使模型与原型的 Re 不相等,也能达到阻力系数相等,阻力相似也就自动满足,因此该区也叫"自动模型区"。此外,当 Re 小于某一临界值时,流动处于层流状态,此时沿横截面的流速分布都是一轴对称的旋转抛物面,即流体流速场分布彼此相似,则水流阻力也相似,与 Re 无关,这一流动区域也叫"自动模型区"。

"自动模型区"的存在给模型设计带来极大方便,我们在保持几何边界条件相似的基础上,可以不必追求模型和原型雷诺数完全相同,而只要使雷诺数保持在一定范围内,即达到流态相似就可以了。

(三)压力相似准则(欧拉相似准则)

如流体运动中起主导作用的力是压力,则在原型和模型之间应保持压力作用下的动力相似。

当流体处于静止状态时,其压强由重力引起,若令大气压力 $P_0=0$,则作用在面积 A 上的压力为:

$$F_P = pA$$

式中　p——压强;

A——面积。

可得压力比尺为:

$$\lambda_{F_P} = \lambda_p \lambda_l^2$$

为达到动力相似,应满足牛顿相似定律,则有:

$$\lambda_p \lambda_l^2 = \lambda_\rho \lambda_l^2 \lambda_u^2$$

简化后得:

$$\frac{\lambda_p}{\lambda_\rho \lambda_u^2} = 1$$

或

$$\left(\frac{p}{\rho u^2}\right)_p = \left(\frac{p}{\rho u^2}\right)_m = idem = Eu$$

式中,Eu 称为压力相似准数,也称为欧拉数(*Euler*)。

当原型和模型间满足以压力为主的动力相似时,则它们之间的欧拉数必须相等。换言之,若原型和模型之间的欧拉数相等,则表示原型和模型间具有压力作用下的动力相似。这就是压力相似准则或欧拉准则。在有动力外荷载时,如在水电站有压引水系统模型设计中,水锤压力为主要研究对象,或船闸、水力机械模型中研究水流空化现象等,则要满足欧拉相似准则。

与阻力相似准则类似,在几何边界条件相似的基础上,对层流和紊流阻力平方区的自动模型区,可得到流速场分布的相似,则压力场也能相似,也就是说此时欧拉相似准则自动满足。

(四)非恒定流相似准则(斯特鲁哈相似准则)

在非恒定流动中,加速度$\frac{\partial u}{\partial t}$不等于零。由这个加速度所产生的惯性力与时变加速度产生的惯性力之比可以得到非恒定流相似准则，即上一节中的式(3-9)。

$$\frac{\lambda_u \lambda_t}{\lambda_l} = 1$$

或
$$\left(\frac{ut}{l}\right)_p = \left(\frac{ut}{l}\right)_m = idem = St$$

式中，*St* 称为非恒定流相似准数，或称斯特鲁哈数(*Strouhal*)，又称为时间准数。

上式表明，如果原型和模型要达到非恒定流相似，就要求斯特鲁哈数相等。换言之，若模型和原型中的斯特鲁哈数相等，就能达到非恒定流下的动力相似。这就是非恒定流相似准则，或称斯特鲁哈相似准则。只要保证水流运动相似，这一准则便能自动满足。

上面只讨论了水工及河工模型试验中常用的几个主要相似准则。前面我们已提到，研究流体运动及流体与结构物相互作用时还有可能要考虑表面张力和弹性力的作用。流体与其他介质的交界面上必产生表面张力，当表面张力的影响不能忽略时，例如研究土坡中的毛细管浸润作用，或流场速度和水深都较小时，可按照与上面相同的推导方法，将表面张力与惯性力比较，得到一个相似准数，称为韦伯数(*Weber*)。原型流体中表面张力起主导作用时，原型和模型的韦伯数必须相等，反之亦然，这就是韦伯相似准则。

$$\left(\frac{u^2 l\rho}{\sigma}\right)_p = \left(\frac{u^2 l\rho}{\sigma}\right)_m = idem = We \tag{3-20}$$

式中 *We*——表面张力相似准数，也称韦伯数；

σ——表面张力系数，σ 的数值随流体种类、温度和表面接触情况的变化而变化，对于空气和水接触的水表面，在 20 ℃时 σ 值约为 0.073 N/m。

同样，当某一运动现象以弹性力为主，原型和模型之间必须保持弹性力作用相似时，例如研究可压缩流体流动(当流速接近或超过音速时，流体弹性压缩现象将比较显著)、水击现象等，其模型设计应引入弹性力相似准则，即柯西(Cauchy)准则或马赫(Mach)准则：

$$\left(\frac{u^2\rho}{E}\right)_p = \left(\frac{u^2\rho}{E}\right)_m = idem = Ca \tag{3-21}$$

式中 *Ca*——柯西数；

E——弹性模量。

或
$$\left(\frac{u}{c}\right)_p = \left(\frac{u}{c}\right)_m = idem = Ma \tag{3-22}$$

式中 *Ma*——马赫数；

c——声音在流体中的传播速度(音速)，$c = \sqrt{\frac{E}{\rho}}$。

韦伯准则、柯西准则或马赫准则只有在某些特殊的试验条件下才予以采用，属于相对次要的模型相似准则。例如，在一般水工及河工模型中，当流体表面流速大于 0.23 m/s、水深大于 1.5 cm 时，表面张力影响可以忽略，因此模型设计时只须控制好这一条件，而不必严格遵守韦伯准则。至于柯西准则或马赫准则，多应用于空气动力学研究中。

第五节　水工与河工模型设计的限制条件

上节介绍了水工及河工模型试验常用的相似准则,有了这些相似准则,就可以按照相似理论的方法进行具体的模型设计了。但是,由于实际工作中会碰到各种具体困难,模型与原型的严格相似是极难做到的。这是因为:

(1)在相似理论中,几何边界条件相似是最基本的前提。但首先严格的几何相似就极难做到,例如不可能完全模拟原型细微的地形地貌。因此,与几何相似密切相关的运动相似和阻力相似,即紊动相似也难免没有偏离。

(2)由于各种相似准则难以同时满足,因而动力相似也就难以严格做到。例如,当模型与原型采用同一种流体(事实上大多如此),即 $\lambda_\rho=1$ 时,若要同时满足重力相似和摩阻力相似,则必须同时满足弗劳德相似准则和雷诺相似准则,通过简单的推导我们知道,此时水流运动黏滞系数比尺必须满足 $\lambda_\nu=\lambda_l^{3/2}$,即使试验中采用较小的几何比尺 $\lambda_l=25$,模型中流体的 ν 必须为原型流体运动黏滞系数的 1/125,显然,这样的流体是难以找到的。而且受试验场地的限制,水工及河工模型的平面比尺大于 100 是很常见的,使得要求的模型流体运动黏滞系数更难以实现。

(3)即使相似准则能够满足,模型中的许多物理现象也只在一定的范围内才与原型相似。因为模型一般比原型缩小了若干倍,当数量变化超越了一定界限之后,某些物理现象的性质就会起变化,即产生比尺效应。例如:高速掺气水流与一般低速水流,层流与紊流,其性质都有明显差异;模型中的水流流速减小到一定程度,水流特性就会改变,使模型严重偏离原型;模型水深太小的时候,表面张力的影响也不可忽视,等等。

对于边界变化的动床模型,问题就更加复杂和困难。因此,目前广泛进行的模型试验,就必然只能是近似的模拟。因此,问题归结为设计模型时,如何正确地确定最低限度的必要和充分条件来保证模型与原型的相似。

理论和实践都证明,只要我们抓住要研究的问题的主要因素,使与之相关的主要现象能够基本相似,即使不是保持所有的相似条件,模型试验也能达到解决实际问题所必须的精度。同时,模型和原型因比尺会产生“失真”的问题,因此除保持相似准数相等外,模型中的各物理量的大小还应保持在一定范围以内而不超过某些界限,才不致产生过分歪曲的现象而得出错误的结果。

一、共同作用力的限制问题

当流体在几种力共同作用下运动时,理论上必须同时满足几个相应的相似准则,才能使两流动体系相似。但在实际中,正如我们上面提到的,即使略去表面张力和弹性力,只考虑重力和阻力作用,除非模型中采用不同的流体介质,否则弗劳德相似准则和雷诺相似准则也不能同时满足,因此在模型试验中严格地保证所有共同作用力相似是难以做到的。

在相似准则的选择出现矛盾时,通常的做法是采用近似的模型试验方法,该方法的实质是抓主要矛盾,即根据试验研究目的,分析相似条件中哪些是起决定作用的,哪些不是起决定作用的,选用满足主要作用力的相似准则,而放弃一些非主要作用力的相似准则,同时必须估计到非主要作用力的影响,以达到既能满足一定精度,又能在模型中做到近似性相似。

例如:水工及河工模型试验研究的主要是水流或波浪时,大多是重力起主要作用,黏性力不起主要作用,所以一般均采用重力相似准则为基本准则,但必须限制试验在黏滞性可忽略的范围内进行(模型水流处于阻力平方区),或保持流态相同(同为层流或紊流),或对试验结果适当加以修正等,确保模型与原型近似地相似;当研究流体在管内流动时,由于黏性力是决定管内流体阻力损失的主要作用力,而重力只是次要因素,因此此时应选择雷诺相似准则为基本准则。

二、阻力平方区临界雷诺数取值问题

天然河道一般处于紊流状态。常规河工模型试验中,为了与原型流态相似,仅需要模型的雷诺数 Re 大于临界雷诺数 Re_c,使模型水流处于紊流状态即可。而此临界雷诺数取值一般较小,如克雷(Krey)建议取 $Re_c=1\ 500\sim6\ 000$,蔡克士大(А. П. Зегжда)通过试验认为 $Re_c=800\sim900$,目前我国河工模型试验通常取用 $Re_c=1\ 000\sim2\ 000$。一般河工模型比较容易满足此条件。

但对于水工模型,特别是对于泄洪洞、导流洞、溢洪道、导流明渠等较长的模型,沿程水头损失占据了较大比例。由于模型水流黏滞系数无法减小,模型雷诺数远小于原型的。根据伯拉修斯、尼库拉兹等的研究,处于水力光滑区和过渡区的沿程阻力系数均与雷诺数有关,处于阻力平方区则仅与表面相对粗糙度有关,如模型水流处于光滑区或过渡区,即使是模型糙率达到相似,也不能满足模型与原型的沿程阻力损失系数相等。因此,水工模型不仅需要满足模型水流处于紊流状态,还需要进入紊流状态的阻力平方区,以达到阻力相似。

进入阻力平方区的临界雷诺数 Re_c 取值大小,由于水工建筑物种类繁多、型式多样,目前还没有较为完全统一的研究成果。下面列举现有部分研究成果供参考:

(1)尼库拉兹根据圆管管壁不同粗糙度试验,提出了进入阻力平方区的临界雷诺数 Re_c 与沿程水头损失 f、圆管半径 r 以及管壁粗糙度 Δ 有关,即:

$$Re_c=\frac{382}{f}\left(\frac{r}{\Delta}\right)$$

因实际工程中 Δ 难以准确获得且需要试算,所以应用较不方便。

(2)阿维尔基耶夫对于圆顶实用堰进行了系统流量系数试验,研究成果表明,当 $Re>1.0\times10^5$ 时,流量系数才没有缩尺效应,所以取 $Re_c=1.0\times10^5$。

(3)印度瓦奈(Warna)渥奇曲线型溢流堰系列模型成果表明,当 $Re>1.4\times10^5$ 时,流量系数才不受雷诺数的影响,认为 $Re_c=1.4\times10^5$。

(4)夏毓常、张黎明根据多种实际工程原型观测与模型试验的过流能力对比分析,得到鸭河口、丹江口溢流坝的 $Re_c=7.5\times10^4$;葛洲坝大江土石围堰河床导流、铜街子水电站及丹江口工程一期导流模型为消除缩尺效应,模型水流的临界雷诺数 Re_c 约为 5×10^4;铜街子、龚嘴、葛洲坝水电站二期明渠导流试验的模型雷诺数大于 1×10^5 后,才可以基本上消除缩尺效应。最后夏毓常、张黎明建议,对于河床导流 Re_c 取 4×10^4,对于明渠导流 Re_c 取 1×10^5。根据葛洲坝大江、三门峡神门河、五强溪水电站二期、龙羊峡水电站、白山水电站等工程截流原型观测与模型试验的水力特征对比分析，模型水流雷诺数为 1.2×10^4 时，流速系数误差可控制在 8% 以内。由此，建议不考虑缩尺效应的临界雷诺数 Re_c 为 $2\times10^4\sim2\times10^5$。

从以上结果分析看出，水工模型试验虽然 Re_c 的取值大小有一定差异，但量级差异不大，均在 $10^4\sim10^5$ 量级内。

三、缓流和急流问题

天然河流和明渠水流有三种流态，即急流、临界流和缓流，可用弗劳德数 Fr 进行判断，即：$Fr>1$ 时为急流，$Fr=1$ 时为临界流，$Fr<1$ 时为缓流。不同的流态对水面曲线的形态和变化规律有重要影响。因此，模型水流应与原型水流保持相同的流态。

对于一般水工及河工模型，多按弗劳德相似准则设计模型，即模型水流与原型水流弗劳德数保持相等，那么流态也应该相同。但由于模型比原型缩小了若干倍，模型中各种外界影响因素，如扰动程度、边壁粗糙程度等都不能完全相似，会使水流状态有所改变。

由水力学可知，判别流态还可以利用实际底坡和临界底坡的对比关系，所谓临界底坡即棱柱体明渠中对某一给定流量当正常水深等于临界水深时的坡降。实际底坡大于临界底坡时为急流，小于临界底坡时则为缓流。

对于宽浅的河道，有 $R\approx h$，并引入谢才公式 $u=C\sqrt{RJ}$，当水流处于临界流时，弗劳德数应为 1，即：

$$Fr_K=\left(\frac{u^2}{gh}\right)_K=\left(\frac{\alpha C^2 J}{g}\right)_K=1 \tag{3-23}$$

式中　α——流速分布不均匀性的改正系数；

C——谢才系数；

J——底坡。

所以，临界底坡 J_K 为：

$$J_K=\frac{g}{\alpha C^2}$$

由此可得到模型规划与设计关于坡度 J_m 的要求，即：

对于缓流　$$J_m<\frac{g}{\alpha C^2}$$

对于急流　$$J_m\geqslant\frac{g}{\alpha C^2}$$

四、模型糙率相似及其修正问题

由于场地、经济、模型材料以及其他因素的影响，往往采用大比尺模型，由此难以达到模型试验中糙率相似的要求。这是因为模型在满足几何相似和重力相似的同时，还需要满足阻力相似，其中糙率系数比尺 $\lambda_n=\lambda_l^{1/6}$。由于长度比尺远大于 1，因此往往模型糙率需要较小。例如，水工建筑物一般为混凝土材料，其糙率 n 常为 0.014～0.017，而现在模型试验使用光滑度较好的材料是有机玻璃，其制成模型的糙率为 0.008 0～0.009 5，如要达到糙率相似的要求，则长度比尺 λ_l 不得大于 30，而在模型试验中要建这样大型的模型，不仅需要很大的场地，花费较多的资金，还影响试验的进程。

模型与原型的糙率如不能达到相似，则试验获得的水面线、过流能力等成果误差较大，甚至失真。如安砂水电站导流隧洞模型试验，采用几何比例尺 1∶100 的正态模型，洞身边壁材料采用有机玻璃，底板采用木料涂清漆，模型综合糙率 $n_m = 0.007\ 29$，换算为原型为 0.015 7，远小于原型实际糙率 0.039 1。模型施测试验成果与原型观测资料明显不同，不同水位的模型流量值均远大于原型的，特别是在库水位同为 250 m 时，模型流量为 2 000 m^3/s，而原型流量仅为 1 100 m^3/s，相差近一倍，结果完全不符合实际。这说明糙率相似性差异对模型试验成果的真实性的影响是十分明显的。

如何解决这一矛盾？目前已有一些研究成果，主要有模型降坡法、几何变态法、流量变态法、糙率延伸法以及理论修正法等，统称为糙率修正。

（一）模型降坡法

阻力相似设计主要满足雷诺相似准则，表征水流惯性力与阻力对比相似。所以，模型坡降法的主要思路是增大模型坡降，即增加模型的水流惯性力，以达到模型水流惯性力与阻力的对比相似。

根据曼宁公式可得如下比尺关系式：

$$\lambda_u = \frac{1}{\lambda_n}\lambda_R^{2/3}\lambda_J^{1/2}$$

根据重力相似的正态模型，$\lambda_u = \lambda_l^{1/2}$，$\lambda_R = \lambda_l$，代入上式可得：

$$\lambda_J = \frac{\lambda_n^2}{\lambda_l^{1/3}} = \left(\frac{n_p}{n_{ma}}\right)^2 \frac{1}{\lambda_l^{1/3}} = \left(\frac{n_{md}}{n_{ma}}\right)^2 \tag{3-24}$$

式中 n_{ma}——模型实际糙率；

n_{md}——满足重力相似和糙率相似的模型设计糙率，$n_{md} = n_p/\lambda_l^{1/6}$。

从上式便可从已知的模型实际糙率和原型获得坡降比尺，从而指导模型坡降如何增加，通常情况下有 $\lambda_J < 1$。对于满足重力相似和阻力相似的正态模型，很显然有 $\lambda_J = 1$。

假定 ΔJ_m 为模型坡降的增量，则：

$$\Delta J_m = \left(\frac{n_{ma}^2}{n_{md}^2} - 1\right)J_p$$

模型降坡法目前已有较多应用，如龚嘴水电站导流明渠模型、二滩水电站导流隧洞模型等，因为模型只在制作时将坡度增加，具体试验操作与常规相同，且其他比尺保持不变，试验成果换算为原型较为方便和直观。

（二）几何变态法

几何变态法就是采用几何变态模型，有关变态模型问题在下一章中有详细介绍。变态模型增大模型表面糙率，从而模型水深、流速、雷诺数较大，还可避免表面张力的影响，但模型变态后，模型的流速、比降、流速分布等因素都改变了，因此几何变态模型不可能达到真正的力学相似。

（三）流量变态法

流量变态法实际上是变流速比尺，其基本思路来源于动床模型试验中，如果阻力相似和重力相似难以同时满足,则以阻力相似为主,满足水面线相似,容许重力相似存在一定偏差。同样,可根据满足曼宁公式的阻力相似条件导出流速比尺为:

$$\lambda_u = \frac{\lambda_l^{2/3}}{\lambda_n} = \frac{n_{ma}}{n_p}\lambda_l^{2/3} = \frac{n_{ma}}{n_{md}}\lambda_l^{1/2}$$

由上式可见,只有当 $n_{ma}=n_{md}$时,才有 $\lambda_u=\lambda_l^{1/2}$,即重力与阻力同时满足相似。

重力和阻力难以同时满足相似的情况下,以阻力相似设计为主,忽略部分重力相似,是河工模型特别是动床模型常用的方法,应用较为普遍。

(四)糙率延伸法

糙率延伸法与系列模型类似,其基本思路是按重力相似设计,各比尺遵循重力相似准则。然后在模型中安排至少3种不同的糙率系数(模型可采用不同材料、也可采用同一材料进行变糙),在其他要素不变的情况下分别进行试验,从而获得水位等水力要素与糙率之间的关系曲线,最后将此关系曲线延伸至满足重力相似的模型设计糙率 n_{md}处,便可获得相应的满足相似条件的研究成果,如图3-2所示。

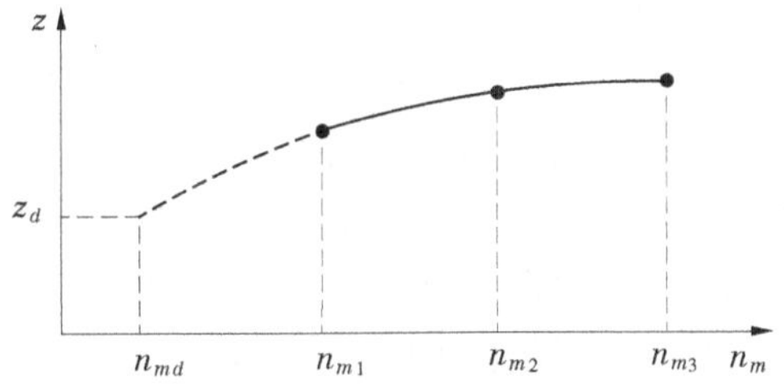

图3-2 水位与模型糙率关系图

糙率延伸法的延伸成果虽然在一定的条件下令人可信,但糙率延伸法须选定至少3个不同的糙率系数进行试验,因而费时、费事,不经济,而且其成果在外延时可能存在一定的任意性,目前基本已淘汰。

(五)理论修正法

针对边界条件较为简单,局部、沿程水头损失容易准确计算的模型,可采用理论计算水面线,然后用于修正物理模型的试验成果。

五、表面张力的影响问题

水的周界面上有表面张力,但在原型流体运动中往往影响很小,可以忽略。但缩小为模型以后,水深和流速(或波速)减小,水流表面张力作用相对大,使水流现象发生歪曲。例如,当表面流速小于23 cm/s,相应于波长小于1.7 cm,水深小于1.5 cm时,表面张力将不能忽略,模型中流速及压力分布也会变化。因此,在设计模型时,应使流速、水深大于这些界限。有时为了解决这个矛盾,不得不采用水深比尺小于平面比尺,即变态模型的方法。

六、真空、空蚀和水流掺气的限制

在涉及到高速水流的水工模型试验中,如高水头船闸、泄水建筑物、水力机械等水力学模型试验中,由于流速较大,或固体边界表面曲率变化及表面局部粗糙的影响,容易产生负压、空化、空蚀和水流掺气等现象。由于量测技术等方面的原因，对这些现象的相似模拟受到一定限制。

水流速度较高（一般认为 >15 m/s）则产生掺气作用，成为掺气水流，致使其特性和运动规律发生变化。在模型内虽然各水力要素与原型相似，但流速小了若干倍，因此不能产生掺气现象，对这种情况，相似也受到限制。

七、泥沙运动的限制

挟沙水流或河床海岸演变的试验研究，不仅要求水流现象相似，而且还要求水流与河床互相作用的情况相似，因此模型设计和试验的限制条件就更复杂。对此问题将在下一章中有专门的讨论。

八、水工建筑物局部体型和局部流态相似问题

局部体型对水工建筑物模型试验成果的影响是明显的，如闸门门槽的大小、形态、止水形式、门底锐缘形状，闸墩首尾形态，渐变段渐变方式和连接的光滑度，分段隧洞的连接平顺度，测压管与建筑物表面的平滑度等，均较大程度上影响到局部水头损失系数和局部流态，从而影响泄流能力、水面线等研究成果的精度，所以在水工模型制作方面需特别注意。水工建筑物模型试验还需要满足局部水流条件、局部流态相似。为此，除水工模型的局部体型严格按几何相似制作、连接部位严格平滑度、量测设备不明显影响局部流态、模型进出口范围足够长外，一般还要求设计为正态模型。

以上概要介绍了水工及河工模型试验中的限制条件，作为模型设计相似条件的重要补充。我们在进行模型试验时，除按照运动现象的特点选定相似准则，推算出各种模型比尺外，还要充分考虑到这些限制条件，才能使我们的模型试验工作达到预期的目的。

复习思考题

1. 简述相似的一般概念。
2. 为了获得模型与原型的相似，首先必须满足哪几个方面的相似？
3. 何谓相似指标、相似判据？
4. 何谓相似准则？确定相似准则的方法有哪些？
5. 水利工程模型试验有哪些基本相似准则？它们各有何适用条件？
6. 试运用相似转换的方法推导牛顿基本相似律。
7. 简述相似三定理及其相互关系。
8. 何谓准数方程？在模型试验中有何意义？
9. 水流运动相似的基本条件是什么？

第四章　河工模型试验

在航道整治及其他治河工程设计中，人们往往需要预知河流在天然状态或人工建筑物干扰下河道的演变过程及变形程度，以保证工程措施的合理性和安全性。对此虽然可以通过河床演变分析及变形计算等方法来解决，但由于问题本身的复杂性，常常不能仅靠理论分析和计算来完全解决，而多采用河工模型试验的方法。本章重点介绍定床河工模型和动床河工模型的设计原理和方法。

第一节　正态定床河工模型

定床河工模型的水流通常为清水，模型床面采用水泥砂浆抹面或松散的非黏性材料，在水流运动时床面不发生变化，因此又称水流模型。定床河工模型主要用来研究水流结构，例如工程前后航道冲淤变化不大的整治工程，就宜采用定床模型进行研究。

河工模型既可采用正态模型，也可采用变态模型。但对于较短河段河渠模型或河道中有人工建筑物时多采用正态模型。

一、正态定床河工模型的相似条件

由于正态定床河工模型主要研究水流结构，而河道水流的运动除受重力外，紊流阻力也起重要作用，因此在模型设计时应按重力相似准则进行设计，同时满足阻力相似的要求。由于此时水流运动多处于紊流状态，原型和模型水流中相应点上的重力比尺 λ_{F_g} 应等于紊流阻力比尺 λ_{F_f}，并均应等于反映牛顿相似律的惯性力比尺 λ_{F_I}，即：

$$\lambda_{F_g} = \lambda_{F_f} = \lambda_{F_I}$$

将第三章所述的各比尺表达式代入上式得：

$$\lambda_\rho \lambda_g \lambda_l^3 = \lambda_f \lambda_\rho \lambda_l^2 \lambda_u^2 = \lambda_\rho \lambda_l^2 \lambda_u^2$$

从而可得到满足重力和阻力同时相似的条件，即同时满足弗劳德相似准则和紊流阻力相似准则：

$$\frac{\lambda_u^2}{\lambda_g \lambda_l} = 1 \quad 和 \quad \lambda_f = 1\ (或\ \lambda_C = 1)$$

式中　f——沿程阻力系数；

C——谢才系数；

其他符号含义同前。

当模型为正态模型时，由于 $\lambda_g = 1$，因此保证重力相似的具体要求为：

流速比尺　$\lambda_u = \lambda_l^{1/2}$

流量比尺　$\lambda_Q = \lambda_u \lambda_A = \lambda_l^{1/2} \lambda_l^2 = \lambda_l^{5/2}$

时间比尺 $$\lambda_t = \frac{\lambda_l}{\lambda_u} = \frac{\lambda_l}{\lambda_l^{1/2}} = \lambda_l^{1/2}$$

引入谢才－曼宁公式，可推知保证阻力相似的具体要求为：

$$\lambda_u = \frac{1}{\lambda_n}\lambda_l^{2/3}$$

当重力相似条件和阻力相似条件同时满足时，则上述两个流速比尺必然相等，因此可得：

$$\lambda_n = \lambda_l^{1/6} \tag{4-1}$$

正态定床河工模型，除满足以上相似条件外，还需满足紊流限制性条件及表面张力限制性条件的要求，即：

$$Re_m > 1\ 000 \quad 和 \quad h_m > 1.5\ \text{cm}$$

二、正态定床河工模型设计

根据上述相似条件，即可进行正态定床河工模型设计。正态定床河工模型设计的任务就是确定满足上述相似要求的几何比尺 λ_l 和与之相应的模型糙率 n_m 。但是，具体设计时因实现阻力相似的手段不同，一般有两种方法，即曼宁公式法和蔡克士大曲线法。曼宁公式法简单实用，在模型试验中应用比较广泛。下面仅介绍曼宁公式法，有关蔡克士大曲线法可参考其他文献。

曼宁公式法首先根据原型河道的实测水文资料分析确定原型河道糙率 n_p ，由式(4-1)计算满足 λ_l 所需要的模型糙率 n_m 。

显然，按照曼宁公式法设计模型，只要制作的模型糙率满足式(4-1)的要求，就可满足重力相似和阻力相似的要求，且先确定的长度比尺 λ_l 也就是合适的。

当然，模型制作完成后，必须放水对模型进行率定试验，才能确定模型糙率 n_m 值是否已达到要求。率定的方法是按流量比尺放水后，如果模型水面线与原型吻合，就表明模型糙率满足要求，否则应进行适当的加糙或减糙。即当模型的水位高于原型相应处的水位时，就表明模型糙率偏大；如模型水位低于原型相应处的水位，就表明模型糙率小于所要求的。

必须注意，对于属于缓变流动的河道模型，如模型不是足够长，则其水面线不仅受河床壁面糙率的影响，还受到模型尾门控制的影响。当模型足够长时，模型水位则只受河床壁面糙率的影响。当模型某河段糙率不够而致水面降落时，则应在该河段的下游河床进行加糙。加糙的方法很多，可用粘贴砂砾、卵石的方法，也可用粘贴水泥砂浆块体、刮刷小槽或挂铅丝以增加阻力等方法，加糙块体的疏密程度则需根据各流量级的水位变化的要求而定。

一般河工模型加糙方式有两种：颗粒无间距排列加糙（密排加糙）和颗粒有间距排列加糙（梅花加糙）。

密排加糙方式较少破坏河底水流结构，因而应用较多，可采用式(4-2)或式(4-3)计算所应采用的颗粒粒径 d 。

张有龄公式：

$$n = 0.0166d^{1/6} \tag{4-2}$$

式中　d——砂砾直径，以 mm 计，适用范围为 $d = 0.13 \sim 3$ mm。

天津水运工程科学研究院公式：

$$n = 0.0133d^{1/6} \tag{4-3}$$

式中　d——砂砾直径，以 mm 计，适用范围为 $d = 4.3 \sim 26.4$ mm。

同时，密排加糙后模型有效水深 h 将有所减小，与实际水深 h'（即水面至颗粒底部深度）之间的关系可取为：

$$h = h' - (0.2 \sim 0.3)d$$

当要求的模型糙率较大时，可以采用梅花加糙，但由于无足够精确的关于糙率与颗粒大小及排列方法的资料，所以必须进行预备试验来确定所要求的糙率。

还应注意的是，在模型设计时，根据上述方法确定的糙率均没有考虑模型内存在沙洲、浅滩、弯曲等形态的影响，因此模型糙率是不可能与原型完全相似的，因此还必须进行糙率调整校正工作，即利用原型水面线资料进行验证试验。如果发现水面线不符，还需要调整糙率直到水面线相符为止。通常为了使模型各河段的糙率达到要求，需要进行反复的调整试验。

三、设计实例

某低水头水利枢纽刚好位于峡谷河段出口处。坝轴线上游约 2 km 处，即为宽度仅 300 m 左右的峡谷河段，坝轴线处河身宽达 2 600 m，河中心有两个江心洲，将河流分为三股，坝轴线下游河宽又逐渐缩窄至 800 m 左右，河道特性也随之逐渐由山区河道转变为平原河道。为保证船队过坝，靠左右岸设置了独立的人工航道及船闸。进行定床河工模型试验的目的主要有：

（1）坝上游峡口河段出口处泡漩汹涌，妨碍船队、特别是下行船队安全进入航道，须在模型中研究切除岸嘴等河道整治措施。

（2）为保证上下游引航道口门附近较好的流速流态，便于船队航行，并配合泥沙模型研究引航道的减淤措施，须在模型中优选口门的布置形式。

（3）研究电站上下游流速、流态，配合泥沙模型，制定防止粗沙过机的工程措施。

（4）其他问题的研究。

为了保证峡谷段出口的水流相似，模型进口选在峡谷段出口上游 2 km 处，模型出口选在坝下游约 6 km 处。据此，模型范围定为 9 km，图 4-1 为试验河段平面图。

由于本河段上段具有山区河段特性，河道中存在急弯、反坡、突然扩大，两岸存在挑流基岩等，再加上建筑物的干扰，所研究的问题又是有关水流结构的问题，为了保证水流相似，以采用正态模型为宜。

由于场地的限制和试验精度的要求，将模型长度比尺定为 $\lambda_l = 100$，则：

$$\lambda_u = \lambda_l^{1/2} = 10$$

$$\lambda_Q = \lambda_l^{5/2} = 100\ 000$$

根据天然资料的分析，坝上游糙率系数为 0.050 ~ 0.080，坝下游为 0.023 ~ 0.040。

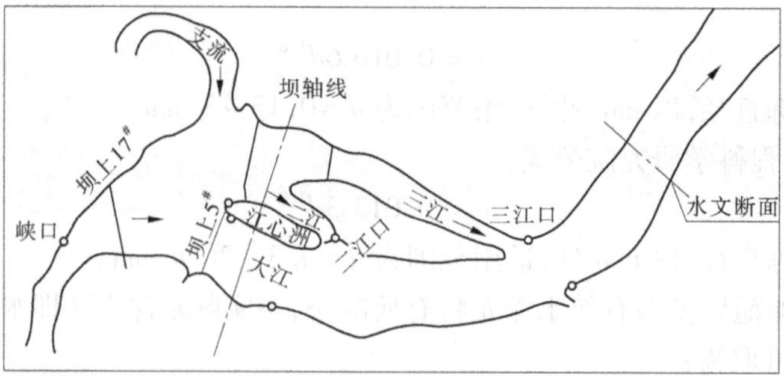

图 4-1　试验河段平面图

说明坝上游河段局部阻力较大，较坝下游河段更多地具有山区河段的特性。在满足阻力重力比相似的条件下，应有 $\lambda_n = \lambda_l^{1/6} = 2.15$。由此求得模型糙率应为：坝上游 $n_m = 0.023\,2 \sim 0.037\,1$，坝下游 $n_m = 0.010\,7 \sim 0.018\,6$。

这样的模型糙率，就坝下游来说，采用水泥砂浆粉面应该基本可以达到；就坝上游来说，由于局部地形起伏较大，采用水泥砂浆粉面，再适当打毛，也应该相差不大。

根据调查，糙率在河床各个部分的分布并不是很均匀的，坝上游左右岸都有一些局部地方基岩出露，其余床面多为卵石组成。坝下游主要为沙质及卵石河床，局部地方也有基岩出露。进一步的验证试验表明，在这些基岩出露的局部地方，进行小范围的梅花加糙，不仅能使总的糙率相似得到满足，而且能在一定程度上调整主流位置，使模型与原型比较符合。

本河段流量丰沛，水深较大，多年平均流量达到 14 000 m³/s，而所研究的问题主要是洪水期间的流速流态问题，因此关于最小雷诺数和最小水深的限制，是完全可以满足的。举例来说，原型实测枯水流量 9 150 m³/s 时，平均水深 9.7 m，平均流速 1.15 m/s，由此算得：

模型雷诺数　$$Re_m = \frac{11.5 \times 9.7}{0.01} = 11\,155 > 1\,000 \sim 2\,000$$

模型水深　$$H_m = 9.7\ \text{cm} > 1.5\ \text{cm}$$

模型共设 9 个水位观测点，3 个流速分布观测断面，如图 4-1 中坝上 17#、坝上 5# 及坝下水文断面，这些水位观测点及观测断面均有原型实际观测资料可进行验证比较。另外，还在原型投放浮标测有水面流态资料。

模型制成后，经过验证试验表明：模型的水面线、垂线平均流速沿河宽的分布、点流速的垂线分布、水面流态，和原型都是比较符合的。水面线偏离一般不超过原型 10 cm，流速偏离一般在 5% 以内，满足模型设计要求。

第二节　变态定床河工模型

所谓变态河工模型，可以是原型和模型几何尺度上水平比尺和垂直比尺的不一致，也可以是原型沙和模型轻质沙比重的不同而引起的水流时间比尺和泥沙冲淤时间比尺的不一致，或者兼而有之。前者产生几何变态，从而引起模型流速分布的变形，进而导致模型沙浓度分布的变形；后者产生所谓时间比尺的变态，完全是采用轻质沙所引起的。本节先讨论定床水流模型的几何比尺变态问题，即 $\lambda_l \neq \lambda_h$ 的几何变态模型，设 $\frac{\lambda_l}{\lambda_h} = \eta$，$\eta$ 称为模型变态率。

一、采用变态河工模型的原因

河工模型都做成几何边界条件和起始条件等均保持与原型相似的正态模型，当然是最理想的。但在实际模型设计中，因场地、经费等制约经常不得不降低几何相似的要求，在不同方向采用不同比尺，即变态模型。采用变态模型通常有以下原因：

(1)试验场地的限制。天然河流一般较宽浅，对正态模型，若要保证模型水流满足一定的水深要求，则要求几何比尺不能取得过大，使得模型需要的场地面积和流量将可能超出现有场地面积和供水能力。

(2)水流条件的限制。若几何比尺过小，则造成模型中水深、糙率过小，超过模型最小水深的要求，则水流达不到紊流，流态相似得不到满足；或模型水流阻力不易达到阻力平方区，阻力将不相似，且表面张力的作用将不能忽视。

(3)模型沙选择的限制。在动床模型中，如严格遵守几何相似要求，原型泥沙在模型中将缩小成粉末，产生胶结或絮凝作用，使得冲淤现象将不能与原型相似。

(4)试验量测精度和时间的限制。减小垂直比尺能增加模型水深，从而改进测量精度。采用轻质沙可以缩短模型河床演变时间，从而可以缩短模型试验所需时间。

二、变态定床河工模型的相似条件

变态河工模型也是同时受重力和阻力控制的，因而也必须同时满足重力和阻力相似条件。为了得到变态定床河工模型的相似条件，我们可从明渠恒定非均匀流的基本方程式出发进行探讨。

$$-\frac{dz}{ds} = \frac{d}{ds}\left(\frac{u^2}{2g}\right) + \frac{dh}{ds} \tag{4-4}$$

式中　$-\frac{dz}{ds}$——在微小流程 ds 中单位水体势能的减小率；

$\frac{d}{ds}\left(\frac{u^2}{2g}\right)$——动能的变化率；

$\frac{dh}{ds}$——水头损失的变化率，即能坡 J。

根据曼宁公式 $u = \frac{1}{n}R^{2/3}J^{1/2}$ 和式(4-4)，可导得变态河工模型必须遵守的两个相似条件：

$$\frac{\lambda_u^2}{\lambda_g \lambda_h} = 1 \tag{4-5}$$

$$\lambda_u = \frac{1}{\lambda_n}\lambda_R^{2/3}\lambda_J^{1/2} \tag{4-6}$$

式(4-5)表达的是重力相似,式(4-6)表达的是阻力相似。由于 $\lambda_g = 1$,可得:

流速比尺　$\lambda_u = \lambda_h^{1/2}$

流量比尺　$\lambda_Q = \lambda_u\lambda_A = \lambda_h^{1/2}\lambda_h\lambda_l = \lambda_l\lambda_h^{3/2}$

时间比尺　$\lambda_t = \dfrac{\lambda_l}{\lambda_u} = \dfrac{\lambda_l}{\lambda_h^{1/2}}$

由于必须同时满足重力相似,因而式(4-5)和式(4-6)两个流速比尺必然相等,即 $\lambda_h^{1/2} = \dfrac{1}{\lambda_n}\lambda_R^{2/3}\left(\dfrac{\lambda_h}{\lambda_l}\right)^{1/2}$,从而得到:

$$\lambda_n = \frac{\lambda_R^{2/3}}{\lambda_l^{1/2}}$$

这就是在设计变态定床河工模型时,应力求达到的相似条件。定床河工模型设计所要解决的主要矛盾就是确定模型的糙率。与正态模型不同的是,变态模型的糙率比尺 λ_n 随各个河段水力半径比尺 λ_R 的不同而不同。

对于宽浅河槽,可令 $\lambda_R = \lambda_h$,于是得:

$$\lambda_n = \frac{\lambda_h^{2/3}}{\lambda_l^{1/2}} \tag{4-7}$$

由式(4-7)可知,变态模型的糙率不仅与平面比尺 λ_l 有关,还与变态率 η 的选择有关。在第三章讲述糙率制作的限制条件时已指出,正态模型的糙率总是小于原型的糙率,而变态模型的糙率可能大于或小于原型的糙率,也可能等于原型的糙率,这使得变态模型在糙率控制上更加方便。从式(4-7)还可以看出,要想模型的糙率 n_m 较小,就要选择较大的水平比尺 λ_l 或较小的变态率 η;反之就要选择较小的水平比尺或较大的变态率。若在一定条件限制下,无论怎样调整变态率和几何比尺仍不能满足糙率的要求,可采用上节所述的加糙方法进行加糙。

三、模型变态对水流运动相似的影响

由于变态模型在不同方向采用不同的长度比尺,底坡加大,水力半径比尺 λ_R 各断面不同,在同一断面中,将随水位升降而改变,造成了基本的几何相似发生一定的偏离。因此,严格来说,在变态模型内部已无法获得真正的水流运动相似了。但随着人们对变态模型的进一步研究和实践,发现在模型全部湿周上摩阻力相似条件下,仍然可以获得整体水流的相似,如断面上的流量、水深、平均流速等,均可获得与原型水流相似。因此,搞清变态模型对水流运动究竟有哪些影响及影响的程度,对变态模型的正确设计和使用具有重要的意义。

(1)在变态模型中,只要同时满足水流重力和阻力相似条件,即模型糙率必须满足式(4-7)的要求,就可使模型水流的纵向运动和横向运动与原型相似。由于水力半径比尺 $\lambda_R = \dfrac{\lambda_A}{\lambda_\chi} = \dfrac{\lambda_l\lambda_h}{\lambda_\chi}$,而湿周比尺 λ_χ 与河道的边界条件、水位变幅有关,是一个变数,因此 λ_R 也是一个变数,且变态率越大,λ_R 的变化也越大,糙率比尺的变化也将越大。因此,要在模型中得到同时完全满足阻力相似和重力相似条件的糙率是困难的。

(2)在变态模型中,由于 $\lambda_J = \dfrac{\lambda_h}{\lambda_l} = \dfrac{1}{\eta}$,即 $J_m = \eta J_p$,所以模型的比降 J_m 大于原型的比降 J_p。同时,与正态模型的糙率 $n_m = n_p\lambda^{-1/6}$ 不同,变态模型 $n_m = n_p\eta^{2/3}\lambda^{-1/6}$,即变态模型的模型糙率大于正态模型,使得河床阻力增大。研究和实践表明,变态模型水流纵、横向流速场分布的不相似主要表现在沿垂线分布与原型不相似,变率越大,偏离程度也越大。因此,采用大变率的模型来研究流速分布问题是不适宜的。

(3)对于河道中常见的弯道河流,由于模型变态,放大了垂直方向的作用,对弯道纵、横向流速沿垂线分布的影响明显,使得弯道模型的环流运动与原型不相似,回流的大小和位置也会有所变化,形状有所扭曲。有研究表明,变态模型弯道处由于离心力关系,流速增大,横比降将较正态模型加大。但模型变态对弯道沿河宽、沿流程方向的影响较小,对弯道水流动力轴线的影响也较小。总之,对于弯道水流,只能满足整体水流水面线的相似,其他如垂线流速分布、回流结构及旋涡等都是不相似的,变率越大,问题越突出。采用变态模型来研究回流问题是不合适的。

四、变态模型的适用范围和条件

对于变态模型,其水流内部的动态和动力相似性将发生一定程度的偏离,因此只有这种偏离对所研究的问题影响不大时,才能加以采用。

由于变态模型作为一种近似的模拟方法只能做到水流平均特征的相似,即只能作为一个整体的水流的相似,因此用来解决一维整体水流是完全可以的,即利用变态模型来研究水位和断面平均流速相似的问题。对于河道的平面二维水流问题,现有的研究和实践均表明,只要满足上述的几个相似条件,就能保证平面水流的运动相似,即不但水位和平均流速相似,且垂线平均流速沿河宽的分布和水面横比降也能达到相似。因此,变态模型对于研究地形较平缓顺直、河床较宽浅的平原河流,了解水利枢纽上游的回水长度、平原河流的洪水演进过程等问题时,仍具有重大的实际意义,并已得到广泛的应用。

但由于变态模型的流速场和动力场与原型存在偏离,特别是沿垂线方向的偏离,其在解决三维水流问题时,有很大的局限性。

对Ⅰ级及以上重要水工建筑物或其他重要工程,并主要研究其水流结构局部变化、泥沙冲淤对整体工程影响的河工模型宜采用正态模型。当受其他条件限制不能用正态模型时,也可用变态模型,但变率不应大于2,且水流结构应另用正态模型研究。

当研究工程设施对河道泥沙运动和河床演变影响为主要对象或研究河床演变对一般水工建筑物、其他工程设施的影响时,在可行性研究、初步设计以及施工图阶段可取模型变率为2~5,在规划阶段可取模型变率为5~8。对于仅以水位和平均流速变化为主要研究对象的河工模型,变率可允许到8~10。对于研究平原细沙河流、河道顺直宽浅的大江大河,其变率可按上述标准放宽到1.5倍。

五、设计实例

某平原河流浅滩段航槽不稳,水深不足,浅滩段上游右岸边滩的头部逐年冲刷下移。与此相应,边滩尾部及过渡段相应向下游摆动,上下深槽交错,枯水期形成扇形横向水流,造成槽口众多,水深不足。按航运要求应使现有最小航深再提高 0.6 m,决定采取整治措施,整治方案是:固定上游右岸边滩,并在过渡段两侧压缩和导引水流,扩大固定槽口,以增加航深。

经分析认为,采用定床河工模型可达到试验目的,而修建工程后河床可能发生的冲淤变化,可以从流速、流向、单宽流量分布、流态以及水面比降的变化情况,进行分析而作出推论。

为了保证水流相似,模型应包括该浅滩河段的一个完整的河型单元,即应包括浅滩段上游的全部右岸边滩、过渡段及下游的全部左岸边滩(实际上仅在枯水期表现为边滩,洪水期为江心洲),全长达 29 km。考虑进出口段后,试验河段全长在 30 km 以上。该河段最大河宽达 3.3 km,一般河宽 2 km 左右。

由于场地限制,取模型平面比尺为 $\lambda_l = 500$。

河段浅滩最小水深为 2.6 m,枯水流速为 1.24 m/s,为保证水流为紊流,并消除表面张力的影响,模型采用变态。考虑到本河段属于平原河道,即使修建水工建筑物之后,水流所受干扰也不严重,采用变态模型也是允许的。但根据所研究问题的性质,应保证平面二维水流相似,并兼顾三维水流的相似,变率不应过大。综合各方面因素考虑,最后选定变率为 5,即取 $\lambda_h = 100$。

按惯性力重力比相似要求,得:

$$\lambda_u = \lambda_h^{1/2} = 10$$

按阻力重力比相似要求,得:

$$\lambda_n = \frac{\lambda_h^{2/3}}{\lambda_l^{1/2}} = 0.96$$

$$\lambda_Q = \lambda_l \lambda_h^{3/2} = 500\ 000$$

本河段枯水期的原型糙率为 0.020 4 ~ 0.032 9,中洪水期的原型糙率为 0.020 6 ~ 0.025 5,要求模型糙率为:

枯水期:$n_m = 0.021\ 2 \sim 0.034\ 2$;

中洪水期:$n_m = 0.021\ 4 \sim 0.026\ 6$。

其中较大糙率出现在深槽部分,采取分段加糙办法,除深槽部分采用直径为 25 mm 的卵石梅花加糙外,其余散铺 10 ~ 15 mm 的小卵石。因模型河段断面宽深比较大,仅考虑河床糙率相似,河岸糙率相似未作单独考虑。

模型最小雷诺数为:

$$Re_m = \frac{2.6 \times 12.4}{0.01} = 3\ 224 > 1\ 000 \sim 2\ 000$$

模型最小水深:$h_m = 2.6\ \text{cm} > 1.5\ \text{cm}$。

模型制成后,经过验证试验表明有关水力要素模型与原型基本相符,模型可作为工程方案研究的基础。

第三节　动床河工模型

定床河工模型能够解决河床冲淤变化较小、以研究水流作用为主要目的的问题，其试验理论和实践都比较成熟，结果可靠，因此应用十分广泛。但天然河流一般都是挟沙水流，由于水流与河床的相互作用，两者之间不断发生泥沙交换，其结果是河床不断发生变化，特别是当河流来水来沙条件和边界条件改变后，如修建港口、水利枢纽或航道疏浚等后，将引发河流的再造床过程。因此，研究此类河床演变问题时，需采用动床河工模型试验。

与定床模型采用清水水流和固定边界不同，由于动床模型中除水流在运动外，还有泥沙的运动和河床边界的变动。因此，模型水流采用浑水水流，河床有时采用松散颗粒材料铺成，在水流作用下能发生变形。在设计动床模型时，不仅要考虑水流运动相似条件，还须考虑泥沙运动和河床变形的相似。所以，在模型设计时除要求重力相似和阻力相似外，还要求泥沙起动和悬浮的相似，含沙量垂线分布、输沙的相似，以及河床冲淤变化的相似等。

正因为泥沙运动和河床变形影响因素极其复杂，很多问题还没有得到很好的解决，因此目前一般动床泥沙模型设计多是采用近似的简化方法处理，即根据影响因素的重要性，在挟沙水流的模拟上，仅考虑推移质或悬移质，而在悬移质中，仅考虑床沙质，忽略冲泻质；在河床变形的模拟上，仅考虑河床的冲淤，忽略河岸的变化。但近年来，在我国已进行了包括推移质和悬移质在内的全沙模型试验的实践。

动床河工模型也有正态和变态之分。在下面的讨论中，将垂直比尺 λ_h 和水平比尺 λ_l 加以区别表示，是为了使相似比尺的关系式既适用于变态模型，又适用于正态模型。对于正态模型，只要将 λ_h 换成 λ_l 即可。

一、动床河工模型的相似条件

（一）水流运动的相似

动床模型水流运动的相似与定床模型一致。对于宽浅河流，水力半径可用水深 h 近似替代，则水流相似条件可概括如下：

（1）满足边界条件相似、几何相似和流态相似，模型水流应有较大的雷诺数，并尽可能使模型流态与原型流态同属阻力平方区。

（2）满足重力相似条件：

$$\lambda_u = \lambda_h^{1/2}$$

（3）满足紊动阻力相似条件：

$$\lambda_n = \frac{\lambda_h^{2/3}}{\lambda_l^{1/2}}$$

（4）满足水流连续性相似条件：

$$\lambda_t = \frac{\lambda_l}{\lambda_u} = \frac{\lambda_l}{\lambda_h^{1/2}}$$

应该指出,由于河床可动,这里的阻力是指动床阻力,与前面的定床阻力不同。由于模型的糙率与床面形态和模型沙的选用有关,所以阻力相似还应结合模型沙性能进行综合考虑。

(二)泥沙运动的相似

动床泥沙模型试验的最终目的是对河床的泥沙冲淤变化进行预报,这就要求达到模型与原型河床冲淤变形的相似,而河床冲淤变形是泥沙运动的综合体现,因此必须首先要求各种泥沙运动的相似。泥沙运动的相似,包括推移质运动的相似、悬移质运动的相似和河床冲淤变形的相似,有时还要求异重流运动的相似。

1. 推移质运动的相似

1)泥沙起动相似条件

泥沙的起动一般采用起动流速的表示方法。表达起动流速的公式很多,具体选用哪种公式要视河床泥沙性质而定。推移质多为散粒体,其颗粒起动流速公式的基本形式可写为:

$$u_c = k\left(\frac{h}{d}\right)^y \sqrt{\frac{\gamma_s - \gamma}{\gamma} g d} \tag{4-8}$$

式中 u_c—— 泥沙起动流速;

k——系数;

y——指数,可等于 $\frac{1}{5} \sim \frac{1}{7}$,一般取 $y = \frac{1}{6}$;

γ_s——泥沙容重;

γ——水的容重;

d——泥沙粒径;

其他符号含义同前。

为了达到泥沙起动现象的相似,按相似理论应有:

$$\lambda_{u_c} = \lambda_u$$

由于 $\lambda_g = 1$,并令 $\lambda_k = 1$,于是可得起动流速比尺关系式:

$$\lambda_{u_c} = \lambda_u = \left(\frac{\lambda_h}{\lambda_d}\right)^y \lambda_{\frac{\gamma_s-\gamma}{\gamma}}^{1/2} \lambda_d^{1/2} \tag{4-9}$$

泥沙起动相似即意味着冲刷条件的相似,即原型在某一水流条件下床沙中某种粒径颗粒开始起动,则模型在相应水流条件下相应粒径颗粒也恰好起动。式(4-8)表明,一定的水深条件下起动流速 u_c 完全取决于床沙本身的物理力学性质,因而模型沙类型和粒径大小的选择,不仅涉及起动流速问题,而且还与糙率问题和模型变态问题有关。因此,动床模型设计中,模型沙的选择是非常重要的。

从式(4-9)可以看出,当水深一定时,影响起动流速比尺的主要因素是泥沙的容重 γ_s、粒径 d 和几何比尺。如果采用天然沙作模型沙,则 $\lambda_{(\gamma_s-\gamma)/\gamma} = 1$,同时又要满足 $\lambda_{u_c} = \lambda_u = \lambda_h^{1/2}$,因此有:

$$\lambda_h^{1/2} = \left(\frac{\lambda_h}{\lambda_d}\right)^y \lambda_d^{1/2}$$

这就要求 $\lambda_d = \lambda_h$，这种模型只有在原型沙为粒径较大的卵石的情况下才有可能。若原型沙的粒径较小，或垂直比尺较大，则模型沙的粒径将要求很小，而当粒径小到一定程度时，黏滞力就起主导作用，就不会获得起动的相似。

若取 $y = \frac{1}{6}$，则由式(4-9)和重力相似条件 $\lambda_u = \lambda_h^{1/2}$ 可得粒径比尺 λ_d 的表达式：

$$\lambda_d = \frac{\lambda_h}{\lambda^{3/2}_{(\gamma_s-\gamma)/\gamma}}$$

引入变态率 $\eta = \lambda_l/\lambda_h$，可得到模型沙粒径的表达式：

$$d_m = \frac{d_p}{\lambda_l}\eta\lambda^{3/2}_{(\gamma_s-\gamma)/\gamma} \tag{4-10}$$

从式(4-10)可以看出，在平面比尺 λ_l 选定后，增大 $\lambda_{(\gamma_s-\gamma)/\gamma}$ 和 η，均能增大模型沙的粒径 d_m。所以，解决上述模型沙粒径过细造成起动不能相似的问题就有两种方法：一是选用容重 γ_s 比天然沙小的模型沙，通常称为轻质沙，此时 $\lambda_d < \lambda_h$，d_m 可得到增大；二是采用变态模型，即在水平比尺 λ_l 一定的情况下，选用较小的垂直比尺 λ_h。目前这两种方法在动床河工模型设计中往往采用其中一种或同时采用。

由以上分析我们看到，泥沙模型完全做成正态模型（不但 $\lambda_l = \lambda_h$，还要 $\lambda_d = \lambda_h$）反而是占少数的，只有在原型沙粒径 d_p 较大，水平比尺 λ_l 又能选择得适当时，才能够做到采用正态模型而能满足粒径 d_m 要求。更多的情况是由于原型沙粒径较小，或由于试验场地的限制，不得不采用较大的水平比尺，而采用上述两种方法之一或两者并用来增大模型沙粒径，以确保泥沙运动的相似。当然，只有在模型变态带来的流态相似问题在试验河段并不是非常严重，或者对所研究问题无重大影响时才可以采用。

2）推移质输沙条件相似

模型若与原型相似，则在一定的水流泥沙条件下推移质输沙率应该相似。由河流动力学可知，计算推移质输沙率的公式很多，结构形式不一，因此可以导出很多形式不同的输沙律相似条件。这里仅以窦国仁 1974 年根据能量平衡原理提出的公式为例，导出其输沙率的相似条件。其公式为：

$$g_b = \frac{k_0}{C_0^2}\frac{\gamma_s}{\frac{\gamma_s-\gamma}{\gamma}}(u - u_c')\frac{u^3}{g\omega} \tag{4-11}$$

式中　g_b——单宽推移质输沙率；

k_0——综合系数，对于全部底沙，k_0 取为 0.1；

u_c'——止动流速，一般取 $u'_c = u_c/1.2$；

ω——泥沙沉速；

C_0——无量纲谢才系数。

从谢才公式可得：

$$\lambda_{C_0} = \left(\frac{\lambda_l}{\lambda_h}\right)^{1/2}$$

从式(4-11)可得输沙率比尺：

$$\lambda_{g_b} = \frac{\lambda_{\gamma_s}}{\lambda_{(\gamma_s-\gamma)/\gamma}} \frac{\lambda_u^4}{\lambda_{C_0}^2 \lambda_\omega} \tag{4-12}$$

窦国仁并认为由于沙质底沙有可能处于半悬浮状态，最好还能满足沿程落淤部位的相似。泥沙沉速比尺 λ_ω 可用下式表示：

$$\lambda_\omega = \lambda_u \frac{\lambda_h}{\lambda_l}$$

对于粗沙，可由泥沙沉速公式 $\omega = K\sqrt{\frac{\gamma_s - \gamma}{\gamma} gd}$ 得到沉速比尺为：

$$\lambda_\omega = \lambda_{(\gamma_s-\gamma)/\gamma}^{1/2} \lambda_d^{1/2}$$

将上述相关表达式代入式(4-12)，得到输沙率比尺为：

$$\lambda_{g_b} = \frac{\lambda_{\gamma_s}}{\lambda_{(\gamma_s-\gamma)/\gamma}} \lambda_h^{3/2} \tag{4-13}$$

由式(4-13)可看出，如果选用天然沙作模型沙，即 $\lambda_{\gamma_s} = 1$ 和 $\lambda_{(\gamma_s-\gamma)/\gamma} = 1$，无论采用正态模型还是变态模型，因 $\lambda_h/\eta > 1$，所以模型的输沙率 g_{bm} 总是小于原型的输沙率 g_{bp}；如果选用轻质沙，则由于 $\frac{\lambda_{\gamma_s}}{\lambda_{(\gamma_s-\gamma)/\gamma}}$ 是一个远较 1 为小的数值，所选轻质沙的容重越小，λ_{g_b} 值会减小越多，即模型的输沙率比采用天然沙时要增大。所以，选用轻质沙不仅能增大模型沙的粒径，同时也增大了模型的输沙率。

必须指出，由于现阶段推移质输沙率的计算公式还难以充分反映天然河流的实际情况，因而按上述公式或由其他公式导得的输沙率相似比尺，还需要经过冲淤地形验证试验的论证，才能最后确定。

2. 悬移质运动的相似

悬移质运动的相似主要是要求悬移质运动过程中泥沙悬移、沉降和水流挟沙能力的相似。

1）泥沙悬移和沉降的相似条件

根据紊动扩散理论，三元恒定均匀水流中不平衡输沙状态下的泥沙扩散方程为：

$$\frac{\partial S}{\partial t} = -u\frac{\partial S}{\partial x} + \frac{\partial}{\partial x}\left(\varepsilon_x \frac{\partial S}{\partial x}\right) + \frac{\partial}{\partial y}\left(\varepsilon_y \frac{\partial S}{\partial y}\right) + \frac{\partial}{\partial z}\left(\varepsilon_z \frac{\partial S}{\partial z}\right) + \omega\frac{\partial S}{\partial z} \tag{4-14}$$

式中 S——含沙量；

u——沿流向的水流速度；

ε_x、ε_y、ε_z——纵向、横向和垂向三个坐标方向的泥沙紊动扩散系数；

ω——泥沙沉速；

t——时间。

方程式(4-14)中，等号右边第一项为对流项，第二、三、四项为扩散项，第五项为沉降项。

对于二元(x、z 平面)水流、恒定输沙的情况下，$\frac{\partial S}{\partial t} = 0$，$\frac{\partial}{\partial y}\left(\varepsilon_y \frac{\partial S}{\partial y}\right) = 0$，又假定泥沙 x 向扩散远小于 z 向扩散，即假定 $\frac{\partial}{\partial x}\left(\varepsilon_x \frac{\partial S}{\partial x}\right) = 0$，则方程可简化为：

$$u\frac{\partial S}{\partial x}=\frac{\partial}{\partial z}\left(\varepsilon_z\frac{\partial S}{\partial z}\right)+\omega\frac{\partial S}{\partial z} \tag{4-15}$$

式(4-15)可用来近似描述恒定渐变流的悬移质泥沙运动过程。由此可导出悬移质输沙模型试验中达到悬移和沉降相似需要满足的两个相似条件：

$$\frac{\lambda_{\varepsilon_z}}{\lambda_h\lambda_\omega}=1 \tag{4-16}$$

$$\frac{\lambda_u\lambda_h}{\lambda_\omega\lambda_l}=1 \tag{4-17}$$

式(4-16)是泥沙悬移相似条件，它表示了含沙量沿水深分布的相似条件。对于公式中的泥沙垂向紊动扩散系数 ε_z，一般假定其等于水流动量交换系数 ε_m，由紊流半经验理论和对数流速分布公式可导得：

$$\varepsilon_z=\varepsilon_m=\rho u_*\kappa z \tag{4-18}$$

式中　u_*——摩阻流速；

κ——卡门常数。

由式(4-18)可导出：

$$\lambda_{\varepsilon_z}=\lambda_\rho\lambda_{u_*}\lambda_\kappa\lambda_h \tag{4-19}$$

将式(4-19)入式(4-16)，取 $\lambda_\rho=1$、$\lambda_\kappa=1$，可得：

$$\frac{\lambda_\omega}{\lambda_{u_*}}=1$$

又因 $u_*=\sqrt{ghJ}$，所以上式还可写为：

$$\lambda_\omega=\lambda_{u_*}=\lambda_h^{1/2}\lambda_J^{1/2}=\lambda_u\left(\frac{\lambda_h}{\lambda_l}\right)^{1/2}=\frac{\lambda_u}{\eta^{1/2}} \tag{4-20}$$

式(4-17)是悬移质运动过程中沿程沉降的相似条件。该式还可以改写为：

$$\lambda_\omega=\frac{\lambda_u\lambda_h}{\lambda_l}=\frac{\lambda_u}{\eta} \tag{4-21}$$

比较式(4-20)和式(4-21)，两者要求并不一致，只有当模型为正态或者变态率很小时，两者才一致或偏离较小。

悬移质模型的模型沙对沉降、扬动及阻力相似都有影响。要选择一种同时满足这么多项相似条件的模型沙是十分困难的。必须根据所研究问题的具体情况对相似条件有所取舍。

对于以淤积为主的模型，泥沙的扬动现象可以不考虑，重点在于满足泥沙的沉降相似。对于这种情况，模型可以做成定床。这时选择模型沙的主要依据是沉降相似条件，并要兼顾阻力相似。

2)水流挟沙能力相似条件

河流动力学中常用河流不冲不淤、水流处于饱和状态时的临界状态的含沙量 S_* 来表示水流挟沙力。若实际含沙量大于 S_*，则河流处于超饱和状态，将沿程发生淤积；反之，则河流沿程发生冲刷。S_* 意味着水流的输运泥沙的能力，对河床演变有着重要的意义。水流挟沙力相似，则保证了模型与原型水流含沙量饱和与否相似。

水流挟沙力的公式很多,且结构不一,会导致不同的相似条件。

以水流挟沙力公式 $S_* = k\dfrac{\gamma_s\gamma}{\gamma_s-\gamma}\cdot\dfrac{u^3}{gh\omega}$ 为例(式中 k 为系数,$\dfrac{u^3}{gh\omega}$ 为无因次数),可导出水流挟沙力比尺关系式为:

$$\lambda_{S_*} = \frac{\lambda_{\gamma_s}}{\lambda_{(\gamma_s-\gamma)/\gamma}}$$

在模型试验具体工作中,我们还需知道含沙量比尺 λ_S,以控制模型进口加沙量。由恒定流悬移质不平衡输沙方程式:

$$\frac{\partial}{\partial x}(QS) = \alpha\omega S_* B - \alpha\omega SB$$

式中　S——水流实际含沙量;

α——系数;

Q——断面总流量;

B——河床水面宽度;

其他符号含义同前。

由于 $\lambda_\alpha = 1$、$\lambda_Q = \lambda_u\lambda_l\lambda_h$,可导得:

$$\lambda_S = \lambda_{S_*}$$

因此,求得水流挟沙力比尺就可确定含沙量比尺。应该指出的是,限于当前的理论水平,目前挟沙力公式多是根据特定的实测资料建立的经验公式,有一定局限性。所以,上述计算值只能作为参考,模型的实际含沙量还需要通过验证试验进行反复观测和调整。

3. 异重流运动的相似

异重流是挟沙水流的一种特殊运动形式,通常出现在水库、河渠、挖入式港池及船闸引航道等处。当进行这类模型试验时,需要考虑异重流运动的相似条件。

1)异重流发生的相似条件

对于浑水异重流的发生条件,可用异重流弗劳德数 Fr' 判别:

$$Fr' = \frac{u}{\sqrt{\dfrac{\gamma'-\gamma}{\gamma}gH}}$$

式中　γ'——浑水容重,$\gamma' = \gamma + \left(\dfrac{\gamma_s-\gamma}{\gamma_s}\right)S$;

S——异重流含沙量;

H——异重流厚度。

要异重流的发生条件相似,应有 $\lambda_{Fr'} = 1$,即模型与原型的异重流弗劳德数 Fr' 保持为同量,由此可导得异重流发生的相似条件,即:

$$\lambda_S = \frac{1}{\lambda_{(\gamma_s-\gamma)/(\gamma_s\gamma)}} = \frac{\lambda_{\gamma_s}}{\lambda_{(\gamma_s-\gamma)/\gamma}}$$

2)异重流阻力的相似条件

异重流的运动速度 u' 为

$$u' = C_0'\sqrt{\frac{\gamma' - \gamma}{\gamma}gHJ'} = C_0'\sqrt{\frac{\gamma_s - \gamma}{\gamma_s\gamma}SgHJ'} \tag{4-22}$$

式中　C_0'——异重流谢才系数；

J'——异重流坡降。

$$C_0' = \frac{u'}{\sqrt{\frac{\gamma_s - \gamma}{\gamma_s\gamma}SgHJ'}} \tag{4-23}$$

从式(4-22)和式(4-23)，且 $\lambda_{u'} = \lambda_u = \lambda_h^{1/2}$，可导得异重流阻力相似条件为：

$$\lambda_{C_0'} = \frac{1}{\lambda_{J'}^{1/2}} = \left(\frac{\lambda_l}{\lambda_h}\right)^{1/2} = \eta^{1/2}$$

有关试验资料和野外测验资料的分析均表明，在发生异重流的情况下，其异重流谢才系数均基本上为一常数，即 $\lambda_{C_0'} = 1$。由于要求 $\lambda_{C_0'} = 1$，即 $\lambda_J' = 1$，所以只有在正态模型中，才能获得异重流运动的相似。

3)异重流输沙量沿程变化的相似条件

异重流输沙量的沿程变化方程为：

$$\frac{\partial}{\partial x}(u'HS) = \omega S$$

由此可得异重流输沙量沿程变化的相似条件为：

$$\lambda_\omega = \frac{\lambda_u\lambda_h}{\lambda_l} = \frac{\lambda_u}{\eta}$$

(三)河床冲淤变形的相似

无论推移质模型试验还是悬移质模型试验，都需要保证河床冲淤变化相似，即不但冲淤变形结果相似，过程也要相似。因此，模型设计不但要有正确的输沙率比尺来控制加沙量，还必须有正确的冲淤时间比尺以控制模型放水时间。冲淤时间比尺可由河床输沙平衡方程式(又称泥沙连续方程)和推移质、悬移质输沙率公式推导得到。

1.推移质动床模型的河床变形相似条件

引用泥沙连续方程：

$$\frac{\partial G}{\partial x} + \gamma_s' B\frac{\partial z_0}{\partial t_1} = 0$$

式中　G——断面输沙率，对推移质，$G = Bg_b$；

z_0——河床高程；

B——河宽；

t_1——冲淤变形时间；

γ_s'——泥沙干容重。

由此可导出冲淤变形时间比尺：

$$\lambda_{t_1} = \frac{\lambda_l\lambda_h\lambda_{\gamma_s'}}{\lambda_{g_b}} \tag{4-24}$$

2.悬移质动床模型的河床变形相似条件

同样引用上述泥沙连续方程，只是对于悬移质，断面输沙率 $G = QS = BhuS$，可导得冲淤变形时间比尺：

$$\lambda_{t_2} = \frac{\lambda_l \lambda_{\gamma_s'}}{\lambda_u \lambda_S} \tag{4-25}$$

3. 异重流动床模型的河床变形相似条件

异重流输沙的平衡方程可表示为：

$$\frac{1}{\gamma_s'}\frac{\partial(u'HS)}{\partial x} + \frac{\partial z_0}{\partial t_s} = 0$$

从而可得异重流冲淤变形相似时间比尺：

$$\lambda_{t_s} = \frac{\lambda_{\gamma_s'}\lambda_l}{\lambda_S \lambda_h^{1/2}} = \frac{\lambda_{\gamma_s'}}{\lambda_S}\lambda_l^{1/2}\eta^{1/2} \tag{4-26}$$

冲淤变形时间比尺 λ_{t_1}、λ_{t_2}、λ_{t_s} 用来控制模型放水时间，以确保泥沙冲淤体积，即河床变形的相似。

我们注意到在介绍动床模型水流相似条件中，也有一个时间比尺：

$$\lambda_t = \frac{\lambda_l}{\lambda_h^{1/2}}$$

这一时间比尺反映了水流连续性的相似，但没有反映泥沙连续性的相似，即没有反映出河床冲淤变形相似所需时间的长短。而动床模型首先要保证的是河床变形相似，因此设计时应首先满足变形时间比尺的要求，而允许水流时间比尺有所偏离，即“时间变态”问题。以推移质冲淤时间比尺为例，若要 $\lambda_{t_1} = \lambda_t$，只有在模型沙采用天然沙，即 $\lambda_{\gamma_s} = 1$，$\lambda_{\gamma'} = 1$ 时要求 $\lambda_d = \lambda_h$ 才能办到，但这种模型只有在原型沙为粒径较大的卵石时才有可能，正如在本节“起动相似条件”中所述的，当原型沙为小粒径时，则模型沙粒径更小，将改变其运动特性，造成试验失败，因此这种情况下一般采用 d_m 较大而 γ_s 较小的人工轻质沙，此时 $\lambda_d \ll \lambda_h$，使得 $\lambda_{t_1} \gg \lambda_t$，而且所选的轻质沙 γ_s 愈小，模型变态率 η 愈大，愈能缩短模型冲淤变形所需时间。实际设计和试验中一般放弃 λ_t，以缩短放水时间，保证冲淤变形的相似。但由此带来了模型水流运动比泥沙运动滞后的矛盾，不仅对水流运动相似产生影响，而且还会影响到河床冲淤变形的相似，因此模型设计中应该慎重选择模型沙的容重和几何变态率。此外，还可以通过在试验过程中提前调整模型进口流量、及时调整试验河段出口水位等办法加以解决。

二、模型沙及其特性测定

在动床模型试验中模型沙的选配是模型试验成败的关键之一。要使模型的冲淤现象与原型相似，必须要求模型沙的运动与原型基本相似，包括泥沙的起动相似、沉降相似、推移相似、悬移相似等，才能保证模型与原型中淤积与冲刷同时相似。在模型设计过程中，常需要进行选沙试验，测定模型沙物理性能，甚至化学性能，以便确定模型各项比尺。

（一）常用模型沙

模型沙一般选用天然沙或轻质沙，需根据具体情况来确定。若想要增大模型沙粒径或缩短试验时间，常采用轻质沙。常用模型沙包括以下几种。

1. 木屑

木屑即锯木粉，其来源丰富，比重轻，价格便宜，易于级配，起动流速及沉速都比较小。由于木屑轻，易悬扬，用于河势变化迅速、淤滩刷槽剧烈的动床模型中，能迅速地反映河床演变过程，因此主要用于悬沙模型。其主要缺点是易吸水、腐烂，使用时须进行处理，较好的处理方法有：①生石灰处理；②沥青浸渍；③松香浸渍；④石脂浸渍。

2. 煤屑和煤粉

煤屑和煤粉可用一般的工业用煤和民用煤粉碎磨制。我国东北、华北和华南各省均出产，根据产地不同，其密度为 1 300 ~ 1 800 kg/m^3。

1）煤屑

煤屑的颗粒粗，呈粒状，表面有棱角，用来做推移质模型试验较为合适。其缺点是：质地较脆，试验过程中会逐渐磨碎使得粒径变化，级配不能保持稳定；颜色黑，不易观察泥沙及水流运动情况；在试验过程中易形成沙波，阻力较大，很难呈悬移运动。

2）煤粉

煤粉由于颗粒较细，易出现絮凝现象。解决煤粉絮凝现象时可采取下列措施：①控制模型试验用水的钙、镁离子含量，以控制絮凝的发展；②在试验前和试验过程中，采用充分浸泡的模型沙和不断用水力搅拌，以破坏或部分破坏絮团。该模型沙的稳定性和重复利用性均较理想。

3. 核桃壳颗粒

用粉碎机粉碎的核桃壳颗粒呈不规则形状，颜色为土黄色，这种模型沙的密度适中，粒径也有一定的调配范围，较适合底沙模型。核桃壳含油脂，在测定容重之前应采用碱水浸泡去污、脱脂和防腐。

4. 滑石粉

滑石粉的颗粒细，沉速小，密度为 2 650 ~ 2 800 kg/m^3，与天然沙接近，冲淤变形时间比尺与水流运动时间比尺也相差不多。如在模型中淤积时间较长，易产生板结现象。

5. 电木粉

电木粉由电器工厂弃置的电木废品通过粉碎而成。其优点是：①密度适中，模拟底沙、悬沙均可；②易于调节粒径级配，可模拟粒径级配范围很广的原型沙；③物理化学性能稳定，可长期重复使用；④粒径粗细易调节，多角形的颗粒形状也与原型沙较接近，提高了相似程度。

6. 各种高分子材料

高分子材料又称塑料沙，由各种高分子材料（聚苯乙烯、聚氯乙烯、有机玻璃、酚醛塑料等）制成，颗粒外形接近于圆球，白色半透明，物理化学性能稳定，不溶于水，在水中不膨胀，易燃烧，具有绝缘性能。其密度接近于水，在水中极易悬扬，主要用于要求起动流速极小的泥沙模型中，是一种较理想的模型沙，在我国动床模型试验中得到广泛应用。

（二）模型沙的选择

模型沙的选择应同时满足水流运动及泥沙运动相似。对于推移质动床模型的模型沙可选用天然沙或轻质沙，悬移质动床模型的模型沙应采用轻质沙。

模型沙模拟原型的粒径范围，应根据研究问题的性质确定。当原型沙不能用一种模型沙全部模拟时,也可用两种模型沙模拟不同部分的原型沙。

选用的模型沙,其颗粒形状、级配以及力学性能应保持稳定,当选用含有机质的材料作模型沙时,应进行脱脂、防腐处理。

(三)模型沙特性测定

1. 容重测定

粒径大于等于 5 mm 的颗粒应采用浮秤法测定容重;粒径小于 5 mm 的颗粒宜用比重瓶法测定容重。

先将容积为 V 的比重瓶注满清水,称得清水净重 G_w。取烘干的模型沙 G 克用少许清水和匀后倒入比重瓶,并加清水注满,此时称出浑水净重 G_s。则:

$$\gamma_s = \frac{GG_w}{(G + G_w - G_s)V}$$

淤积干容重 γ_s'一般用量筒测量。将烘干的模型沙 G 克倒入量筒,加清水并搅拌均匀。待全部落淤后测出淤积体积 V_0。则:

$$\gamma_s' = \frac{G}{V_0}$$

由于泥沙淤积机制复杂,上述测得的 γ_s'仅为近似值,但对一般的模型试验研究已有足够的精度。

2. 颗粒级配分析

对于粒径范围很宽的沙样,可用几种不同方法分析:

(1)筛析法。适用于粒径范围 d = 0.074 ~ 60 mm 的沙样。当粒径小于 0.074 mm 的质量大于试样总质量的 10% 时,应按移液管法测定小于 0.074 mm 的颗粒组成。用两种不同颗分方法分析一组沙样时,应使级配曲线保持光滑连续。

(2)移液管法。适用于粒径 d < 0.074 mm 的沙样,测定方法见《土工试验方法标准》(GB/T50123—1999)。

筛析法用筛析粒径表示粒径大小,移液管法用沉降粒径表示,沉降粒径与筛析粒径用以下关系换算:

$$d_c = 0.94d_s \tag{4-27}$$

式中 d_c ——沉降粒径;

d_s ——筛析粒径。

3. 静水沉速测定

(1)单颗沉速测定采用的玻璃沉降筒长 1 ~ 2 m,管内径 D = 5 ~ 12 cm。将筛分后的沙样,取出单颗放入沉降筒中央,浸入水中,让其自由下沉,试验段从水面以下 25 cm 左右算起,长度应大于 25 cm,记录颗粒下落距离和相应的时间,求出单颗沉速。

(2)当测定粒径小于 0.074 mm 沙样的沉速时,应采用群体沉速法,沉速值用沉降历时线法计算。

每组沙样沉速测定不少于 10 次,求平均沉降速度。在测定时应记录测量温度,温度绝对误差不超过 ±0.5 ℃。

4. 起动流速测定

起动流速测定应在活动变坡玻璃水槽内进行,水槽宽度不小于 0.30 m,有效测验段长度应大于 10 m，槽底均匀铺模型沙厚不小于 5 cm，试验水深变化范围为 5 ~ 35 cm。试验时，调整水流，测定测验段的水面比降，使水槽内水流运动基本上处于均匀流的情况，当模型沙颗粒起动时，在测速断面测量各垂线流速分布，并记录测时水温。测速断面应设在测验段中间，垂线流速分布应接近一致，取中间 15 cm 宽处测三条垂线平均流速，求得断面平均流速。泥沙起动时，先是个别起动，然后少量起动，再而普遍运动，最后出现扬动，应详细记录各状态发生时的流量 Q 和水深 h。模型沙的起动流速一般可采用泥沙少量起动时相应的平均流速。

5. 模型沙糙率试验

在水槽底部（一般应有足够的长度）均匀铺设一层模型沙，沿程设置水位测针量测水面坡降 J，由所施放的稳定流量和水深，可计算出水槽的总糙率 n_0，再根据河底与河岸阻力划分原则，求得槽底即模型沙的糙率 n_b：

$$n_b = \sqrt{\frac{n_0^2 \chi_0 - n_w^2 \chi_0 \chi_w}{B}} \tag{4-28}$$

式中　B——槽宽；

χ_0——总湿周，$\chi_0 = B + 2h$；

χ_w——边壁湿周，$\chi_w = 2h$；

n_w——边壁糙率，对玻璃可取 0.010。

（四）模型沙的配制与处理

在一般的动床模型试验中，要使模型的冲淤现象与原型相似，除要求模型的平均沉速、平均起动流速等与原型相似外，还要考虑模型沙的级配与原型相似，以模型沙级配曲线与原型沙级配曲线达到基本平行为标准。但现成的模型沙的级配与模型设计的要求不可能正好吻合，因此选配模型沙时还应对模型沙进行加工处理。有的模型沙组成不合适时，须在使用之前进行分选，模型沙太粗时，要加工磨细。

模型沙分选一般是利用筛子或水力、风力把不符合模型设计要求的模型沙分选掉。根据经验，处理木屑之类的模型沙，采用筛分的办法较合适，处理天然沙或煤灰之类的模型沙，采用水力分选的办法比较合适。分选出的粗颗粒模型沙可以采用机械的办法磨细后再用。

在水文系列较长的大型动床模型试验中，每次试验使用模型沙的数量很大，在这种情况下，要做几次重复性试验或多种方案的比较试验，需要考虑模型沙的回收与重复使用问题。即把第一次试验时淤在模型河道和沉沙池中的模型沙清理出来，进行筛分处理，按要求的模型沙颗粒级配加以掺混后供第二次试验时使用。

第四节　推移质动床模型设计

一、设计步骤及比尺的确定

（1）根据试验场地的限制，初步选定水平比尺 λ_l。

（2）根据糙率比尺和可能的供水量及变率，初步选定垂直比尺 λ_h。

(3)进行选沙计算：先假设选用不同容重的模型沙，采用不同的起动流速公式和不同的输沙率公式(如梅叶－彼得公式、沙莫夫公式、窦国仁公式等)，计算起动相似所要求的粒径比尺 λ_d、推移质输沙相似所要求的输沙比尺 λ_{g_b}、推移质冲淤变形相似所要求的时间比尺 λ_{t_1}，绘制 $\gamma_s \sim \lambda_d$，$\gamma_s \sim \lambda_{g_b}$ 和 $\gamma_s \sim \lambda_{t_1}$ 关系曲线。初步确定可能选用的模型沙的容重范围，再经过对各种模型沙性能的综合考虑，最后确定可作为推移质的模型沙的种类和粒径。

(4)针对初步选定的模型沙进行专门的水槽预备试验，以进一步研究各种可能选用的模型沙性能。水槽试验主要是进行起动流速和糙率的试验。通过起动流速试验，进一步确定该模型沙起动流速随水深的变化规律，选择并检验相应的起动流速公式。通过糙率 n_m 测定试验，确定它能否满足阻力相似，如不能满足，则应重新选择模型沙，直至既能满足起动流速相似又能满足糙率相似为止。应该指出，由于这里的阻力是动床阻力，因此其阻力相似条件只是近似的表达，最终动床阻力的相似还依赖于模型的验证试验。

对于模型沙粒径 d_m 的初步选定，一般是就其平均粒径或中值粒径 d_{50} 而言的。但泥沙运动相似还应要求模型沙的级配曲线与原型沙相似，所以当泥沙粒径比尺 λ_d 确定之后，就要按照这一比尺将原型沙的级配曲线换算为模型沙的级配曲线，然后按此曲线配制模型沙。此外，上节中我们已经谈到，当正态模型且采用天然沙作模型沙时，由于粒径比尺等于垂直比尺，若原型沙粒径较小，则模型沙将粒径过细而影响其起动特性，此时可采取选用轻质沙的办法来解决上述问题。

(5)模型沙以及 λ_d、λ_S、$\lambda_{\gamma'}$ 等相关比尺确定后，由输沙相似和河床冲淤变形相似条件，求得推移质单宽输沙率比尺 λ_{g_b} 和变形时间比尺 λ_{t_1}，确定模型进口加沙量及控制试验放水时间。同样，还要通过验证试验对 λ_{g_b} 或 λ_{t_1} 进行反复调整，直至冲淤变化获得相似。

二、推移质动床模型设计实例

某航道整治模型试验研究河段长 6 km，河床由沙卵石组成，其中值粒径约为 5 cm，设计枯水流量 5 860 m^3/s，平均水深 5.25 m，平均流速 1.78 m/s，比降 5.06‱，糙率 $n = 0.04$；设计典型年流量变幅 2 880 ~ 42 300 m^3/s，平均水深变幅 3.2 ~ 19.25 m，平均流速变幅 1.65 ~ 2.44 m/s，糙率基本上保持不变。

河段碍航浅滩的变化主要与卵石运动有关，设计的模型应为卵石推移质动床模型。考虑到本河段虽属山区河道，但河谷尚属开阔，通航建筑物对河床的自然状态改变不大，可以允许做成变态模型。

由于试验场地面积的限制，平面比尺 λ_l 只能取 240。

模型沙采用抚顺有烟煤粉，其 γ_s 约为 1 350 kg/m^3，故得：

$$\lambda_{\gamma_s} = 2.65/1.35 = 1.96\ ,\ \lambda_{(\gamma_s-\gamma)/\gamma} = 1.65/0.35 = 4.71$$

通过对原型水流资料的分析，认为水流阻力公式以采用如下形式为宜：

$$u = \frac{h^{1/5}}{n}\sqrt{hJ}$$

由此求得满足阻力重力比相似的流速比尺为：

$$\lambda_u = \frac{\lambda_h^{7/10}}{\lambda_n}\left(\frac{\lambda_h}{\lambda_l}\right)^{1/2}$$

同时考虑惯性力重力比相似可解得：

$$\lambda_h = \lambda_n^{10/7}\lambda_l^{5/7}$$

在给定 λ_l 之后，欲求垂直比尺 λ_h 必须先求得模型糙率，而模型糙率的确定是与模型沙的选用分不开的。

由于所研究的问题属于卵石推移质运动，悬移相似可以不考虑，而仅须考虑起动相似。由式(4-9)，取指数 y 为 1/5，由此可导出起动流速的比尺关系式为：

$$\lambda_{u_c} = \left(\frac{\lambda_h}{\lambda_d}\right)^{1/5}\lambda_{\frac{\gamma_s-\gamma}{\gamma}}^{1/2}\lambda_d^{1/2}$$

在满足起动相似，即 $\lambda_{u_c} = \lambda_u$ 的条件下，同时考虑惯性力重力比相似，可解得：

$$\lambda_h = \lambda_d\lambda_{\frac{\gamma_s-\gamma}{\gamma}}^{5/3}$$

由于 λ_l 及 $\lambda_{\frac{\gamma_s-\gamma}{\gamma}}$ 已经确定，因此还包含三个未知比尺 λ_h、λ_d、λ_n，而粒径比尺和糙率比尺之间存在一定的内在联系，故实际上只有两个未知比尺，可以联立求解。但由于存在边壁糙率的影响，λ_d 与 λ_n 之间的比尺关系无法直接写出，只能通过试算求解。

模型设计之前，对选用的模型沙制备了几种不同粒径的模型沙沙样，通过水槽试验，得到了其糙率及起动流速等资料。

首先假定采用 d_{50} 为 10 mm 的煤粉模型沙，预备试验表明没有沙波发生，糙率 n_{bm} 在 0.026 左右，以之作为动床部分糙率。低水位以下定床部分假定采用直径为 2 cm 的卵石加糙，颗粒之间间距为粒径的 10 倍，根据预备试验，这种人工糙率 n_{wm} 能达到 0.040 左右。采用下式计算综合糙率：

$$n^2\chi = n_b^2\chi_b + n_w^2\chi_w \tag{4-29}$$

式中　χ——总湿周；

χ_b、χ_w——河底及边壁湿周。

根据试验河段具体情况，低水位时，2/3 湿周为动床部分，1/3 湿周为定床部分。因此，低水位时的模型综合糙率应为：

$$n_m^2\chi = (0.026)^2\frac{2}{3}\chi + (0.040)^2\frac{1}{3}\chi$$

解得 $n_m = 0.032$。由此定出：

$$\lambda_n = \frac{n_p}{n_m} = \frac{0.040}{0.032} = 1.25$$

带入前述公式可得：

$$\lambda_h = 1.25^{10/7} \times 240^{5/7} = 68$$

$$\lambda_d = \frac{68}{4.71^{5/3}} = 5.14$$

因此，要求模型沙中值粒径 d_{50m} 为：

$$d_{50m} = \frac{50}{5.14} = 9.73\ (\text{mm})$$

9.73 mm 和假定值 10 mm 甚为接近，决定采用 $\lambda_d = 5$ 作为配制模型沙的依据，λ_h 亦取整数，定为 $\lambda_h = 60$。从而，其他比尺为：

流速比尺：$\lambda_u = \lambda_h^{1/2} = 60^{1/2} = 7.75$；

流量比尺：$\lambda_Q = \lambda_l \lambda_h \lambda_u = 111\ 600$。

推移质输沙率比尺按冈恰洛夫公式求出：

$$g_b = 5.13(1+\varphi)d(u-u_c')\left(\frac{u^3}{u_c'^3}-1\right) \tag{4-30}$$

式中 φ——系数；

u_c'——止动流速。

当 g_b 以 kg/ms 计时，等号右侧还应引进 γ_s，由此得：

$$\lambda_{g_b} = \lambda_{\gamma_s}\lambda_d\lambda_u = 5 \times 7.75 \times 1.96 = 75.9$$

取 $\lambda_{\gamma_s'} = \lambda_{\gamma_s} = 1.96$，得河床变形时间比尺：

$$\lambda_{t_1} = \frac{\lambda_l\lambda_h\lambda_{\gamma_s'}}{\lambda_{g_b}} = \frac{240 \times 60 \times 1.96}{75.9} = 372$$

至此，全部比尺均已确定，可据此塑造及控制模型，通过验证试验后进行正式试验。本模型的验证情况是：水面线模型与原型基本重合；单宽流量分配与原型也是相似的；地形验证试验，取 1956 ~ 1957 年一次洪水过程及地形变化作为验证根据，试验结果表明，模型冲淤情况与原型十分相似。正式试验中进行了整治工程的比较方案试验，得出了合理的工程布置，工程施工后的第 4 年，原型所发生的河床变形与模型的预测相符。

第五节 悬移质动床模型设计

一、设计步骤及比尺的确定

（一）设计步骤

（1）由试验限制条件和糙率比尺初步确定水平比尺 λ_l 和垂直比尺 λ_h。

（2）通过模型沙预备试验或通过已有公式得到原型沙和模型沙的沉速和起动流速等，求得不同模型沙的沉速比尺 λ_ω 和起动流速比尺 λ_{u_c}，如果该模型沙的 λ_ω 和 λ_{u_c} 满足相似条件，同时河床糙率基本满足要求，则选沙即告完成。但要选择同时满足多项相似条件的模型沙是很困难的，特别是采用变态模型时，因此必须结合所研究的具体情况对相似条件有所取舍。

（二）模型沙的选择

1. 按沉降相似条件来选择模型沙

对变态模型，当河床变形以淤积为主时，可不考虑起动相似，而重点保证含沙量沿水深分布的相似，即满足沉降相似条件 $\lambda_\omega = \lambda_u\lambda_h/\lambda_l$，并兼顾阻力相似，而允许悬移相似（即含沙量沿程变化相似）有所偏离，这种情况下可制作成定床加沙模型。由于泥沙的沉降状态与沙粒雷诺数 $Re_* = \dfrac{\omega d}{\nu}$ 有关，当原型沙和模型沙的 $Re_* < 0.2$，即处于层流状态时，相

应的泥沙沉速公式为：

$$\omega = k\frac{\gamma_s - \gamma}{\gamma}g\frac{d^2}{\nu} \tag{4-31}$$

由于 $\lambda_\nu = 1, \lambda_g = 1$，可导得沉速比尺：

$$\lambda_\omega = \lambda_{(\gamma_s-\gamma)/\gamma}\lambda_d^2$$

引入沉降相似条件式(4-21)，可得粒径比尺：

$$\lambda_d = \sqrt{\frac{\lambda_u\lambda_h}{\lambda_{(\gamma_s-\gamma)/\gamma}\lambda_l}} \tag{4-32}$$

当原型沙和模型沙的 $Re_* > 1\ 000$，即处于紊流状态时，相应的沉速公式为：

$$\omega = K\sqrt{\frac{\gamma_s - \gamma}{\gamma}gd} \tag{4-33}$$

同样可导得相应的沉速比尺及粒径比尺：

$$\lambda_\omega = \lambda_{(\gamma_s-\gamma)/\gamma}^{1/2}\lambda_d^{1/2}$$

$$\lambda_d = \frac{\lambda_u^2\lambda_h^2}{\lambda_{(\gamma_s-\gamma)/\gamma}\lambda_l^2} \tag{4-34}$$

式(4-32)及式(4-34)即为模型沙材料及粒径大小选择的依据。但实际试验中原型沙和模型沙的沉降状态往往不一定处在同一流区，因此最好是通过水槽预备试验，测定既定几何比尺和流速比尺条件下原型沙和模型沙的 ω 值，以寻找满足沉降相似条件的模型沙材料和级配。

2. 按兼顾悬移相似和沉降相似条件来选择模型沙

我们知道，当采用变态模型时，悬移相似和沉降相似条件不能同时满足，允许两者中有一个偏离。但当含沙量的沿程变化的相似和沿水深的分布的相似居于同等重要时，解决的办法：一是模型变态率尽量小一些；二是选沙时采用使 λ_ω 值介于条件式(4-20)和式(4-21)之间，即 λ_ω 的取值介于$\frac{\lambda_u}{\eta^{1/2}}$和$\frac{\lambda_u}{\eta}$之间，一般可取 $\lambda_\omega = \frac{\lambda_u}{\eta^{0.75}}$作为兼顾悬移相似和沉降相似的条件式，与式(4-31)或式(4-33)联解，即可得到相应的粒径比尺。

3. 按起动(或扬动)相似条件来选择模型沙

当模型有冲有淤时，除满足沉降相似外，还应满足起动相似条件。即利用适当的起动流速公式求得起动流速比尺 λ_{u_c}，进而求得粒径比尺 λ_d，作为模型沙选沙的依据。

有的学者认为在某种情况下应该采用扬动流速 u_f 而非起动流速作为泥沙悬浮的控制条件，此时若引用沙玉清的扬动流速公式：

$$u_f = 16.73\left(\frac{\gamma_s - \gamma}{\gamma}gd\right)^{2/5}\omega^{1/5}h^{1/5}$$

可求得扬动流速比尺 λ_{u_f}及相应的粒径比尺：

$$\lambda_{u_f} = \lambda_u = \lambda_{(\gamma_s-\gamma)/\gamma}^{2/5}\lambda_d^{2/5}\lambda_\omega^{1/5}\lambda_h^{1/5}$$

$$\lambda_d = \frac{\lambda_u^{5/2}}{\lambda_{(\gamma_s-\gamma)/\gamma}}\lambda_\omega^{-1/2}\lambda_h^{-1/2}$$

虽然扬动流速是泥沙从静止进入悬移的控制条件，但事实上，由于悬移质动床试验模型沙一般颗粒较细，且通常采用轻质沙，一般容易扬动，一旦起动即进入悬浮状态，因此通常利用起动相似作为控制条件还是合理的。当原型沙或模型沙情况不适于引用已有起动或扬动流速公式时，妥善的办法仍是通过选沙试验来寻找满足起动（或扬动）相似条件的模型沙材料及粒径级配。

按上述悬移质运动相似条件选出模型沙后，原则上可引用相应公式求得满足阻力相似的粒径比尺 λ_d、含沙量比尺 λ_S 和冲淤变形时间比尺 λ_{t_2}。但由于限制条件过多，不可能满足所有的相似条件，因此这些比尺的最终确定，通常通过验证试验解决。具体的做法是：选定模型沙后，先设定某一含沙量比尺 λ_S（决定验证试验的加沙浓度），由冲淤变形相似条件式得到冲淤变形时间比尺 λ_{t_2}（决定验证试验的放水时间），根据原型中某一已知的流量冲淤过程，在模型中以相应流量进行重演，然后观测模型河床的冲淤演变，若与原型不符，则针对不符的原因和程度校正模型糙率，或调整 λ_S 和 λ_{t_2} 再重新验证，直至观测结果满意为止。

二、悬移质动床模型设计实例

长江南京八卦洲分汊河道右汊是主汊，长约 11 km，左汊为支汊，长约 22 km，处于缓慢的淤积状态，河床主要由细沙组成。由于运输的需要，拟在左汊内建设 5 个万吨级深水码头，由于大规模进港航道的开挖及维护工程，需进行模型研究。河段及模型布置见图 4-2。

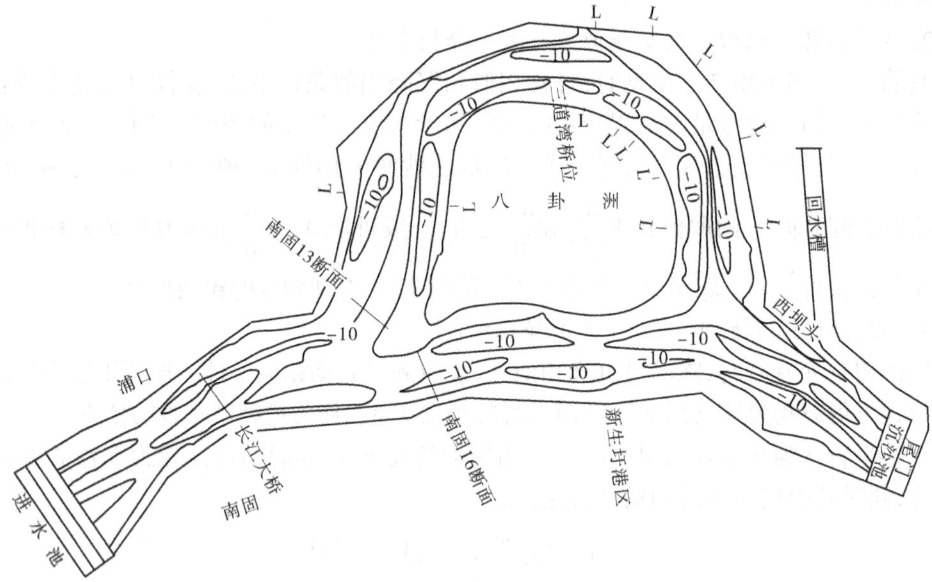

图 4-2　模型布置图

对于平原细沙河流，其河床变形主要是临底悬移质（即床沙质）起主导作用，本实例中的床沙质泥沙特性见图 4-3，其特征值如下：

床沙质 $d_{50p}=0.10$ mm，$\omega_p=0.612$ cm/s；

颗粒容重 $\gamma_{sp}=2\ 650$ kg/m^3，淤沙干容重 $\gamma'_{sp}=1\ 460$ kg/m^3。

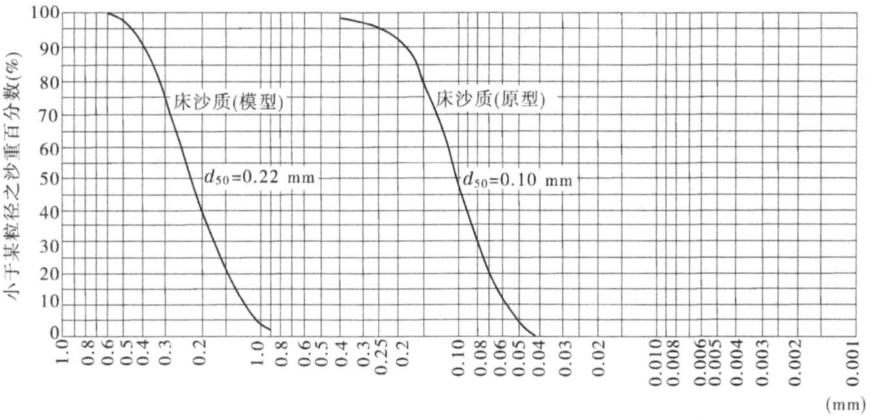

图 4-3　床沙质粒配曲线

由实测水文资料计算分析，多年平均流量下河道糙率 $n_p = 0.022$。

拟采用经防腐处理后的木屑作为模型沙，其特征值如下：

颗粒容重 $\gamma_{sm} = 1\ 150\ \mathrm{kg/m^3}$，干容重 $\gamma'_{sm} = 600\ \mathrm{kg/m^3}$。

(一)模型几何比尺确定

根据试验厅面积，采用平面比尺 $\lambda_l = 600$。为保证模型水流基本上位于阻力平方区，取垂直比尺 $\lambda_h = 120$。

模型首先应满足水流运动相似条件，有：

$$\lambda_u = \sqrt{\lambda_h} = \sqrt{120} = 10.95$$

同时又要满足阻力相似条件，由后面模型沙选配可知，所采用的木屑模型沙的糙率为：$n_m = 0.017$，得 $\lambda_n = 0.022/0.017 = 1.29$。

由 $u = \frac{1}{n}R^{2/3}J^{1/2} = \frac{1}{n}h^{2/3}J^{1/2}$ 可知：

$$\lambda_u = \frac{1}{\lambda_n}\lambda_h^{2/3}\left(\frac{\lambda_h}{\lambda_l}\right)^{1/2} = \frac{1}{1.29} \times 120^{2/3} \times \left(\frac{120}{600}\right)^{1/2} = 8.43$$

以上计算表明，两者存在一定偏差。在细沙河流动床模型设计中，当模型沙一旦确定后，模型糙率即已确定，是无法调整的，因此一般仅满足阻力相似条件，而容许重力相似条件有所偏差。本模型设计偏差为 $\frac{10.95 - 8.43}{10.95} \times 100\% = 23\%$，对于平原细沙河流，水流流速水头的沿程变化项较沿程阻力的变化项小得多，因此上述偏差是可以容许的。

(二)悬移质中床沙质粒径比尺确定

对于平原细沙河流，其河床变形是临底悬沙(本模型中的床沙质)起主导作用，因此在悬移质方面，本模型设计主要考虑悬移质中的床沙质。根据下列相似条件，分别确定悬移质中床沙质的粒径要求，然后综合考虑。

(1)按沉降相似条件考虑：

$$\lambda_\omega = \lambda_u\lambda_h/\lambda_l = 8.43 \times 120/600 = 1.69,\ \omega_m = 0.612/1.69 = 0.36(\mathrm{cm/s})$$

按沙玉清层流区沉速公式 $\omega=\frac{g}{24\nu}\frac{(\gamma_s-\gamma)}{\gamma}d^2$,算得要求的 $d_m=0.24$ mm,则 $\lambda_d=0.1/0.24=0.42$。

(2)按悬移相似条件考虑:

$$\lambda_\omega=\lambda_u(\lambda_h/\lambda_l)^{1/2}=8.43\times\sqrt{120/600}=3.77,\omega_m=0.612/3.77=0.163\ (\mathrm{cm/s})$$

同样按沙玉清公式,算得要求的 $d_m=0.16$ mm,则 $\lambda_d=0.1/0.16=0.63$。

(3)按起动相似条件考虑:

起动相似条件为 $\lambda_u=\lambda_{u_c}$,假定 $\lambda_d=0.8$,则 $d_m=0.01/0.8=0.013$ cm,$\omega_m=0.096$ cm/s,$\lambda_\omega=0.612/0.096=6.38$。

由起动流速公式得:

$$\lambda_{u_c}=\left(\frac{\lambda_h}{\lambda_d}\right)^{1/6}\frac{\lambda_\omega}{\lambda_{\gamma_s-\gamma}^{1/3}\lambda_d}=\left(\frac{120}{0.8}\right)^{1/6}\frac{6.38}{11^{1/3}\times0.8}=8.28\approx8.43$$

由于 $\lambda_u=8.43$,故 $\lambda_d=0.8$ 已满足条件 $\lambda_u=\lambda_{u_c}$ 的要求,不必再试算。

理论上上述三个条件应同时满足,故只得采用其平均值:

$$\bar{d}_{50m}=\frac{0.24+0.16+0.13}{3}=0.18\ (\mathrm{mm})$$

相应的粒径比尺为 $\lambda_d=0.1/0.18\approx0.56$,据此粒径比尺确定床沙质模型沙粒配曲线(见图4-3),其中值粒径 $d_{50m}=0.22$ mm,因模型沙制作上的原因,稍大于设计值。

(三)推移质及河床质粒径比尺确定

对推移质及河床质粒径比尺确定方法参考本章第四节,在此不详细计算说明。

(四)含沙量比尺及冲淤变形时间比尺确定

对于平原细沙河流,其河床变形临底悬沙起主要作用,因此采用悬沙输沙能力公式,根据挟沙相似及冲淤变形时间相似条件,确定含沙量比尺及冲淤变形时间比尺。现有较适合长江的挟沙能力公式为:

$$S_*=0.025\frac{\gamma_s uJ}{(\gamma_s-\gamma)\omega}\quad(\mathrm{kg/m^3})$$

由上式可得挟沙能力相似比尺:

$$\lambda_{S_*}=\frac{\lambda_{\gamma_s}\lambda_u\lambda_h}{\lambda_{\gamma_s-\gamma}\lambda_\omega\lambda_l}$$

由原型沙及模型沙特性,可算出:

$$\lambda_{\gamma_s}=\frac{2\ 650}{1\ 150}=2.3\ ,\ \lambda_{\gamma_s-\gamma}=\frac{2.65-1}{1.15-1}=11.0\ ,\ \overline{d_m}=0.22\ \mathrm{mm}$$

$$\lambda_\omega=\frac{0.612}{0.3}=2.04,\lambda_{\gamma_s'}=\frac{1\ 460}{600}=2.43,\bar{\omega}=0.3\ \mathrm{cm/s}$$

$$\lambda_n=\frac{0.022}{0.017}=1.29,\lambda_\gamma=\frac{1.0}{1.0}=1.0$$

以上数据代入相似条件式得:

$$\lambda_S=\lambda_{S_*}=\frac{2.3\times8.43\times120}{11\times2.04\times600}=0.17$$

$$\lambda_{t_2}=\frac{\lambda_{\gamma_s'}\lambda_l}{\lambda_S\lambda_u}=\frac{2.43\times600}{0.17\times8.43}=1\ 017$$

由于挟沙能力公式的不成熟，上述计算中的 λ_S 及相应的 λ_{t_2} 值，必须根据原型实测河床冲淤变化资料在冲淤验证试验中进行修正。

模型制作后，冲淤验证试验以不同时间天然实测河床地形作为起始地形和验证地形，以试验河段上游水文站的逐日流量级放水。经过多组次试探试验，对模型加沙量进行调整，最后得出当模型含沙量比尺 $\lambda_S=0.4$、$\lambda_{t_2}=400$ 时，模型与原型的冲淤变化达到相似。

模型起始河床经历一个半水文年水沙过程作用后的河床地形与原型实测地形比较后发现，整个试验河段的河床平面形态与原型相似，河床中滩槽位置一致，高程相近，相对应的边滩位置及形态也基本一致。模型各段河床冲淤量分布与原型基本一致，模型总淤积量为 $326.5\times10^4\ m^3$，与原型河床总淤积量 $331.2\times10^4\ m^3$ 非常接近。验证结果表明，模型河床的冲淤与原型河床的冲淤是相似的。

第六节　全沙模型简介

如前所述，推移质和悬移质动床模型试验实际上是对实际问题的一种简化处理方法，但不少天然河道中泥沙的粒径范围很广，不仅有推移质运动、悬移质运动，有时还有异重流运动，这些不同粒径泥沙的运动及造成的河床冲淤变化构成一个不可分割的整体，并非单纯的推移质或悬移质模型所能模拟。因此，在研究重大水利工程的泥沙问题时，往往需要在同一模型上进行包括上述各种形式的泥沙运动的综合模型试验，称为全沙模型。

20 世纪 70 年代，南京水利科学研究院窦国仁等提出了一套全沙模型设计方法，并据此进行了葛洲坝水利工程全沙模型试验，取得了一定程度上的成功。窦国仁方法的特点是推导出包括在床面推移的沙质和卵石以及近底处的悬移的底沙输沙率，悬移质包括了冲泻质部分，并考虑了异重流运动，尤其关键的是获得了悬沙、异重流和底沙的冲淤变形时间比尺的一致，这是这一方法能否成功的关键。早在 20 世纪 50 年代，钱宁就提出了较为完整的动床变态河工模型相似律，这一方法的特点是泥沙的冲淤变形时间比尺随水位亦即随流量的改变有所不同，根据具体情况应适当容许某些次要的相似有所偏离，并强调了原型情况的验证试验的重要性，但这一方法中没有考虑冲泻质和异重流。限于篇幅，本节简要介绍窦国仁的全沙模型设计方法，爱因斯坦 - 钱宁方法的详细介绍请参考有关文献。

一、窦国仁全沙模型相似条件

全沙模型的相似条件由四个方面组成，即水流运动相似、推移质运动相似、悬移质运动相似和异重流运动相似。本章第三节已经详细介绍了这些具体相似条件。

（一）水流运动相似

（1）重力相似：

$$\lambda_u=\lambda_h^{1/2}$$

(2)阻力相似：

$$\lambda_n = \frac{\lambda_h^{2/3}}{\lambda_l^{1/2}} = \frac{\lambda_h^{1/6}}{\eta^{1/2}}$$

(二)推移质运动相似

(1)泥沙起动相似：

$$\lambda_d = \frac{\lambda_h}{\lambda_{(\gamma_s-\gamma)/\gamma}^{3/2}}$$

(2)输沙相似：

$$\lambda_{g_b} = \frac{\lambda_{\gamma_s}}{\lambda_{(\gamma_s-\gamma)/\gamma}}\lambda_h^{3/2}$$

(三)悬移质运动相似

(1)含沙量沿程变化相似：

$$\lambda_\omega = \frac{\lambda_u}{\eta} \tag{4-35}$$

(2)悬沙挟沙能力相似：

$$\lambda_S = \frac{\lambda_{\gamma_s}}{\lambda_{(\gamma_s-\gamma)/\gamma}} \tag{4-36}$$

(四)异重流运动相似

(1)异重流发生相似：

$$\lambda_S = \frac{\lambda_{\gamma_s}}{\lambda_{(\gamma_s-\gamma)/\gamma}} \tag{4-37}$$

(2)异重流输沙沿程变化相似：

$$\lambda_\omega = \frac{\lambda_u}{\eta} \tag{4-38}$$

(五)冲淤变形相似

(1)推移质：

$$\lambda_{t_1} = \frac{\lambda_l\lambda_h\lambda_{\gamma_s'}}{\lambda_{g_b}}$$

(2)悬移质：

$$\lambda_{t_2} = \frac{\lambda_l\lambda_{\gamma_s'}}{\lambda_u\lambda_S} \tag{4-39}$$

(3)异重流(与悬移质相同)：

$$\lambda_{t_s} = \frac{\lambda_{\gamma_s'}}{\lambda_S}\eta^{1/2}\lambda_l^{1/2} \tag{4-40}$$

上述 11 个相似条件方程中，有 3 组是相同的，即式(4-37)与式(4-36)、式(4-38)与式(4-35)、式(4-40)与式(4-39)是相同的。因此，实际上只有 8 个相似条件方程。其中共有 13 个变量：λ_u、λ_h、λ_l、λ_t、λ_d、λ_ω、λ_{g_b}、λ_S、λ_{γ_s}、$\lambda_{\frac{\gamma_s-\gamma}{\gamma}}$、$\lambda_{t_1}$、$\lambda_{t_2}$、$\lambda_{t_s}$、$\lambda_{\gamma_s'}$。其中 $\lambda_{\gamma_s'}$、λ_{γ_s}、λ_d、λ_ω 与模型沙的性质有关，一旦模型沙确定以后，只有 λ_h、λ_l 可以进行选择。如采用同一容重、

同一材料的模型沙模拟悬移质和推移质，包括异重流和卵石在内，则推移质、悬移质和异重流的干容重比尺 $\lambda_{\gamma_s'}$ 就有可能完全相同或相近。在这种情况下，推移质、悬移质和异重流能否在一个模型内重演冲淤变形的相似呢？关键就在于各种泥沙的冲淤变形时间比尺能否一致，如果推移质输沙率采用窦国仁公式(4-11)，则由式(4-24) 所计算出的推移质冲淤变形时间比尺 λ_{t_1}、式(4-25) 和式(4-26) 所表示的悬移质以及异重流冲淤变形时间比尺 λ_{t_2} 和 λ_{t_s} 表达式是相同的。只要水流、推移质、悬移质和异重流均同时满足这四个方面的相似，就可以获得一个统一的冲淤变形时间比尺，从而在一个模型上复演全沙运动。

二、全沙模型设计步骤及比尺的确定

(1)根据试验场地面积、供水设备等条件拟定平面比尺 λ_l，由水深限制性条件确定水深比尺 λ_h 和模型变率 η（一般小于 5）。

(2)根据试验目的充分收集原型水流和泥沙运动情况，以及地形、水文和泥沙运动各项要素，选择某种同一容重的单一材料来配制模型沙。由选定的模型沙和几何比尺，校核阻力相似条件（即模型糙率系数）和起动相似条件是否满足要求，如不满足则重新选择模型沙和几何比尺。

(3)确定各水流要素比尺 λ_u、λ_Q 等。

(4)确定各模型沙与容重有关的比尺 λ_{γ_s}、$\lambda_{(\gamma_s-\gamma)/\gamma}$。

(5)确定与悬移质有关的比尺，如 λ_d、λ_ω、λ_S、λ_{t_2}。

(6)确定与推移质有关的比尺，如 λ_{u_c}、λ_d、λ_ω、λ_{g_b}、λ_{t_1}。

(7)最后，对所得各项比尺进行分析、调整，确定统一的冲淤变形时间比尺，设计即告完成。

复习思考题

1. 定床河工模型如何判断模型糙率值已达到要求？
2. 河工模型采用变态的原因是什么？
3. 变态模型对于水流运动的相似有何影响？
4. 动床模型如何确定水流运动的相似条件？
5. 推移质动床模型的设计步骤及比尺的确定原则是什么？
6. 窦国仁全沙模型相似条件有哪些？

第五章 水工模型试验

水工模型试验有常规模型试验及各种专题模型试验，本章重点介绍水工常规模型及主要专题模型的设计、试验方法等内容，同时还对港口航道与海岸工程专业所涉及的海工模型试验进行了介绍，包括水利枢纽整体模型试验、泄水建筑物及消能工模型试验、水流空化及掺气减蚀模型试验、水电站相关模型试验、水工建筑物水流压力脉动和激流振动模型试验、施工截流及导流模型试验、溃坝模型试验、船闸水力学模型试验、地下水渗流模型试验、海工模型试验等。

第一节 水利枢纽整体模型试验

一、水利枢纽整体模型试验的基本任务

水利枢纽是指为综合利用水资源，兴建的一组水工建筑物的综合体。水利枢纽一般包括挡水建筑物、泄水建筑物、电站建筑物、通航建筑物、坝岸连接及上下游防护建筑物、其他专用水工建筑物等。

水利枢纽及其附近河段水流模型试验的基本任务如下：

(1)工程兴建前枢纽河段的水力特性试验研究。水利枢纽兴建前，一般均会进行一定的原型观测，但往往受观测时间、观测条件等因素的限制，观测成果可能不够全面。因此，通过模型的反演试验，可以得到更多、更全面的有关枢纽河段的水力特性成果，为工程规划、设计、施工等提供可靠的参数。

(2)枢纽泄流能力及优化泄流宽度试验研究。由于理论计算泄流能力存在一定偏差，往往必须通过模型试验验证或确定枢纽的泄流能力，在满足枢纽泄洪、节省工程造价的前提条件下，根据河段水流条件及河床地形特征等，研究确定枢纽的合理泄流宽度。

(3)枢纽总体布置方案试验研究。根据枢纽中各种建筑物可能的相对位置及运行条件等方面的要求，在满足各建筑物的布置和使用上的要求，避免不利的相互干扰的前提下，确定和优化枢纽总体布置方案。

(4)通航建筑物平面布置形式及通航水流条件试验研究。主要包括：通航建筑物上、下游引航道口门区与连接段航道线型及船舶航行条件的研究；船闸上、下游导流堤结构型式、合理长度及偏角大小的研究；枢纽调度方式对通航条件的影响研究等。

(5)对施工导流方案、施工期防洪度汛方案及施工期河床冲淤进行试验研究。研究施工期各级流量下施工围堰前后水位、施工河段导流流量等，对施工期防洪度汛方案进行研究，确定围堰范围及高程；施工期导流河段水流条件、通航条件研究，选择施工期航线，为施工方案设计提供相应的设计参数。

(6)枢纽运行期优化调度方案试验研究。研究枢纽运行期上、下游水流形态(例如主

流的位置、趋向和横向环流，折冲水流，涡流，波动等）以及由此引起的对河床、河岸的影响，以便采取相应的措施和优化调度方案。

（7）枢纽河段局部动床模型试验研究。对枢纽河段在未建枢纽前的河床冲淤变化进行试验研究分析；施工期施工河段河床变形预报；枢纽运用初期枢纽河段上、下引航道及口门区防淤减淤措施研究；验证船闸下引航道底及下闸首门槛设计高程；验证枢纽泄水闸下游海漫长度；枢纽建成后，正常运用条件下，上、下引航道及口门区防淤减淤措施研究。

（8）其他有关问题的试验研究。

二、相似条件

由于水利枢纽整体模型中可能有挡水、泄水、输水、取水等建筑物，还可能有河岸弯曲和河床内洲滩起伏等地形条件，因而保证几何相似和重力相似是十分重要的，枢纽模型设计除满足第四章的相似条件外，还必须保证模型是正态。下面将从平面上的二维非恒定流的运动方程及连续方程出发，对此进行分析。

为简便计，以水深 h 代替水力半径。这一简化对于绝大部分水利枢纽所在的河床断面情况（宽浅式）是可行的，而对于正态模型来说，则根本不影响推导结果。设 x、y 为水流平面纵、横坐标，t 为时间，u 为平面上各点垂线平均流速，u_x、u_y 为沿 x、y 向流速分量，J_x、J_y 为沿 x、y 向水面比降，C 为谢才系数，g 为重力加速度（可视为常量），写水流运动方程和连续方程为：

$$\left.\begin{aligned}&\frac{\partial u_x}{\partial x}+\frac{\partial u_y}{\partial y}=0\\&u_x\frac{\partial u_x}{\partial x}+u_y\frac{\partial u_x}{\partial y}+\frac{\partial u_x}{\partial t}=gJ_x-\frac{gu_x|u|}{C^2h}\\&u_x\frac{\partial u_y}{\partial x}+u_y\frac{\partial u_y}{\partial y}+\frac{\partial u_y}{\partial t}=gJ_y-\frac{gu_y|u|}{C^2h}\end{aligned}\right\}\tag{5-1}$$

如第三章所述，模型水流与原型水流必须为同一微分方程描写的相似水流，据相似理论的方程分析法，由式（5-1）可导出下列比尺关系：

$$\frac{\lambda_{u_x}^2}{\lambda_l}=\frac{\lambda_{u_y}\lambda_{u_x}}{\lambda_l}=\frac{\lambda_{u_x}}{\lambda_t}=\frac{\lambda_h}{\lambda_l}=\frac{\lambda_{u_x}\lambda_u}{\lambda_C^2\lambda_h}$$

$$\frac{\lambda_{u_x}\lambda_{u_y}}{\lambda_l}=\frac{\lambda_{u_y}^2}{\lambda_l}=\frac{\lambda_{u_y}}{\lambda_t}=\frac{\lambda_h}{\lambda_l}=\frac{\lambda_{u_y}\lambda_u}{\lambda_C^2\lambda_h}$$

由上述两式可归结为下面 4 个独立的相似条件：

$$\lambda_{u_x}=\lambda_{u_y}=\lambda_u\tag{5-2}$$

$$\lambda_t=\frac{\lambda_l}{\lambda_{u_x}}=\frac{\lambda_l}{\lambda_{u_y}}=\frac{\lambda_l}{\lambda_u}\tag{5-3}$$

$$\lambda_{u_x}=\lambda_{u_y}=\lambda_u=\lambda_h^{1/2}\tag{5-4}$$

$$\lambda_C=\left(\frac{\lambda_l}{\lambda_h}\right)^{1/2}\tag{5-5}$$

条件式（5-2）在模型纵、横向不变态的情况下是自然满足的，因为在此情况下由方程式(5-1)中的连续方程就可直接得此条件。

条件式(5-3)是水流运动的时间比尺,也是斯特鲁哈准则的一种表示形式。

条件式(5-4)是弗劳德准则,实现这个条件就可使水流沿流向惯性力与重力之比在模型与原型中保持同量。在弯道水流情况下,这个条件也可保证离心惯性力与重力之比在模型和原型中保持同量。如以 z 表示水面高程,则曲率半径为 r 的弯道水流方程为:

$$\frac{\partial z}{\partial r} + \frac{u^2}{gr} = 0 \tag{5-6}$$

不难看出,由方程(5-6)写相似比尺关系式,仍得条件式(5-4),即 $\lambda_u = \lambda_h^{1/2}$。这表明条件式(5-4)的重要性,亦即严格保证模型与原型重力相似后,弯道水流的相似不成问题。

条件式(5-5)是阻力相似条件,也是保证水流相似的重要条件,但对水利枢纽及其附近定床模型来说,其重要程度稍逊于条件式(5-4),可视为重力相似基础上的校核条件。谢才系数比尺也可视为阻力比尺,引进曼宁公式还可得糙率比尺,用以控制模型糙率。

必须强调指出,满足重力相似条件式(5-4)和阻力相似条件式(5-5),仅是从平均水力要素(如垂线平均流速)意义上说的水流运动相似,而要实现水利枢纽上、下游附近流态的真正相似,还必须做到垂线流速分布相似,这就要求模型与原型的阻力系数或谢才系数同量,亦即 $\lambda_C = 1$,从而可得 $\lambda_l = \lambda_h$,亦即模型必须为正态。

水利枢纽整体定床模型必须正态的理由还在于水流经水工建筑物及其消能设备下泄时,水头损失绝大部分消耗于建筑物及河床几何形态决定的局部阻力,在几何变态的情况下将造成下泄水流某些基本特性的改变。比如水跃在消力池内的发生主要决定于消力池的深度和长度,一旦模型变态,水跃位置和跃后余能大小及分布都与原型大不相似。又如导流墙、引航堤等建筑物形态引起的环流、涡流等局部水流结构,模型在几何变态情况下也不可能与原型相似。

因此,水利枢纽及其附近河段的定床模型大都设计成满足重力相似条件和阻力相似条件的正态几何相似模型。同时,为保证研究成果的可靠性,根据《水工(常规)模型试验规程》(SL 155—95),λ_l 不宜大于120。

三、模型设计步骤

水利枢纽及其附近河段的定床模型设计大致可按下列步骤进行:

(1)根据试验任务、问题性质,拟定枢纽上下游和左右岸的模拟范围,并确定有哪些放水运行情况,特别要注意通过枢纽的最大流量和最小流量,因为这两者差距越大,选择模型比尺越困难。模型截取的纵向长度必须保证研究段的流态不受影响,一般应保证枢纽坝轴线上、下游至少各3倍河宽的长度;横向必须包括最高水位等高线,并留有适当的安全超高。应该指出,不能指望把原型中出现的任何情况都在模型中进行复演,例如原型中虽有某一很小流量出现,而该流量显然对所研究的问题不构成任何影响,则可不考虑,否则按很小流量仍满足紊流阻力平方区的流态相似要求选择模型比尺,场地条件很可能难以适应。反之,对于最大流量情况亦然,因为供水也可能发生困难。

(2)按确定的模拟范围(并考虑必要的附加范围)以及最大放水流量,结合试验室场地条件和供水能力,以正态几何相似为前提选择可能的最小 λ_l(即可能的最大模型尺寸），计算在各种放水流量下模型河床中的水深和水流雷诺数，并校核其数值是否足够。如有富裕，则可适当加大 λ_l，以求经济。对要求进行局部动床试验的模型，还要按照动床模型的有关相似条件，综合考虑来确定 λ_l。

（3）根据原型建筑物表面粗糙度（这一般只能根据原型建筑物所用材料及可能的施工工艺预估）及原型河段水文测验所提供的糙率系数，用阻力相似条件（通常以 $\lambda_n = \lambda_l^{1/6}$ 表示为宜）估算模型各部位应采用的模型材料。

（4）考虑到影响水流阻力的因素很复杂，又有缩尺影响，为使河床粗糙度的模拟符合实际，在模型中布置枢纽建筑物模型之前，应进行天然河流的阻力验证试验，即以初选的模型比尺和模型材料制作研究河段未建枢纽前的天然河床模型，然后按原型已有的资料进行模型验证。

（5）绘制详细的模型施工图，并统筹布置模型上下游、左右岸的各项控制和观测设备。

四、模型设计及试验实例

株洲航电枢纽位于湘江空洲分汊河段，上距大源渡航电枢纽 96 km，下距株洲市 24 km。枢纽河段顺直微弯，左汊河宽 200 ~ 300 m，为工程前主航道，右汊河宽 280 ~ 310 m（见图 5-1）。

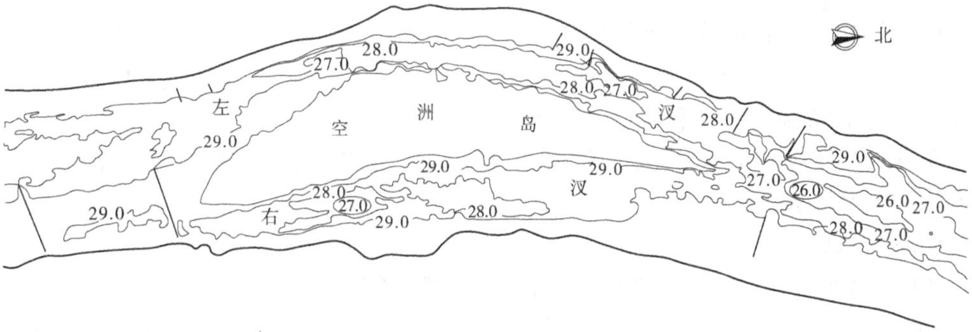

图 5-1 株洲航电枢纽坝址河势

枢纽由电站、泄水闸、船闸等建筑物组成，模型试验研究的主要任务如下：

（1）枢纽河段水力特性研究。包括枢纽河段工程前水面线、分流比、流速流态等水力特性研究。

（2）枢纽泄流能力及泄流宽度确定。

（3）枢纽平面布置及优化研究。包括船闸、泄水闸、电站等水工建筑物相对位置研究，枢纽总体平面布置优化试验研究。

（4）船闸上、下引航道口门区通航水流条件研究。

（5）施工导流期间上下游水位变化、流场变化以及导流能力等研究，为施工围堰设计提供科学依据。

（一）模型设计

根据模型试验研究的内容，注意到它既有以重力为主的水工水力学问题的研究（如泄水闸水力特性、泄流能力、消能扩散等），又有重力和摩阻力作用都比较显著的河道水流问题研究（如坝上水位壅高和坝下水位的变化、建筑物之间水流的相互影响、通航水流条件等），因此采用正态模型。

根据试验场地条件以及试验供水能力等多方面因素，确定模型长度比尺为 $\lambda_l = 110$。

根据该模型试验研究内容和河段的特点，模型必须满足重力相似条件和阻力相似条件，因此确定其他水流运动相似比尺如下：

流速比尺 $\lambda_u = \lambda_l^{1/2} = 10.49$

阻力系数比尺 $\lambda_n = \lambda_l^{1/6} = 2.19$

流量比尺 $\lambda_Q = \lambda_l^{5/2} = 126\ 905.9$

水流运动时间比尺 $\lambda_t = \lambda_l^{1/2} = 10.49$

经过验算：模型水流处于阻力平方区，水流雷诺数大于 1 000；模型试验段的最小水深大于 0.03 m，避免了模型水流表面张力的影响。

根据实测的枢纽河段水文资料，反推枢纽河段的综合糙率为 0.023 6 ~ 0.038 6，平均综合糙率为 0.030 8。因此，模型采用水泥砂浆制作，表面砂浆抹光，其糙率系数为 0.012 ~ 0.014，根据糙率比尺 $\lambda_n = 2.19$ 可知，大部分模型河段不需要加糙即可与原河床糙率相似。原河床局部糙率较大的区域，在验证试验阶段对局部模型河段加糙，以保证其糙率相似。

（二）模型验证

根据阻力相似准则，为保证模型与原型相似，除保证重力相似所要求的 Fr 相等外，还必须保证模型与原型中水力坡度 J 相等，即 $J_m = J_p$。所以，在模型上要进行模型与原型的沿程水面线、断面流速分布和汊道分流比等验证试验。

在模型上分别施放洪、中、枯三级流量，将模型上测得的沿程水位值、断面流速分布和汊道分流比等与原型观测值进行比较。

1. 水面线验证

在模型上施放洪、中、枯三级流量，将模型上测得的沿程水位值与原型观测值进行比较，枯水水面线误差在 ±6 cm 以内，中水水面线误差均在 ±3 cm 之内，洪水水面线误差均在 ±5 cm 之内。从上可知，三级流量模型水面线与原型水面线均吻合较好。

2. 流速分布验证

原型实测共有三个断面流速测量资料，因此在模型验证试验时，分别测量了洪、中、枯三级流量情况下的三个测流断面流速分布，并与原型实测资料进行比较，验证试验表明模型与原型流速分布吻合较好，流速相对误差均小于 4%，满足要求。

3. 汊道分流比验证

本河段只在中、枯水时水流分汊，因此根据原型观测分流比情况，分别测量了枯水和中水两级流量情况下汊道分流比，结果表明，枯水时主汊流量误差为 +3%，中水时主汊流量误差为 −1.5%，两级流量情况下汊道分流比误差均满足要求。

验证试验表明模型与原型水面线基本一致，流速分布吻合较好，汊道分流比误差满足要求，说明模型在洪、中、枯三级流量下均达到模型阻力相似的要求，所制作的物理模型可作为方案试验研究的基础。

（三）模型试验过程简介

株洲航电枢纽位于湘江空洲微弯分汊河段，枢纽由电站、泄水闸、船闸等建筑物组成，其总体布置有多种组合方案，物理模型试验研究的过程是：首先根据空洲微弯分汊河段的水力特性，分析拟订了三大类布置方案；其次是对三大类方案进行泄流能力、船闸通航水流条件、枢纽河段的水力特性等方面的比较试验研究，得出推荐类方案；最后对推荐类方案的枢纽总体布置的各方面进行详细的优化试验研究，提出优化后的推荐布置方案。

1. 第一类总体布置方案

第一类总体布置方案从左汊到右汊枢纽建筑物的布置为：电站、左汊泄水闸、临时船闸、空洲副坝、右汊泄水闸、永久船闸，见图5-2。

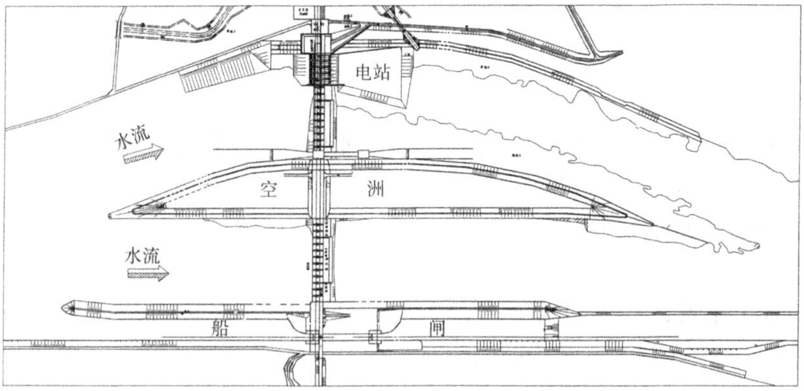

图5-2　第一类方案枢纽总体布置平面图

2. 第二类总体布置方案

第二类总体布置方案由左汊至右汊依次为：左汊泄水闸、空洲副坝、电站、右汊泄水闸、船闸，见图5-3。

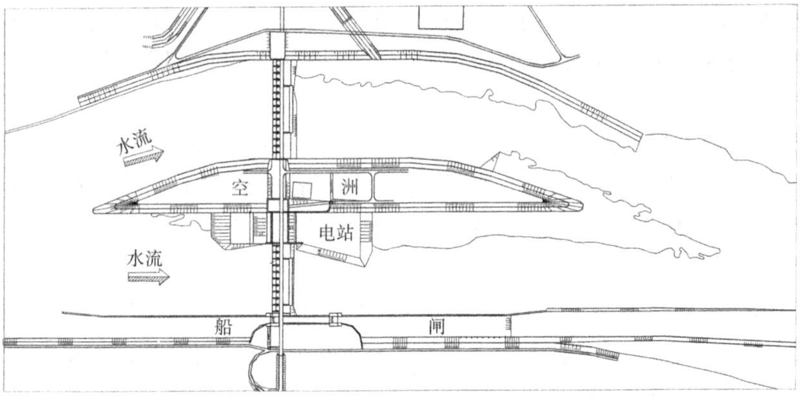

图5-3　第二类方案枢纽总体布置平面图

在该类方案中，进行了25孔泄水闸、24孔泄水闸、汊道出口左岸开挖和不开挖等四种方案的试验研究。

3. 第三类总体布置方案试验研究

第三类总体布置方案由左汊至右汊布置依次为：电站、左汊泄水闸、空洲副坝、右汊泄水闸、船闸，见图5-4。

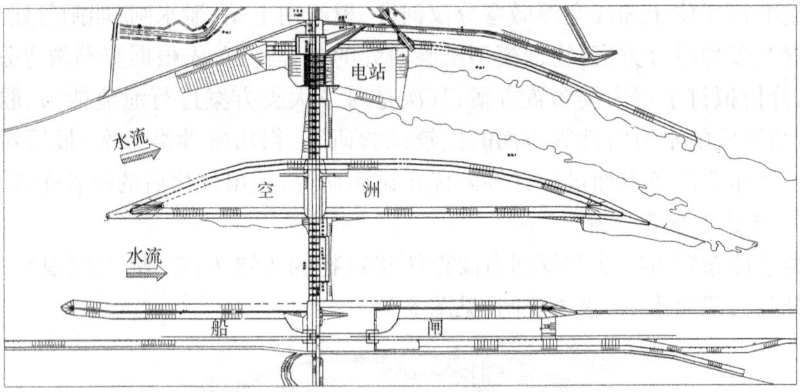

图5-4　第三类方案枢纽总体布置平面图

在该类方案中，进行了25孔泄水闸、24孔泄水闸、23孔泄水闸、汊道出口左岸开挖和不开挖、改变船闸导墙长度、改变空洲洲头形态等八种方案的试验研究。

(四)试验结论及推荐方案

1. 泄流能力

从泄流能力来看，三大类方案泄流能力均满足要求，其中第一、三类布置方案泄流能力相对较大，第二类布置方案泄流能力相对较小。

分析其原因，主要是由于第二类布置方案为了在右汊布置电站，将空洲向左汊移动，虽然增加了右汊河道的过水断面面积，但右汊仅布置10孔泄水闸（第一、三类方案布置13孔）；空洲向左汊移动，导致左汊进口及出口泄流宽度减小（特别是左汊洲尾部位），而左汊中部较宽，布置14孔泄水闸。因此，第二类布置方案两汊泄水闸孔数（即泄流宽度）与两汊河道的阻力比极不协调，从物理模型上可以看到，不同流量时左汊洲尾出口以上均有一定的壅水，左汊泄水闸上、下游水位基本平齐，水位测量也验证了这一点，说明左汊泄流的控制位置为洲尾出口，而右汊泄流控制位置为坝轴线（只有10孔泄水闸）。

2. 船闸通航水流条件

三大类方案船闸通航水流条件差别不大，均存在一定问题，特别是下引航道口门区横向流速较大，有待确定推荐类布置方案后，进一步优化研究。第一类布置方案的临时船闸通航水流条件较差，使用条件受限，而第二、三类布置方案不存在此问题。

3. 水力特性分析比较

从三大类方案枢纽河段水力特性来看，第一、三类布置方案两汊泄流宽度与两汊阻力比较协调，不仅整个枢纽河段泄流能力大，而且洪水时两汊分流比接近天然河道分流比，中、枯水时主流由左汊电站泄流，即主流在左汊，与天然河道情况接近，因此第一、三类布置方案情况下不会对河势产生大的影响。第二类布置方案中枯水时主流由右汊电站泄流，即主流在右汊，与天然河道情况相反，洪水时两汊分流比与天然河道分流比差别较大，因此对河势的影响较大，同时第二类布置方案右汊电站下游水位相对较高，影响电站的发电效益。

4. 枢纽总体布置推荐类方案

根据三大类布置方案初步试验研究结果,综合地质条件、施工条件及运行管理条件等,经过有关专家和设计人员认真分析论证,确定第三类布置方案(25 孔)为下一步优化研究的基础方案。

5. 推荐类布置方案的详细优化试验研究

在确定第三类布置方案(25 孔)为推荐方案后,针对初步试验研究中存在的问题,对该推荐方案进行了详细的优化试验研究,包括泄流宽度(优化为 24 孔)、空洲洲头形态、船闸下引航道口门区通航水流条件改善措施等。经过各部位优化试验研究,推荐的株洲航电枢纽总体布置(即实施方案)见图 5-5。

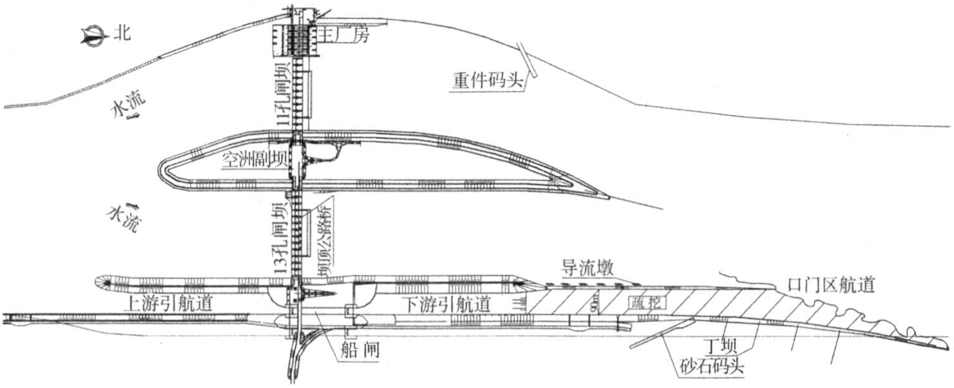

图 5-5　株洲航电枢纽推荐方案平面布置图

第二节　泄水建筑物及消能工模型试验

泄水建筑物是水利枢纽最重要的建筑物之一,它担负着泄洪、拉沙、导流、放空等重要任务,特别是泄洪建筑物,其泄洪功率巨大,如溪洛渡泄洪功率达到了 100 000 MW(见表 5-1)。泄水建筑物的泄洪能力及其有效的消能措施,关系着枢纽的泄洪以及整个枢纽的安全,对水利工程至关重要。所以,大中水利枢纽一般需要进行泄水建筑物及消能工模型试验,也是水工模型试验中研究最多、最广泛的内容。

表 5-1　国内外部分高拱坝泄洪功率比较

序号	工程名称	国家	坝高 H(m)	落差 Z(m)	流量 Q(m^3/s)	泄洪功率 N(MW)	岩基岩性	完建年份
1	小湾	中国	292	240	15 600	36 700	片麻岩	设计
2	溪洛渡	中国	273	205	52 300	100 000	玄武岩	设计
3	拉西瓦	中国	252	213	6 000	12 540		设计
4	构皮滩	中国	225	114	27 470	38 800		设计

续表 5-1

序号	工程名称	国家	坝高 H(m)	落差 Z(m)	流量 Q(m/s)	泄洪功率 N(MW)	岩基岩性	完建年份
5	二滩枢纽	中国	240	166.3	23 900	39 000	正长岩	在建
6	二滩坝身	中国	240	166.3	16 300	26 500	正长岩	在建
7	埃尔卡洪	洪都拉斯	231	184	8 590	15 500	石炭岩	1985
8	里・罗克斯	南非	107	70.5	21 500	14 800	泥岩	已建
9	卡博拉・巴萨	莫桑比克	163.5	102.9	13 300	13 400	片麻岩	1975
10	莫西洛克	美国	185	103.6	7 800	8 100	玄武岩	
11	卡里巴	赞比亚	128	85	9 500	8 080	片麻岩	1962
12	英古里	苏联	272	230	2 500	5 040	白云岩、石灰岩	1982
13	卡瓦基	日本	140	100	4 400	4 570		1981
14	莫拉丁其	南斯拉夫	220	175	2 200	3 890	石灰岩	1975
15	隔河岩	中国	151	100	2 780	20 700	石灰岩	在建
16	东风	中国	173	110	14 200	15 000	石灰岩	在建
17	李家峡	中国	165	119	6 300	7 350	片岩、混合岩	在建

一、泄水建筑物的主要出流类型

泄水建筑物的种类较多,大的分类中主要有溢流坝、坝体泄水孔、水工隧洞、岸边溢洪道、水闸等,其中溢流坝有大孔口式和开敞式等,坝体泄水孔分表孔、中孔、底孔等,水工隧洞含有压隧洞和无压隧洞等,岸边溢洪道分正槽式、斜槽式、虹吸式、井式等,水闸有泄水闸、冲沙闸等。泄水建筑物种类无论有多繁杂,其出流类型只表现为两种,即堰流和闸孔出流(简称孔流)。

根据水力学基础知识,出流类型主要由孔口开度 e 和堰前水头 H 确定。即:

孔流:$\frac{e}{H}\leqslant 0.65$(平面堰坎)或$\frac{e}{H}\leqslant 0.75$(曲面堰坎);

堰流:$\frac{e}{H}>0.65$(平面堰坎)或$\frac{e}{H}>0.75$(曲面堰坎)。

二、消能工主要形式

消能工消能的主要原理是通过水跃等局部水力现象,将水流动能转换为势能,从而消去大部分泄水动能。目前常见的消能工主要有底流消能、挑流消能、面流消能、消力戽消能、洞塞消能等,有时需辅以消力墩、T 形墩、宽尾墩、趾墩等辅助消能工。

(一)主消能工

1. 底流消能

底流消能如图5-6(a)所示,在泄水建筑物下游修建消力池等工程设施,控制水跃发生位置,通过水跃产生的表面旋滚和强烈的紊动以达到消能的目的,其高速主流在消力池底部,可将大部分能量消耗在消力池内。

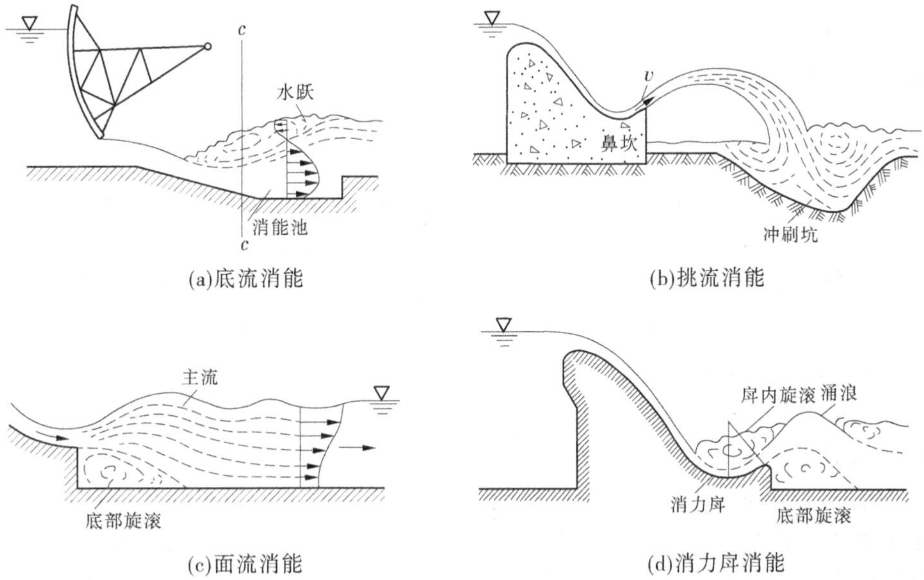

(a)底流消能　(b)挑流消能　(c)面流消能　(d)消力戽消能

图5-6　主要消能工形式

底流消能的主要控制参数是消力池深度、长度以及水跃发生的位置,通过出流的剩余能量可计算消能效率。

2. 挑流消能

挑流消能如图5-6(b)所示,利用下泄水流的巨大动能和泄水建筑物出口处设置的挑流鼻坎,因势利导地将急流挑向空中,再落入离建筑物较远的下游河道,使下落水舌对河床的冲刷不会危及建筑物的安全。挑流消能的消能途径主要是急流沿固体边界摩擦而耗能,射流在空中与空气摩擦、掺气和扩散等耗能,射流落入尾水中淹没紊动扩散耗能。

挑流消能的主要控制参数是鼻坎形式、鼻坎高程、反弧半径、反弧挑角、挑距、冲刷坑深度等。

3. 面流消能

面流消能如图5-6(c)所示,当下游水深较大且较为稳定时,可在泄水建筑物末端采取一定的工程措施,顺势将下泄的高速水流导向下游水流面层,主流与河床之间由大范围的底部旋滚隔开,可避免高速水流对河床的直接冲刷。该形式主要通过水舌扩散、流速分布的调整及底部旋滚相互摩擦而消能。

面流消能一般在尾水深且变幅小,有排冰、漂木等要求时采用。主要控制参数有挑坎高程、挑角和反弧半径。

4. 消力戽消能

消力戽消能如图 5-6(d)所示，在泄水建筑物末端修建一人工戽斗，急流进入潜在水下的戽内发生旋滚，经大量消能后由鼻坎挑向下游水面，属于底流消能和面流消能的结合形式。

消力戽的主要控制参数为挑射角、反弧半径、戽坎高程、戽底高程，这些参数控制着戽流形态。

5. 洞塞消能

洞塞消能布置如图 5-7 所示，利用孔板或带孔洞塞，在水工隧洞内形成突然收缩和突然扩散的流态，从而形成大量旋滚、掺混而消能，与水力学中增加局部水头损失的原理相同，还可防止空蚀和泥沙磨损。洞塞消能为新型消能形式，主要用于有压隧洞。我国黄河小浪底工程，采用多级孔板消能方案，在直径 14.5 m 的洞内布置 5 级孔径10 m的孔板，其间距采用 $3D$(43.5 m)，可将 140 m 的水头消减 80%。

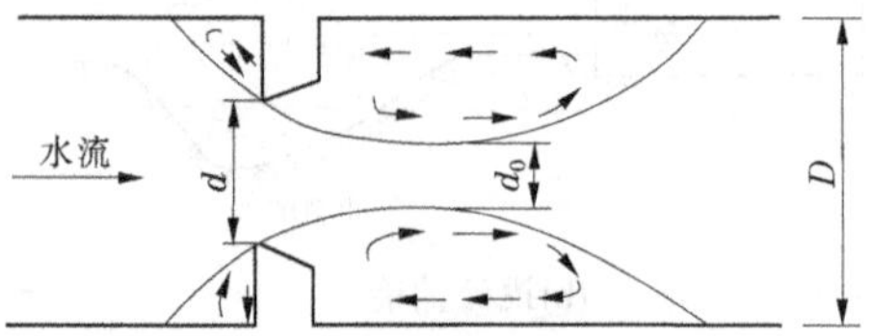

图 5-7　洞塞消能

洞塞消能的主要控制参数为收缩系数、孔板或洞塞间距以及孔板或洞塞形式等。

(二)辅助消能工

辅助消能工是为了增强消能工的消能作用，减小工程量而设置的辅助性消能设施。如在消力池内设置趾墩、消力墩、尾槛、T 形墩等(见图 5-8)，改变挑流鼻坎的形式(扩散坎、连续坎、差动坎、斜挑坎、扭曲坎、高低坎、窄缝坎、分流墩等)与偏角等(见图 5-9)，在闸墩尾部设置宽尾墩等。

另外，消能工还有对冲消能、多级消力池消能等形式。

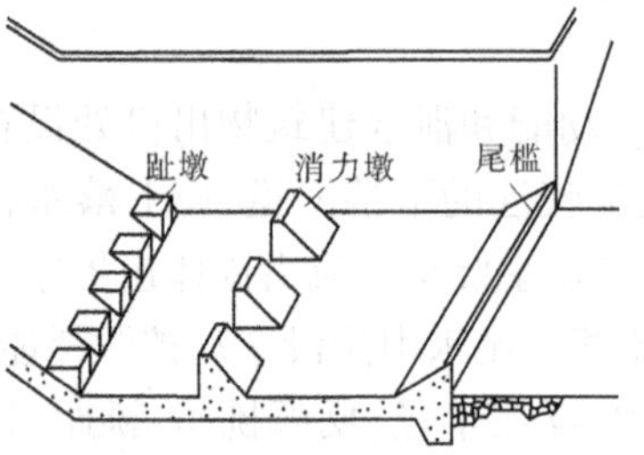

图 5-8　典型辅助消能工

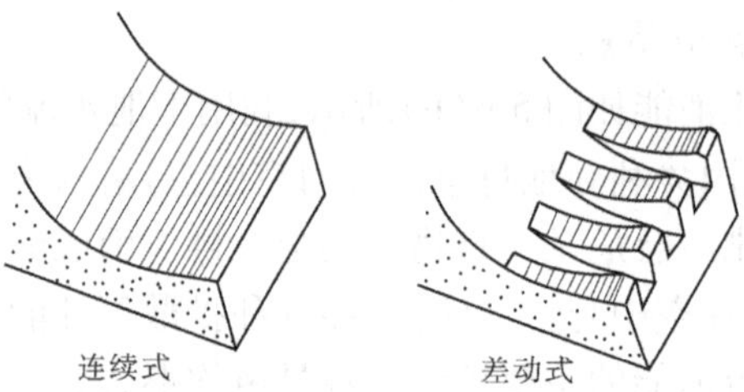

图 5-9　典型挑流鼻坎形式

三、模型相似准则及限制条件

泄水建筑物及消能工模型试验属于常规水工模型试验，其主要作用力是重力，必须遵循重力相似准则。模型需按重力相似准则，并按几何相似进行设计。在达到重力相似和满足模型基本限制条件的同时，还须满足下列限制条件：

(1)雷诺数限制。模型水流雷诺数应达到进入阻力平方区的要求，若有困难，至少应保证在紊流区。对于溢洪道、水工隧洞等具有一定输水建筑的建筑物，由于其输水能力、水面线等与水流沿程阻力的关系密切，一般要求雷诺数达到阻力平方区，即达到阻力系数不受建筑物表面粗糙度影响的条件；对于溢流坝、泄水闸等输运距离较短的建筑物，沿程水头损失占的比例较小，可以忽略，如模型比尺选择范围窄，难以达到阻力平方区，可适当放宽，但须保证在紊流区。

(2)阻力相似限制。水工建筑物模型一般要求满足阻力相似，即模型表面糙率需按阻力相似准则进行设计选用。通常因模型比尺和制模材料的限制，糙率难以达到阻力相似的要求，此时需要选择合理方法进行糙率校正。

(3)水力基本要素限制。模型表面流速宜大于 23 cm/s，水深不宜小于 3 cm。

(4)模型变态限制。水工建筑物不得采用变态模型。

(5)模型范围限制。模型截取范围不得影响工作段的水流流态，具体可参照第六章。

(6)模型制作精度限制。第六章对模型制作的过程和各阶段要求的精度进行了介绍。

四、试验内容和方法

(一)泄流能力

泄流能力是泄水建筑物最常规的试验内容，也是关系到泄水建筑物和整个枢纽安全的关键参数。试验内容不仅包括设计洪水位、校核洪水位等特征水位下的泄流量，以保证枢纽泄洪安全，还包括蓄水位、开度等与泄流量、流量系数等的关系，可为枢纽实际调度提供参考。针对孔流和堰流，其试验方法有一定差异。

1. 堰流

溢流坝、泄水闸、溢洪道等在敞泄或大开度时出流通常表现为堰流，无压隧洞在库水位较低时(短洞)也有可能形成堰流。按堰顶沿水流方向的长度与堰上水头之比，可将堰流分为薄壁堰、实用堰、宽顶堰，实用堰有 WES 堰、折线型实用堰、驼峰堰等，不论何种堰型，其泄流能力均可采用下列统一公式计算：

$$Q = \sigma_s \varepsilon m' B \sqrt{2g} H_0^{3/2}$$

式中　Q——泄流量；

σ_s——淹没系数；

ε——侧收缩系数；

m'——流量系数；

B——溢流前沿总净宽，对具有 n 个等宽、单孔宽度为 b 的多孔泄水建筑物，其 $B = nb$；

g——重力加速度；

H_0——包括行近流速水头在内的总水头。

通常情况下，我们关心的是在某一库水位情况下，泄水建筑物的泄流量是多少，而 σ_s、ε 以及行近流速 u_0 具体是多少的实际意义不大，加之这些参数难以准确确定。所以，在模型试验中，常将 σ_s、ε、m' 以及行近流速 u_0 引起的流量变化统一在一个系数中，称之为综合流量系数 m，即：

$$Q = mB\sqrt{2g}H^{3/2} = mB\sqrt{2g}(Z - Z_0)^{3/2} \tag{5-7}$$

$$m = \frac{Q}{B\sqrt{2g}H^{3/2}} = \frac{Q}{B\sqrt{2g}(Z - Z_0)^{3/2}} \tag{5-8}$$

式中　m——堰流综合流量系数；

H——堰上水头；

Z——库水位；

Z_0——堰顶高程。

堰流泄流能力试验通常是闸门全开，按下列步骤进行：

(1)将可能的流量范围分为多级，如等分成10级等。然后施放最小一级流量，依据尾水位～流量关系调节下游水位，连续观测上、下游水位，待水流稳定后，获得一组 $Z \sim Q$ 数据，并按式(5-8)计算出 m，即获得一组 $Z \sim m$ 数据。

(2)将拟定流量从小到大依次按上一步进行试验，从而获得一系列 $Z \sim Q$、$Z \sim m$ 数据。

(3)绘制 $Z \sim Q$、$Z \sim m$ 关系曲线，拟合 $Z \sim m$ 的经验关系式 $m = f(Z)$，如图5-10所示。对关系曲线进行校核，如出现数据点突变等现象，应有针对性地进行重复试验；也可与现有各类堰型的流量计算方法进行对比，用以判断试验成果的正确性。

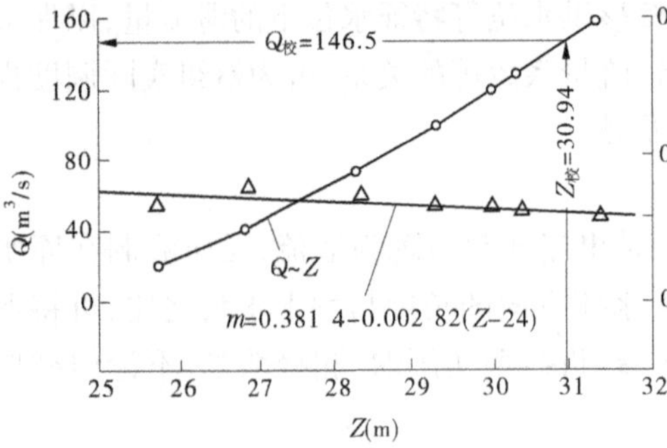

图5-10　堰流 $Z \sim Q$、$Z \sim m$ 关系

(4)将设计洪水位、校核洪水位等特征水位代入 $m = f(Z)$，再代入式(5-7)，便可获得泄洪能力，并与设计流量进行对比，根据对比结果提出泄水建筑物是否需要优化、修改等相关建议。

(5)对于多孔泄水建筑物，以上步骤可针对单孔、多孔或不同开孔组合等进行泄水试验，可分析处于不同位置的单孔泄流能力是否相同，开孔数相同但开孔位置不同的泄流能力是否一致，孔与孔之间的泄流是否存在相互影响等。

2. 孔流

孔流多出现在泄水闸、溢洪道等在闸门开度较小、闸门底缘与水面有接触的情况，坝体泄水中底孔、水工隧洞等也表现为孔流。与堰流一样，试验时也常将淹没系数、垂向收缩系数、行近流速、流量系数等统一为一个综合流量系数，则孔流泄流能力计算公式为：

$$Q = \mu\omega\sqrt{2gH} = \mu\omega\sqrt{2g(Z - Z_d)}$$

综合流量系数反算公式则为：

$$\mu = \frac{Q}{\omega\sqrt{2gH}} = \frac{Q}{\omega\sqrt{2g(Z - Z_d)}} \tag{5-9}$$

式中　μ——孔流综合流量系数；

ω——计算断面过流面积，矩形孔为 Be，通常取闸门位置作为计算断面；

H——作用水头，$H = Z - Z_d$；

Z_d——特征高程，出口淹没时为下游水位，非淹没时取闸门底缘高程。

因孔流泄流能力多了闸孔开度这个影响参数，其试验比堰流复杂，泄流能力试验通常按下列步骤进行：

(1)根据开度出现的可能性，拟定几组闸孔开度，如闸孔出流采用0.1、0.2、…、0.8，有压隧洞取0.1、0.2、…、1.0等；再将可能的流量范围分为多级，如等分成10级等。

(2)施放某一固定流量(流量调整较慢，开度调节较快，所以一般是固定流量、调节开度)，依据尾水位～流量关系调节下游水位，然后调节不同开度，待库水位稳定后，读取库水位。由此获得在这一流量下一系列 $Z \sim e$ 关系数据，并按式(5-9)计算出 μ，即获得一系列 $Z \sim e \sim \mu$ 关系数据。

(3)将拟定流量从小到大依次按上一步进行试验，从而获得多系列的 $Z \sim Q \sim e \sim \mu$ 等关系数据。

(4)绘制分析曲线，主要绘制同一 Q 下的 $Z \sim e$、$Z \sim \mu$ 曲线和同一 e 下的 $Z \sim Q$、$Z \sim \mu$ 曲线以及拟合相关经验关系式，如图5-11所示。同时，需对曲线进行校核。

(5)根据以上关系曲线和数据成果，可获得需要的试验成果。如保持设计洪水位、校核洪水位等特征水位不变的情况下，不同开度对应的泄流量，从而得知在什么开度下满足泄洪能力(通常是全开)；或保持正常蓄水位不变的情况下，不同开度对应的泄流量，从而为超出发电流量需开闸泄水的开度提供依据；或保持某一指定库水位不变的情况下，不同开度对应的泄流量，从而知道降低到某一指定库水位运行时闸门需要的开度，等等。

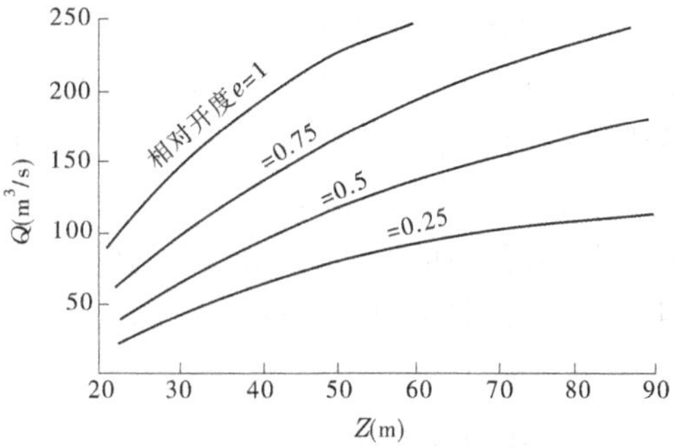

图5-11　孔流 $Z \sim Q \sim e$ 关系

(6)根据研究结果提出泄水建筑物是否需要优化、修改等相关建议。

(7)对于多孔泄水建筑物，也存在单孔泄水、泄水孔组合等问题。

(二)水面及水面线

水面线施测主要用以确定溢流坝导墙、泄槽边墙、水闸隔墙等高度以及隧洞余幅的大小，消力池水跃位置及其随流量、下游水位的变化，水舌高度、厚度等。通常水工建筑物模型采用透明的有机玻璃制作，可从侧面或顶面直接观看水面线的沿程变化以及横向变化。由于泄水流速大、流路时有弯曲，对建筑物体面可能产生较大的动水压强，所以不宜在体面布设测压管施测水面线。下面为几种简单的水面线观测方法，可供参考。

1. 侧面直读法

在水面测读精度要求不高的情况下，可事先在溢流坝、斜槽等侧面需要观读的位置(一般固定一定间距和水面转折处左、中、右布置测点)布设标尺，水面稳定后直接观读标尺刻度，再据标尺水准基点换算为原型水位。该方法难以观读横向水面线，水面转折点有时事先也不一定能准确确定，此时可在补充测点水面的外壁处作记号，然后采用水准仪等设备测取各点高程。有时也可将水准尺尖端做成水位测针形式，用水准仪直接测读水面。

2. 活动测针架法

制作一个活动测针架，从泄水体顶部用针尖直接测读水面。活动测针架需要校平，如能在同一水平面上滑移最好，这样测针零点可保持一个常数，施测速度快。通常水面有一定波动，各测点需要观读 2 ~ 3 次或更多次加以平均。

3. 自动跟踪水位计法

在各测点架设一台自动跟踪水位计，可观测水面线的瞬时变化，测量精度高、速度快，但泄水建筑物水面线观测点通常较多，采用该方法费用偏高。

4. 联合法

联合法可理解为以上方法的联合运用，如在关键或重要测点布设自动跟踪水位计，以控制水面线的整体趋势，其他测点则可采用侧面直读法。这样精度有一定掌握，试验费用也可降低。

各测点水位测出后，需绘制左壁、中心线和右壁等纵向水面线。通常将水面线与泄水体面绘在同一图上，可对比分析二者的变化趋势，也可直观看出沿程水深的变化。

（三）流速流向

测流断面一般布置在收缩断面、消力池尾槛及上游、鼻坎末端、消力池出流、海漫、隧洞出口、闸门孔口、冲刷坑等控制性断面处，用以掌握水流沿程以及横向的流速变化，初步分析是否有产生空化空蚀的可能性，消力池出流的能力大小及消能效果等。

测流断面一般需要布置三条以上的垂线，每条垂线需布置三个以上的测点，同时应根据具体情况增加测点。收缩断面的横流流速分布可能较为均匀，可少布置垂线；消力池内主流在底部，且流速梯度较大，分布规律性弱，横向常存在扩散，所以宜多布置垂线，垂线宜多布置测点。

另外还需要进行流态观测，如消力池的回流、进口水流的侧向收缩、折冲水流等，通常采用目测法或摄影法。

（四）动水压强

动水压强通常采用测压管量测，测压管布设的基本要求在第六章有所介绍，也可用压力传感器等测量，可为结构设计、压力余幅、是否出现负压而可能产生空化现象等提供设计依据。

1. 测压管布置方式

测压管布置密度、间距、位置等沿程如何设定，视具体情况而定。总体原则可归纳为左右结构形式和水流条件对称的可布置在中心线，非对称的需两岸布设；沿程断面形式一致且为直线的可等间距布置，断面形式或水流条件改变处、突变处需加设且加密测压管；可能出现高压、负压等重要部位需增设测压管且加密，一般了解部位可适当放宽布置；通常布置在过水体底部，其他部位压强可通过相应换算获得，但有压隧洞常将测压管布设在洞顶，这样可直接获得压力余幅，洞底压强只需加上其水深即可。沿程断面无变化的直线溢洪道、隧洞等，其压强变化沿程较为均匀，可沿槽底中心线等间距布置；如泄槽弯曲，则需在凸凹两侧底部加密布设测压管；消力池、闸门上下游、门槽、反弧段底部、弯曲段弯顶、突然扩散或收缩处、渐变段连接处等均需加密布设测压管。图 5-12 为某溢洪道压强试验测压管布置情况，可看出在斜坡段布置较稀，而在消力池内布置非常密，因为消力池内水流变化较为剧烈。

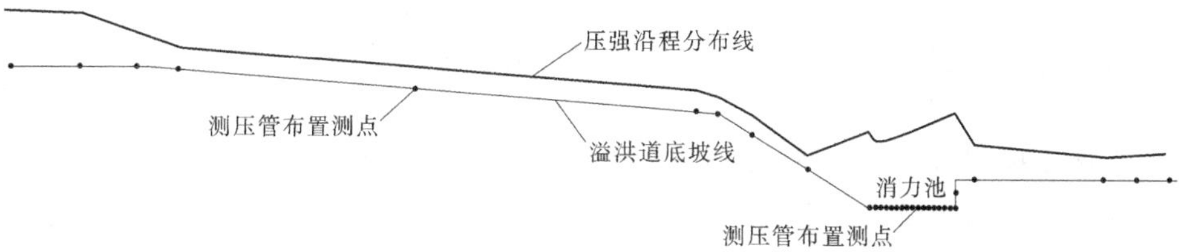

图 5-12　某溢洪道水工模型试验测压管布置及压强沿程分布

2. 压强测读

动水压强测读通常采用直读法，即将测压孔用橡胶软管连通于设置在试验体外的玻璃管，玻璃管铅垂布置在贴有坐标纸的木板上，试验放水稳定后直接读取玻璃管水面的坐标值（也可用钢尺读取），通常读取 2～3 次取平均值，再依据相应零点高程和模型比尺换算为以高程计的压强值。

3. 压强数据整理

为了方便比较，通常将压强换算为以测点当地高程为起点的水柱高，然后与试验的泄水建筑物底坡线绘制在一起，如图 5-12 所示。由此可直观分析何处出现最大压强、何处出现负压值、何处出现压强急变等。对于压强横向分布不一致的情况，可分左、中、右的沿程压强分布绘制在同一图上，便可直观看出横向分布差异。对于竖井式输水管洞，可将各侧压强线绘制在相应管壁的外侧。

4. 注意事项

采用测压管测出的动水压强为时均压强，仅代表试验时段内某测点的压强平均值，如需要获得极端压强，则需要专门进行瞬时或脉动压强测量。另外，如某测点为负压，换算为原型后如达到了产生空化现象的可能，但不能作为导致空化现象的依据，空化问题一般需要专门的试验进行研究。

（五）脉动压强

泄水建筑物水流属于强紊流，其流速、压力等均随时间而变。水流脉动压力的存在，可增大建筑物的瞬时荷载，脉动周期性与建筑物固有频率相近时会引起建筑物共振，对轻质建筑物有一定影响，增加空蚀破坏的可能性。护坦、溢流厂房顶板、闸门等轻型结构，设计时常需考虑脉动压力的影响；过流面考虑空蚀破坏时宜研究脉动压力可能形成的更大负压值。

脉动压强的测量需要专门的压力传感器，水压从设置的测压孔通过压力传感器转变为电讯号，由相应采集系统同步记录和计算获取脉动压强值。需要注意的是，传感器在试验前后均需要率定；传感器需直接安装在测压孔处，保持与边壁垂直，与过流面齐平，如直接安装有困难，测压孔与传感器之间可采用不长于 1 m 的刚性短管连通，因软管会改变压强的传递特性；可多次重复测量，以避免偶然误差。

系列脉动压强值获得后，需统计其平均值、最大最小值、均方差、离散系数、偏差系数等统计参数，同时绘制功率谱、概率密度和相关函数等经验关系和图形，从而分析脉动压强随流量、沿程距离等各因素变化的特性。

（六）局部冲刷

高速的下泄水流经过消能后仍有一定的能量，常在下游形成一定范围的局部冲刷坑，特别是挑流消能，易形成较大、较深的局部冲刷坑，如挑坎位置、挑角等设计不恰当，挑距不合理，冲刷坑会危及水工建筑物以及两侧岸坡的安全。

1. 模型沙的选择

首先选定模型沙，其沙质特性（原型沙、轻质沙等）、粒径大小、级配组成等的设计方法与第四章河工动床模型基本相同，但主要满足泥沙抗冲流速相似、起动相似等条件。如用散体天然沙模拟由沙砾石或节理极为发育岩体组成的原型河床，粒径比尺应按抗冲流速相似条件进行设计；如用轻质沙模拟由细颗粒泥沙组成的原型河床，粒径比尺需通过抗冲试验、起动试验等预备试验确定；如用节理块或胶结材料模拟由岩体构成的原型河床，要求达到抗冲流速相似。

2. 模型河床的铺设

首先根据一般经验或相关公式估算可能的冲刷范围，模型铺沙范围应大于冲刷范围。如果河道狭窄，下泄水流有可能对河岸产生冲刷，还需要将河岸考虑到动床范围内。模型河床表面地形依据原型按几何相似铺设，但需注意河床的分层特性，有必要时需要选择不同的模型沙分层铺设，用以模拟原型河床散体覆盖层、节理发育层、基岩层等不同特性的分层特点。

3. 冲刷时间

可选用设计洪水流量、校核洪水流量等多种工况进行冲刷试验。冲刷时间可采用极限冲刷平衡时间，即连续放水冲刷直到冲刷坑不再扩大和加深或冲刷速度极为缓慢为止，一般定为 2 h。

4. 试验成果整理

冲刷试验完成后，采用地形测量仪、等高线围线法等量测冲淤地形，然后进行图形绘制。首先绘制冲淤后的实际地形，然后以等冲淤线的形式绘制相对冲淤变化（冲刷后的高程 - 冲淤前高程），以及纵横剖面等。由此可分析出冲刷坑的长度、宽度、深度、坡度、中心位置等，再与水工建筑物、河岸等的布置进行比较，分析是否满足设计要求，继而提出是否需要优化、修改的建议以及进一步的试验。

（七）折冲水流

溢流坝或水闸等时常仅占河床的一部分，出口水流于主流两侧形成回流，当两侧回流强度、大小不一致时，易将主流压向一侧，形成折冲水流，如图 5-13 所示。折冲水流左冲右撞淘刷河床和岸坡，并影响枢纽的正常运行、船舶的正常航运，应尽量避免。

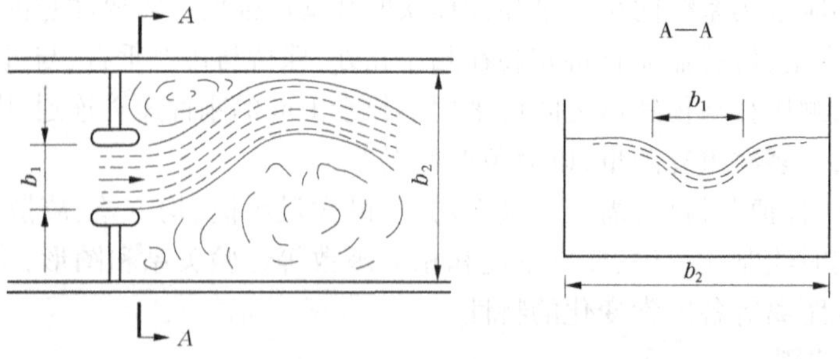

图 5-13　折冲水流

如试验时发现闸下出现折冲水流，应记录其发生时的流量、下游水位、闸门开启方式以及折冲水流主回流流态、流速、波及范围、影响宽度等。据此研究消除或减弱折冲水流的措施，如尽量调整溢流坝或水闸等下泄水流走向，尽量保持与原河道主流方向一致；采用闸门同时开启或对称开启的调度方式；布置导流墙，让主流充分扩散等。

（八）冲击波

在高速水流边界条件发生变化处，如断面扩大、收缩、转弯处，由于边界改变方向，水流受到扰动，将产生冲击波。溢流坝闸门槽、闸墩尾等处均是引起冲击波的部位，特别是溢洪道泄槽弯曲段，是研究冲击波的重点。泄槽弯曲段通常采用圆弧曲线，弯曲半径一般大于10倍槽宽，但也有采用小弯曲半径的。弯曲段水流流态复杂，不仅因受离心力作用，凹侧水深加大，凸侧水深减小（见图5-14（a）），造成断面内横向流量分配不均，而且由于边墙转折迫使水流改变方向，产生冲击波。冲击波使水流沿横剖面分布不均匀，从而增加边墙高度，且冲击波的波动范围可延伸很远，给泄槽工作及出口消能带来不利影响。

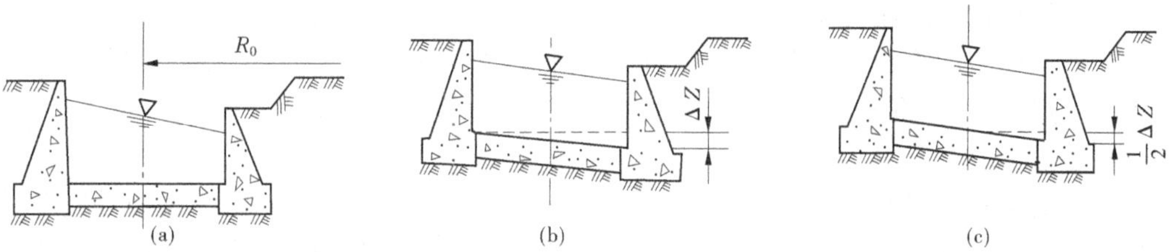

图5-14　弯曲泄槽横向水面及渠底超高法

溢洪道泄槽弯曲段设计和研究的主要任务是选择恰当的弯曲半径、偏转角、收缩段长度以及适当的工程措施，使断面内流量分布趋于均匀，消除或抑制冲击波。

1. 渠底超高法

渠底超高法是提高凹侧渠底高程（见图5-14（b）、（c）），形成一个横向底坡。利用水流重力在横向形成的分力，来与弯曲水流产生的离心力相平衡，以调整横剖面上的流量分布，改善流态，减小冲击波和保持弯曲段水面的稳定性。凹凸两侧渠底超高值Δz通常采用下式表达：

$$\Delta z = \alpha \frac{bu^2}{gR_c} \tag{5-10}$$

式中　u——弯曲段起始断面的平均流速；

b——泄槽直段的水面宽；

R_c——泄槽弯曲段中心线弯曲半径；

α——经验系数，影响因素较复杂，与水流弗氏数、泄槽断面及弯道几何参数等有关，需要通过试验研究获得。

事实上，式(5-10)也是计算凹凸两侧水面超高的公式。通过不同流量、不同弯曲半径、不同的偏转角等工况的组合试验，获取相应的水面超高Δz，含超高沿凹岸的分布、最大超高及其出现的位置等，然后据式(5-10)反算经验系数α，从而得到α的计算关系式。

针对某一具体工程，试验研究的主要任务是：①回答原设计方案是否产生、在什么泄流量下产生冲击波？各级泄流量水面超高多少？如产生冲击波，其原因何在、影响范围多远？原设计的渠底超高以及首尾连接渐变段是否科学合理？②如原设计方案存在不足，如何优化改进？并提出具体优化措施和依据研究成果阐明依据。

2. 弯曲导流板法

根据式(5-10)可知，水面超高与渠宽 b 成正比，如果能减小 b，那超高可相应减小。弯曲导流板法就是根据此原理提出的，具体做法是用许多同心圆的铅直弯曲导流板将泄槽弯段分成一系列较狭窄的通道，每个通道的宽度远比原泄槽窄，从而达到减小超高的目的。该方法造价偏高，较大的砂石容易卡塞通道，因此实际应用不多。

该方法模型试验的主要任务是确定合理的导流通道宽度，导流板高度及厚度、形态等，使水面超高满足设计要求，导流板保持稳定，过流能力不受大的影响等。

3. 复合曲线法

常规泄槽弯段通常只采用一种半径的圆弧，产生冲击波的波长、波高等均一致，传播方向均为同一方向。复合曲线法则是泄槽弯道采用多个半径的圆弧组成的复合曲线，主曲线产生的正扰动由辅曲线产生的负扰动来抵消，从而消除或减弱冲击波。

该方法模型试验研究的主要内容是确定各曲线合理的弯曲半径、中心角和圆心位置，起点和终点位置等，将冲击波的影响降到最低，使水面超高满足设计要求。

4. 斜槛法

斜槛法是利用干扰处理法的原理来消除冲击波造成的水流扰动，它的作用是使渠道底层的水流改变方向，再由动量交换的机械作用很快地将动量平均传到整个横断面，达到流量横向分布均匀的目的，其工程布置见图 5-15。

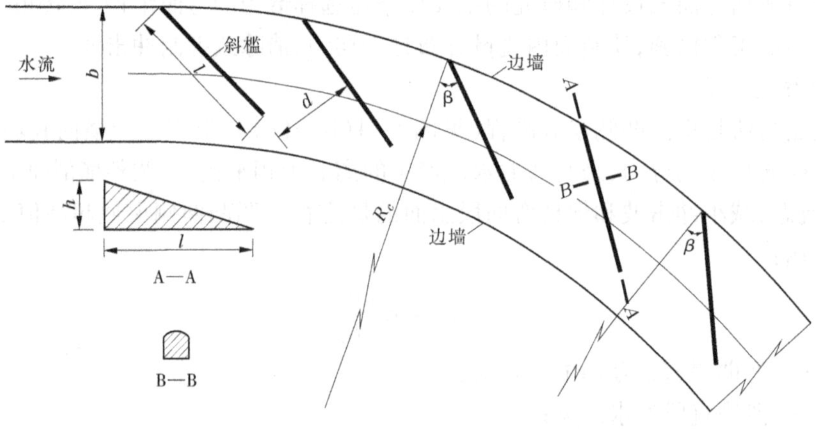

图 5-15　抑制弯曲泄槽冲击波扰动的斜槛法

通过水工模型试验，通常需要合理确定如下参数：

(1)斜槛形态。斜槛横断面通常选用矩形，也可采用梯形和三角形，其顶部可进行适当圆角或倒角。纵断面可为矩形，也可为梯形、三角形，宜根据试验结果确定。有些也选用非连续槛，即将斜槛打开一个或几个缺口。

(2)斜槛高度 h。斜槛高度直接影响水流流态。如果仅考虑导流强度，斜槛越高越好，但斜槛越高，水流越容易发生挑流，斜槛底部也易产生负压、空蚀现象。斜槛过低，其导流作用不明显，难以起到干扰作用。有人研究，当来流 $Fr = 7.95$，斜槛高度 h 与来流水

深 h_1 之比 $h/h_1 \leqslant 0.28$ 时，水流不发生飞溅。还有人认为，为了使水流平衡，取 $h/h_1 = 1/8 \sim 1/3$ 较为合适。

(3)斜槛角度 β。斜槛角度是指斜槛轴线与泄槽半径线之间的夹角，决定了导流的方向。根据研究，斜槛理想角度为 45°，因为其导流作用最佳，但实际工程水流和边界条件千差万别，一般需要针对具体工程进行适当调整，取值范围多在 45° ~55°。

(4)斜槛长度 l。斜槛长度是很重要的一个参数，它直接影响水流流态和导流效果。一般在靠近凸岸不用布置斜槛，即斜槛不需要贯穿渠道，因为布置斜槛的目的在于将水流导向凸岸，如将斜槛布置在凸岸会增加凸岸阻力。斜槛与凸岸间的空隙一般在 $b/6 \sim b/3$，让水流顺利通过凸岸。斜槛长度也不宜过短，如过短则易在渠道中间形成水面壅高，水流继而流向凹岸。

目前，已有一些学者对斜槛长度的计算方法进行了研究，建立了斜槛长度与水流条件、弯道几何参数、斜槛高度和角度的关系式，可参考相关资料和书籍。

(5)斜槛间距 d。斜槛间距一般需满足水流越过斜槛后应落在下一道斜槛上游，这样才能使斜槛的导流作用得到充分发挥。其值与水流流速、斜槛高度、流向等有关，首先可根据自由落体计算第一道槛的落距，依次作为参考进行模型试验。

5. 限制弯曲半径法

一般工程设计要求：在地形条件允许的情况下，应使弯段曲率尽量小，弯曲半径尽量大，最佳选择是直线；在地形条件不允许，必须采用弯曲段转向的情况下，弯曲半径 R 应有限制，如 $R/b \geqslant 10$、$R/b \geqslant 4Fr^2$ 等，以减缓弯道冲击波的影响。

6. 其他方法

其他方法主要有消波墩法(在凹岸一侧布置消波墩)、消力池法(在需转弯处设置消力池消去大部分能量后，再采用斜堰的形式流向下游)等。

(九)通气通风

坝体泄水孔、水工隧洞等进口工作闸门提起后，后面的空气被水流带走而形成负压，需在工作闸门后设通气管充气。为了避免溢洪道泄槽的高速水流可能产生的空化空蚀现象，常布置掺气减蚀装置，需要通气系统。无压隧洞高速水流流动带动余幅内空气的流动，需要外界补充气体。设计宽尾墩、阶梯等溢流坝也存在掺气问题。虹吸溢洪道需要利用通气孔自动停止虹吸，从而停止泄流。总之，泄水建筑物一般均需要通气通风设施，从而需要研究通风速度、通气量、通气孔大小等。

通风速度通常采用旋桨风速仪测量，其原型、模型的换算方法与水流流速一样，即风速与流速的相似比尺相同。可于通气孔断面布置多个测点，测出各测点风速，从而分析最大风速、平均风速，与通气孔断面面积相乘便可获得通气量。闸后通气孔的风速和通气量通常与开闸时间有关，刚开闸时风速最大，随着闸门开度的增大，水流占据的空间越多，风速逐渐减小，当水流充满闸后空腔后，通气孔则停止通气；掺气减蚀装置的通气则可能较为稳定，通气量一般维持在一个平均值附近。通过不同泄流量等多种工况的试验，可获得通气量、风速等与泄流量、时间的关系，为工程设计和调度提供参考。

(十)体型优化

体型优化也是泄水建筑物模型试验研究的主要内容，常常是微小的体型变化可达到理想的效果。体型优化包含的内容较多,有局部的、有整体的,应具体情况具体分析,难以概全。闸门的门槽、溢流坝坝顶曲线和底部反弧段、隧洞进口曲线、输水建筑物竖曲线、隧洞出口渐变段、分汇流段、直段与弯曲段的连接段、宽尾墩、阶梯溢流坝阶梯、挑流鼻坎、进水渠等均存在体型优化问题。

体型优化的依据主要是水流条件,如流速、压强、流态等。体型优化模型试验研究的目的主要是选择合理的体型,使过流条件达到设计要求,不出现可能导致空蚀破坏的负压、不出现危害工程安全的局部冲刷、不出现影响工程正常运行的不良流态等。下面举几个实例来说明体型优化的方法。

常规门槽是矩形,如图 5-16(a)所示,因边界突然发生改变,水流经过门槽先收缩后扩散,在门槽及其下游侧产生旋涡。当流速达到一定程度后,旋涡中心压力降低,导致负压增大,引起空蚀破坏和结构振动。为了消除和减弱负压,避免空蚀破坏,人们进行了系统研究。结果表明,采用矩形收缩型门槽较好。如图 5-16(b)所示,门槽宽深比 $W/d=1.6\sim1.8$,错距 $\Delta=(0.05\sim0.08)W$,下游边墙坡率为 1:8 ~ 1:12,圆角半径 $r=0.1d$。

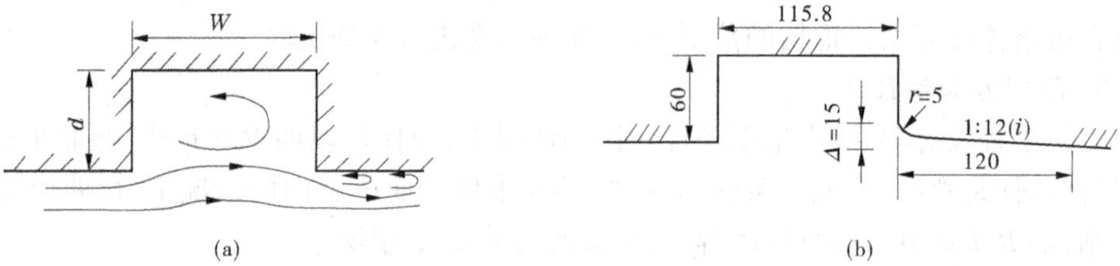

图 5-16 门槽体型优化

有压泄水隧洞在自由出流时,主流下跌,在出口段一定长度范围内洞顶会出现负压。有的圆形隧洞,出口段没有收缩,洞顶负压范围很大。渐变段底为反坡或末端顶板为平段,也会引起负压。所以,为避免负压,隧洞出口常采用断面收缩的方法。云南渔洞水库有压隧洞,原方案出口渐变段长 10 m,由直径 4.5 m 的圆洞,四面按 1:20 的坡比收缩到 3.5 m×3.5 m 的方形洞,再加 2 m 长的平段,结果洞顶负压达 14 m。后取消 2 m 平段,仍有 1.93 m 负压。最后将渐变段改为三面收缩,底部水平,出口断面尺寸增大到 3.9 m×3.9 m,虽收缩比由 0.77 加大到 0.955,洞顶反而未出现负压。响洪甸有压隧洞,出口水头 58 m,流速 27 m/s,运行 23 h 发生严重空蚀破坏,后用角钢和钢板保护空蚀区,仍遭破坏。最后经水工模型试验研究,改变了门槽体型,缩窄了门槽下游一段两边侧墙净距,即由宽 3.0 m 收缩到 2.662 m,提高了门槽内的压力,后再未发生空蚀破坏。

瀑布沟水电站放空洞由导流洞采用龙抬头型式改建而成,水流状态为明流无压洞。洞身组成为:闸室段 +30 m 扩散段(扩散角 5.24°) +15 m 调整段 +107 m 龙抬头段(下凹抛物线) +92 m 反弧段 +494 m 导流洞段(圆拱直墙型断面,底宽 12 m,高 14.5 m,底坡 0.005 53),出口消能采用挑流消能,挑坎反弧半径 80 m,挑角 30°。通过水工模型试验,发现两个问题:①闸后扩散段和龙抬头段冲击波严重,水面横向分布十分不均,主要是因为流速较大,达到 30 m/s,扩散角 5.24°偏大;②在库水位低于 760 m 时水流不能顺利由出口挑坎挑出,形成封顶洞内水跃,洞顶结构存在安全隐患。后经模型体型优化试验:①将闸门后 78.75 m 长的边墙扩散角减小为 2°,基本减缓或消除了急流冲击波;②将出口挑坎高程降低 3.32 m，挑角减小到 19°，在库水位 752 m 均能顺利挑出，虽然库水位低于 752 m 不能挑出，但洞内水跃不封顶，对洞顶结构安全不构成威胁。

当泄洪洞与发电洞、泄洪洞与放空洞等合一布置时，会在会合处形成岔尖。洞内岔尖处的水流流态复杂，容易产生不利负压和空蚀。岔尖设计与水力条件、岔尖施工、岔尖结构强度有关。分岔角小，则流态好，分离区小，水头损失小，但洞壁薄，强度低。图 5-17 为仁宗海水库电站水工模型试验对洞内岔尖的体型优化。优化前，岔尖交会角 21.5°，成锐缘交会，施工难度大。经试验发现，交会段流态很差，泄洪洞泄洪时水流直接冲击右边墙，致使水流爬高；放空洞放水时，左侧无边墙约束，水流扩散明显，因流速大，左边墙水流爬高更显著。后经试验进行优化，将岔尖处向两侧各偏转 0.5 m，使岔尖厚度增为 1 m，并与泄洪洞上游 10 m 和放空洞上游 14 m 处圆弧相连，达到向各侧挑流的同时，将交会角减小到 13.7°，有利于改善流态，同时于右侧直墙顶设置折流坎，阻止水流爬高至洞顶。经优化后体型的试验表明，岔段水流流态有明显改善，基本满足设计要求，且大大方便了施工。

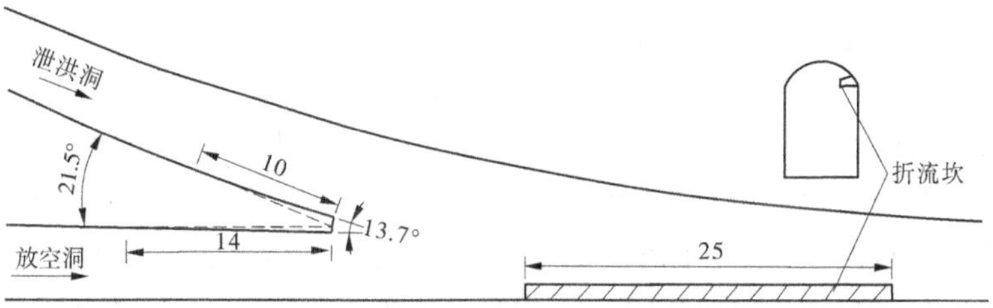

图 5-17 洞内岔尖体型优化实例

麻栗坝水库溢洪道水工模型试验中，发现水流经过闸墩后，由于两孔水流的交汇产生强烈的冲击波，边墙需要较大超高。为了减小冲击波，模型将闸墩后半部分的底部延长 10 m，使闸墩总长变为 26 m，同时为了减小闸墩的过流阻力，将闸墩由圆头改为尖头。后经试验表明，过流能力不受影响，出墩后冲击波虽不能完全消除，但得到明显改善。

（十一）底流消能

底流消能工设计的主要参数是消力池长度、深度和尾槛高程等，目前在设计阶段一般根据现有的计算理论获得，但由于底流消能水流流态复杂，具体工程具有个体差异，理论计算公式难以包含各种影响因素，所以常需要采用模型试验确定。底流消能模型试验通常包含以下步骤：

（1）按照相似理论制作原设计方案水工模型。

（2）确定试验工况。包括库水位、流量、开孔数、开度、开孔位置等多种组合，主要工况一般至少包含设计洪水流量、校核洪水流量闸孔全开，有时也需要在正常蓄水位下开单孔、二孔，开中孔、边孔等工况，可根据实际情况和试验要求确定。高水头枢纽由于上下游落差大，泄流能量高，通常是设计洪水或校核洪水为不利情况；对于有些低水头枢纽，由于设计洪水和校核洪水时，下游水深较大，消力池水垫层较厚，常常不存在消能问题，反而在正常蓄水位情况下，开启单孔的消能问题突出，因为下泄流量小，下游水位低，水深浅。

（3）确定收缩断面弗氏数 Fr_1。Fr_1 的大小对消力池内水跃特性有明显影响，当 $Fr_1>9.0$ 时，虽然消能效果好，但跃后水面波动大并延伸较远；当 $4.5\leqslant Fr_1\leqslant 9.0$ 时，消能效率高，水跃稳定，跃后水面平稳，为最佳弗氏数范围；当$2.5\leqslant Fr_1<4.5$时，消能效率低，水跃不稳定，跃后水面波动大并向下游传播；当$1.7\leqslant Fr_1<2.5$时，旋滚小而弱，消能效率很低；当$Fr_1<1.7$时，出现波状水跃，消能效果极差，冲刷作用强，水面不稳。

通过放水试验，测出收缩断面水深和流速，继而获得相应弗氏数Fr_1。通过Fr_1可初步判定水跃状态，尽量避免低弗氏数情况，如果出现，可增加斜坡段坡度、设置趾墩等提高弗氏数。

(4)确定水跃位置及衔接形式。通过试验获得的跃后水深和下游水深的对比，可判断水跃与下游的衔接形式是属于临界、远驱或淹没水跃及其淹没度的哪一类，也可直接从模型试验中观测到。消力池设计一般要求发生淹没度$\sigma_j=1.05\sim1.10$的淹没水跃，这样消能效果好，水跃稳定，消力池长度短。

(5)消力池深度优化。消力池池深目前虽然有理论或经验公式计算，但因忽略了许多难以确定的影响因素，一般仅作初步设计参考。如试验发生临界水跃，说明下游水深稍不足，为保证水跃稳定，可适当增加消力池深度；如发生远驱水跃，说明下游水深偏小，消力池深度需加大，否则需要较长的消力池；如发生淹没度较大的淹没水跃，则宜适当减小池深。增加消力池深度通常有三种方法：①降低消力池底板，尾槛与原河床齐平，其水流与原水流衔接好，出池水流不出现大的跌落，但开挖量大；②提高尾槛，此时尾槛高于原河床，出流水流常出现跌落，与原水流衔接差；③适当降低消力池底板并提高尾槛，属于以上两种方法的综合。具体采用哪种方法，可视具体情况而定，也是试验需要确定的内容。总之，改变消力池深度尽量使设计流量（难以同时满足多级流量时，其他流量条件可适当放宽）发生淹没度适中的淹没水跃。

(6)消力池长度优化。消力池长度必须保证水跃不越出池外，在消力池内发生，可根据试验观测确定。另外，消力池越长，水流扩散就越充分，出池水流横向分布则越均匀，所以消力池长度有时也需要由出流水流特性决定。如某些工程根据下游河床的抗冲特性，要求出池水流最大流速或最大单宽流量不能超过某一固定值，这时就需要进行池深、池长等的反复试验，最终确定最佳尺寸。

(7)闸门调度方案。当来流量没有达到设计洪水流量，而又超过了发电、灌溉等正常运用流量时，需要从泄洪闸泄水，但闸孔不需要全开。闸门调度方案就需要指出，如仅需开单孔，是开启左孔、中孔还是右孔？如需要开双孔，是开1、3孔还是2、4孔或是1、5孔等？确定闸门调度方案的依据除前面研究的泄流能力与库水位、开度的关系外，还需要依据消能研究成果。因为即使是下泄流量相同，开启中孔和边孔的消能效果也可能不一样。中孔泄流时两侧对称扩散，流态较好，出池水流分布较均匀；边孔泄流则是单向扩散，出池水流容易出现水流集中现象。单孔全开泄流和多孔小开度泄流，即使泄流量相同，但由于下泄水流单宽流量集中程度不同，消能效果也有较大差异。当然，还需要考虑实际操作的方便性，单孔全开比多孔小开度齐开更易操作。

(8)辅助消能工。经过消力池尺度的优化后，消能效果如难以达到设计要求，或工程量较大，此时可考虑辅助消能工。辅助消能工目前应用较多，如消力墩、T形墩、趾墩、消力坎、阶梯溢流坝、宽尾墩、多级消力池等，可参看相关资料。

(十二)挑流消能

挑流消能工常见于实际工程,其设计的主要参数有反弧半径、挑射角、挑流鼻坎高程、挑射方向等,目前在设计阶段一般根据理论计算的挑距、冲刷坑深度来确定这些参数。由于现有的计算公式难以准确考虑液固、液气之间的摩擦,空气的阻力,河床的抗冲特性,水流的随机性等影响因素,计算结果与实际情况常存在差异,需要进行模型试验加以准确确定。挑流消能模型试验通常包含以下步骤:

(1)按照相似理论制作原设计方案水工模型和下游动床模型,确定试验工况。

(2)水舌参数测定。主要测出水舌的上、下、左、右边缘线,关键参数为上顶点、下弯点、远入水点、近入水点以及左入水点、右入水点,从而确定水舌横向范围、垂向范围、挑射距离、入水角度、入水范围等。

(3)冲刷坑测定。冲刷坑试验和测定与前述局部冲刷相同。

(4)优化试验。根据挑距和冲刷坑试验成果,判定相关指标是否满足设计要求,如不满足,则需要优化试验。优化可从两方面入手:一方面是改变冲刷位置,使冲刷坑远离建筑物;另一方面是增强河床抗冲能力,减小冲刷深度,缩小冲刷坑范围。

改变冲刷位置实际上是改变挑距,改变挑距则需改变挑流鼻坎参数。式(5-11)是将光滑连续坎的出射流视做抛物运动计算的挑射距离,可以看出,挑角越大($<45°$),鼻坎高程越高,挑距越远。但挑角越大,入水角度也越大,冲刷坑就越大;鼻坎高程越高,则水舌越高,水雾范围越大,会带来相应影响。所以,模型试验需要确定合理的鼻坎参数。

$$L = \frac{1}{g}\left[0.5u_1^2\sin2\theta + u_1\cos\theta\sqrt{u_1^2\sin^2\theta + 2g(h_1\cos\theta + h_2)}\right] \tag{5-11}$$

式中　L——挑距;

u_1——鼻坎出射水流流速;

h_1——鼻坎末端出射水流水深,按垂直过流面计算;

θ——鼻坎挑射角;

h_2——鼻坎末端与下游河床之间的高度。

增强抗冲能力主要是加固入水点附近河床,可用大块石、混凝土块体等覆盖冲刷坑范围内河床;也可采取修改二道坝等工程措施提高下游水位,增深抗冲水垫层;还可采用深齿墙加固鼻坎,以致冲刷坑不影响其稳定性,等等。

(5)挑流偏角。如果泄水建筑物靠近岸边,挑射流可能对河岸产生冲刷,威胁岸坡稳定。此时可适当改变挑坎偏角,采用斜挑坎、扭曲坎等,将水流挑离岸边。试验过程中可反复调试,将水舌入水点落入理想位置。

(十三)洞塞消能

从图5-7可见,洞塞或孔板消能实际上是水流在洞内突然收缩和突然扩散产生的局部水头损失。在孔板上游,水流突然收缩,流过孔板后因惯性作用水流继续收缩,形成收缩断面2—2,随后扩散,到断面3—3处与管道原水流衔接。

从断面1—1到断面2—2,其局部水头损失h_{12}可采用下式计算:

$$h_{12} = \frac{(u_0 - u)^2}{2g} = \xi\frac{u^2}{2g}$$

$$\xi = \left(\frac{A}{a_0} - 1\right)^2$$

式中　h_{12}——突缩水头损失；

u——泄洪洞平均流速；

u_0——收缩断面 d_0 范围内平均流速；

A——泄洪洞过水面积，有 $Q = uA$；

a_0——收缩断面 d_0 范围内过水面积，有 $Q = u_0 a_0$；

ξ——基于泄洪洞流速水头的局部水头损失系数，收缩断面 a_0 与水流流速、孔板的收缩比等相关，所以 ξ 的确定需要进行试验。

从断面 2—2 到断面 3—3 属突然扩散，其局部水头损失 h_{23} 可写为：

$$h_{23} = \eta\xi\frac{u^2}{2g}$$

式中　h_{23}——突扩水头损失；

η——突扩与突缩水头损失的比例常数，常小于 1。

总水头损失 h_w 为：

$$h_w = (\eta + 1)\xi\frac{u^2}{2g} = \xi_w\frac{u^2}{2g}$$

式中　ξ_w——总水头损失系数。

由于水头损失、收缩断面是由洞塞引起的，所以 ξ_w 应该与洞塞收缩比（洞塞孔面积 a 与泄洪洞面积 A 之比 a/A）相关，则有：

$$\xi_w = f\left(\frac{a}{A}\right)$$

施放同一流量，变换不同收缩比，测出相应的 ξ_w，便可建立 $\xi_w \sim a/A$ 关系；变化多级流量，可获得多个 $\xi_w \sim a/A$ 关系。通常 ξ_w 只与 a/A 有关，与流量关系不大。对于泄洪洞内有多级洞塞或孔板的，则可累加，由此便可得到洞塞消能的效果。

另外，需要注意的是，洞塞内特别是收缩断面的压力会有大幅减小，其负压值需满足相关要求，以避免产生空蚀破坏。

第三节　水流空化及掺气减蚀模型试验

一、概述

（一）空化空蚀

1. 空化

空化现象是水流在一定温度下，水流内部的微小气核由于压力降低而发育成气泡，当压力降低到某一临界数值（一般情况下为水的气化压强）时，气泡发生溃灭。由于气泡溃灭历时很短，可以产生很高的冲击压力和高温，并伴随有高频噪声。在产生空化的区域还可以观察到空穴、空洞、空腔和闪光等现象。空化有很多种类，为了研究方便，人为地为其分类：①游移空化；②固定空化；③旋涡空化；④振荡空化。

2. 空蚀

空蚀是由空化引起的。对于空蚀的机理,不同的学者有不同的解释。1950 年以前,普遍认为空蚀是由于空泡溃灭时所形成的冲击波将其产生的巨大压强作用在边壁上,而对边壁造成强度破坏形成空蚀。据有关文献,由计算确定的球形空泡溃灭时,在边壁上造成的压强可高达 12 000 个工程大气压,而实测记录为 7 750 个工程大气压,还有学者给出的溃灭压强计算结果非常巨大,Ivany 计算结果为 582 000 个工程大气压。而另一种理论认为空泡在边壁附近溃灭时形成微射流。1944 年 Kornfeld 等提出了该种理论,认为射流冲击造成空蚀破坏;1951 年,Rattray 从理论上论证了射流形成的可能性;Naude 等于 1961 年给出了轴对称条件下,吸附于固体壁面上半球形空泡溃灭时形成冲击固体壁面微射流的数学分析;Plesset 等则对微射流进行了数值计算;Kling, Hammitt, Lauterborn 等曾分别用高速摄影证实了近壁处空泡溃灭时确实存在着冲击壁面的微射流,他们认为微射流冲击壁面可能是造成壁面空蚀破坏的最主要原因。空蚀现象不仅出现在螺旋桨、水力机械及水工建筑物上,而且出现在闸门、管道、油泵等设备上,还出现在国防工业的鱼雷、潜艇等深水中运动的设备上。

空蚀破坏的原因很多,目前的研究成果表明空蚀破坏主要有以下原因:①流速;②压强;③尺寸(直径);④物体表面光洁度及平整度;⑤时间;⑥液体的温度(热动力效应);⑦含气量;⑧水中的含沙量;⑨液体的黏滞性、表面张力与密度的影响;⑩水流紊动的影响;⑪壁面材料的抗空蚀性能。

(二)掺气减蚀

为了减免发生空蚀破坏,国内外开展了多方面的研究工作,归纳起来主要有以下 4 种方法。

1. 优化过流的体型

一般将边界轮廓的体型设计成流线型。我们知道空蚀产生的条件是低压区的存在。欲避免低压区的发生,边界轮廓应设计成流线型,以避免水流与边界脱离而产生旋涡。

2. 控制过流面的不平整度

施工后,过水表面上不应该存在有钢筋头等各种残留突起物,对于过水边界表面在施工中可能造成的不平整度要加以控制。一般来说,表面存在升坎比跌坎容易发生空蚀,突起比凹陷容易引起空蚀。将突起部分磨成平缓的坡面,可以大大减小发生空蚀的可能性。

3. 增加工程材料的抗蚀性能

水工建筑物中,过流断面为混凝土材料。为提高混凝土的抗蚀强度可以采取以下措施:在混凝土中掺入高效能的减水剂;在混凝土中加入掺和料(如硅粉);利用聚合物砂浆及聚合物混凝土胶结材料。

4. 向水流可能发生空化的区域通气,即掺气减蚀措施

彼得卡(Peterka)及拉斯姆逊(Rasmusse)等试验结果表明:向水流低压区通气是防止空蚀的有效方法。当水流掺气 1.5% ~2.5% 时,混凝土试件的空蚀破坏显著减少,而掺气量达到 7% ~8% 时,空蚀现象则基本消失。有些学者的解释是因为水中含气量较高时,增加了水气混合体的可压缩性,对气泡溃灭时产生的冲击力起缓冲作用,减轻它的破坏能力。

早在20世纪60年代初期,国外就开始采取通气减蚀的措施,20世纪70年代,我国开始了掺气减蚀技术的研究。虽起步较晚,但进展较快,目前已有很多工程采用该技术。根据工程实际运用,认为掺气减蚀是防止空蚀破坏最经济、最有效的方法。当前,我国已作为一项新技术在推广和应用,并在科研、原型观测等方面取得了可喜的成绩。目前,水利工程中泄水建筑物上主要应用的掺气设施有以下几种:

(1)掺气挑坎。掺气挑坎使水流上挑,脱离坎下边界,在坎下形成空腔,使水流掺气。

(2)掺气跌坎。下游边界向下错开一定高度,形成跌坎,亦可形成空腔而使水流内部掺入空气。

(3)掺气槽。在渠底垂直于水流方向做一条槽,形成空腔,即为掺气槽。

(4)复合式。包括挑坎与跌坎结合,挑坎与槽结合,跌坎与槽结合。

只要空腔与外界大气相通,空气能够充分补充,在高速水流的紊动作用下,空气可以混掺入水流中,形成掺气水流,起到保护下游泄水道免受空蚀破坏的作用。

本节的有关掺气减蚀模型试验主要是针对高水头溢洪道、泄流槽、明流泄洪洞等明渠高速水流掺气减蚀设施选型的模型试验研究。

二、相似准则和模型设计

(一)相似准则

空化是水体中产生负压后的水力现象,而空蚀则是空化水流对固体边界作用的结果。在研究水力模型相似律时,可以把它们分为空化水流相似和空蚀相似两部分,当然它们又是互相联系着的。但空蚀模型相似律要比空化水流模型相似律复杂,在研究空蚀模型相似律时,除空化水流模型相似外,还必须研究空化水流对固体边壁的作用和固体边壁材料特性等相似问题。至于空化水流本身又可以分为空化水流的产生、发展和溃灭等阶段,在发展过程中可以呈各种不同的型式,如有泡状空泡、片状空泡、带状空泡等。空化水流不再是连续介质,空泡溃灭时,周围水体涌向溃灭空泡的水流速度很大,可以和水中传播的声速相比拟。对于这种水流还需要用另一准数即马赫数来考虑相似问题,此时水体已不能当做不可压缩体来处理。所以,空化水流的模型相似甚为复杂,要达到空化水流三个阶段原型和模型完全相似极为困难。目前一般对初生空化的相似研究较多,在空化初生时,仍可把水体当做连续和不可压缩的介质,所以在下面讨论的空化水流相似,主要指初生空化相似,因它对工程具有重要的意义。但是,即使是初生空化相似,在原型和模型之间还存在着较大的比尺效应,这种比尺效应不仅指几何比尺效应,同时也指水体的品质,即原型和模型应用的水质不同所产生的比尺效应。所谓水体的品质是指水的黏滞性、表面张力、水体中的空气含量、气核尺寸和数量分布及水的温度等。现在我们分别讨论空化水流模型相似问题和空蚀模型相似问题。

描述空蚀的趋向、阶段和严重性的重要参数就是所谓的空化数。从前面的章节中我们知道,在具有自由水面的水力模型试验中,控制的相似准数一般是弗劳德数,在一定雷诺数的情况下,其余水流的相似准数将自动满足模型条件,即欧拉数和斯特鲁哈数在原型和模型能自动保持同量。但在空化水流中,原型和模型的欧拉数将不会是同量。此时绝对压强起着相当重要的作用。为了保持空化时模型与原型的水流相似,可引入空化数来

代替欧拉数,空化数的表达式为:

$$K = \frac{P + (P_a - P_v)}{u^2/(2g)} \tag{5-12}$$

式中　K——空化数;

P——研究断面的压力水头,m;

P_a——大气压力,mH_2O;

P_v——水的汽化压力,mH_2O;

u——研究断面的平均流速;

g——重力加速度。

由式(5-12)可知:绝对压强越低,空化数越小,发生空化的可能性就越大。当 K 降低至某一数值 K_0 时即开始发生空化,这个空化数 K_0 叫做初生空化数。初生空化数的大小随边界条件而异。对于某种边界轮廓,初生空化数是一个固定的值,通常可用试验来确定。

将实际水流的空化数 K 和初生空化数 K_0 比较:当 $K > K_0$ 时,空化不发生;当 $K < K_0$ 时,水流中将发生空化。所以,空化数可以作为是否出现空化的判别指标,这是空化水流最基本的相似准数。

因此,水流空化及掺气减蚀模型应满足几何相似、水流的运动相似和动力相似,遵循弗劳德相似准则,同时,为了使原型和模型的空化水流相似,必须使模型与原型的水流空化数应相等。各主要水力要素应符合下列模型比尺的关系:

流速比尺:$\lambda_u = \lambda_l^{1/2}$;

流量比尺:$\lambda_Q = \lambda_l^{5/2}$;

时间比尺:$\lambda_t = \lambda_l^{1/2}$;

糙率比尺:$\lambda_n = \lambda_l^{1/6}$;

$K_m = K_p = \left[\frac{P + P_a - P_v}{u^2/(2g)}\right]_m = \left[\frac{P + P_a - P_v}{u^2/(2g)}\right]_p$。

根据模型与原型水流空化数相等的准则,得出试验时减压箱中要求控制的真空度。为了寻求初生空化及探索空化变化的规律,也可改变真空度而进行系列试验。

模型空化水流不能满足雷诺相似律,在满足水流流态相似的前提下,仍能进行水流空化试验,但应考虑比尺影响。在满足流态相似的同时,亦应考虑水质对水流空化的影响。

对于掺气减蚀模型,除满足几何相似,水流的运动相似、动力相似,遵循弗劳德相似准则外,模型掺气设施处水流速度宜大于 6 m/s,当模型掺气设施处不能满足该要求时,在保证水流流态相似的前提下,仍可进行掺气设施选型研究,但模型实测通气量向原型引伸时,应考虑比尺影响。同时,掺气设施下游的沿程掺气浓度,模型中尚难以获得相似,因此模型中的掺气浓度只供相对比较时参考。

(二)模型设计

要使模型与原型的空化数相同,可采用两种办法:一种方法是减低 P_a 值,即在模型上降低自由表面上的大气压力值;另一种办法是在模型上加大 P_v 值,即提高试验水体的温度。后者需耗费很多燃料,且由于水温的变化,水的物理特性也随之变化,实际不常采用。

目前常用在模型上抽气降低其上大气压力的方法进行空化水流模型试验，其试验装置是减压箱。减压箱是一个密封的水槽，槽内的水流在减压状态下进行试验，既保持重力相似准则，同时又保持空化数在原型和模型上相等。

由于对水流空化现象的影响因素很多，即使模型满足几何相似、动力相似而达到流动相似，但当模型比尺选得过小时，减压模型试验仍存在缩尺影响问题，因此在模型设计时，尽可能选择较大的模型比尺。根据目前国内、外模型试验的经验，应使其重点研究部位的水流流态满足雷诺数大于 1×10^6，否则宜将重点研究部位，放大模型比尺设计成局部模型，置于循环水洞或高压箱中进行水流空化试验研究，达到减小缩尺影响的目的。在满足上述条件下选定模型比尺，确定模型截取范围。当模型置于循环水洞或高压箱中进行试验时，试验段阻塞度宜小于15%。

按上述规定及选定的模型比尺，确定相似真空度（减压箱）或调整压力与流速（循环水洞、高压箱）。

模型设计时对模型材料必须作强度校核计算，特别是当模型边壁作为工作段的情况。长模型过流边壁糙率应尽量满足或接近相似要求，连接牢固平整。包括两层含义，一是要求模型连接处平整光滑，二是要求模型过流面材料糙率与原型相似，这是为了提高试验成果的准确性，因为不平整度、过流面的糙率对高速水流边界层的发展和流态影响较大。模型中需设有保证循环水回到工作段时含气量保持稳定的设施。

根据工程水力指标、试验任务，以及试验设备和测试技术等条件，选择模型比尺时，宜尽量使模型掺气设施处水流速度大于6 m/s。主要是使模型实测的通气量能按弗劳德模型定律引申至原型。根据当前国内、外对泄水建筑物过流面掺气减蚀设施的水力学模型试验的经验，均认为当按弗劳德相似准则设计模型时，模型比尺的确定应使模型（掺气坎（槽）部位）的水流速度大于6～7 m/s。否则，将模型通气量向原型引申时，需考虑模型的缩尺影响。

当模型掺气设施处不能满足上述要求时，在保证水流流态相似的前提下，仍可进行掺气设施选型研究。亦可截取包括掺气坎（槽）在内的上、下游有关泄槽段，置于高速水流槽中，对掺气坎（槽）作选型研究。将包括掺气坎（槽）在内的溢流段设计成局部模型，置于高速陡槽中，对掺气坎（槽）进行选型试验研究，其目的是放大模型比尺，以满足水流速度大于6～7 m/s的要求。但模型实测通气量向原型引申时，应考虑比尺影响。关于比尺效应问题，虽有不少的研究，但对通气量提出具体引申计算方法者尚少。目前宜参考有关曲线、经验公式，根据模型试验成果和工程原型情况进行综合分析后，考虑校正缩尺影响的方法。

对长泄水建筑物糙率不相似会带来明显影响的模型，特别是在有多道掺气坎（槽）的情况，除应满足几何相似外，模型材料的选择应尽量满足或接近糙率相似的要求，或考虑其他校正措施。对新型掺气坎（槽）或大型工程上的掺气减蚀设施，宜进行减压模型试验，研究坎（槽）自身的过流空化特性和通气效果。

对于直径很小的压力管道，尺寸很小的闸门、门槽、阀门和不平整突体，在进行空化试验时，通常不可能把它们按比尺缩小，但是不按比尺缩小则承受的水头又很大，减压箱上无法进行这些项目的空化试验。另外，减压箱内的上下游水头和流速调节的范围均较小，有时为了系统地研究空化水流、比尺效应和空蚀模型等,还需要应用水洞。有时还需要常压模型。在常压模型上可以系统地观察水流现象,并量测压力和流速分布以及脉动压力和脉动流速的分布,从而判断建筑物是否可能产生空化和空蚀。但是常压模型不能直接观测到空化和空蚀现象,很难估计空化现象对水流特性的影响。所以,在研究空化、空蚀现象时,采用常压模型、减压模型和水洞中的空化模型相互配合。

空化模型试验存在着一系列比尺效应,例如观察空化初生,它受到雷诺数、韦伯数、流速、压力和脉动压力的影响,同时还受到水中含气量与气核尺寸和数量的影响。由于篇幅限制,不在此进行讨论,请读者参考相关文献。

三、模型试验实例

三峡永久船闸采用双线连续五级方案布置,其上游最高通航水位为 175.0 m,下游最高通航水位为 62.0 m,总水头为 113.0 m,闸室有效尺寸为 280 m×34 m×4.5 m(长×宽×槛上水深),是目前世界上规模最大的内河船闸。第三级闸室工作水头最大,高达 45.2 m,采用反向弧形输水阀门。由于三峡五级船闸水头高,上下游水位变幅大,因而船闸输水系统及其控制阀门段会产生强烈的分离流动,尤其在弧门启闭过程中涡流和旋滚的紊流剪切(如水流压力脉动、振动)作用,将出现水流空化现象,并且当动水荷载作用于阀门上时,还可能会引起阀门流激振动而产生破坏。因此,为确保三峡永久船闸运行安全可靠,对三峡高水头船闸反向输水阀门及其后廊道体型的空化问题展开研究,为评价反向弧形输水阀门方案和优化廊道体型提供科学的试验数据。

模型试验在某大学试验室的大型变压箱内完成。该变压箱体全长为 19.9 m,箱宽为 1.0 m,上游箱高为 3.3 m,下游箱高为 2.8 m。由无级电磁调速电机驱动水泵,调节水位和流量,最大过水流量达 800 L/s,最大落差为 20.0 m,最大真空度为 98.7%。电机、真空泵、电机调节阀和相关测量仪表均可在控制台遥控操作。

(一)模型设计

1. 模型比尺及减压控制

根据三峡第三级船闸输水系统原型尺寸,截取自龙抬头进口至反向弧形阀门下游输水廊道段进行模拟,全长 127.0 m,最大工作水头差 87.0 m,原型最大过水流量约为 350 m^3/s。

根据水流空化相似准则、试验任务和试验条件,模型采用正态模型,各主要水力要素模型比尺如下:

长度比尺:$\lambda_l=20$;

流速比尺:$\lambda_u=\lambda_l^{1/2}=4.47$;

流量比尺:$\lambda_Q=\lambda_l^{5/2}=1\ 788.85$;

时间比尺:$\lambda_t=\lambda_l^{1/2}=4.47$;

糙率比尺:$\lambda_n=\lambda_l^{1/6}=1.648$;

$$K_m=K_p=\left[\frac{P+P_a-P_v}{u^2/(2g)}\right]_m=\left[\frac{P+P_a-P_v}{u^2/(2g)}\right]_p。$$

由于输水廊道为有压水流,因此对有压水流原型与模型的水流空化数相等,可用下式表示：

$$K_m = K_p = \left(\frac{P_0 - P_v}{\rho u^2/2}\right)_m = \left(\frac{P_0 - P_v}{\rho u^2/2}\right)_p \tag{5-13}$$

式中　P_0、P_v——绝对压强和水的汽化压强；

其他符号含义同前。

由于 $u_m = \sqrt{1/\lambda_l}\,u_p$，如果模型上试验液体与原型一样，则由式(5-13)可得：

$$(P_0 - P_v)_m = (1/\lambda_l)(P_0 - P_v)_p$$

为此，变压箱内自由水面上的大气压强由下式确定：

$$(P_0)_m = \frac{1}{\lambda_l}(P_0 - P_v)_p + (P_v)_m$$

一般情况下，可取 $(P_v)_p = (P_v)_m$。当水温在 10～20 ℃时，$(P_v)_p$ 也可用下式计算：

$$(P_v)_p = 0.077 \times 1.06^t - 0.013$$

式中　t——水温，℃。

相应地，变压箱中应控制的真空度为：

$$\eta = \frac{(P'_0)_m - (P_0)_m}{(P'_0)_m}$$

式中　$(P'_0)_m$——模型试验地的大气压强，mH_2O；

其他符号含义同前。

根据本模型试验地的相关参数和模型比尺，计算可知，要求变压箱内真空度为 94%。

2. 模型制作

根据模型比尺计算，模型总长度为 6.38 m，总高度为 4.35 m。相应的模型最大流量为 195.7 L/s。为了便于观测，模型整体全部采用无色有机玻璃制造，反向弧形阀门后顶扩和底扩两种廊道体型布置如图 5-18 所示。

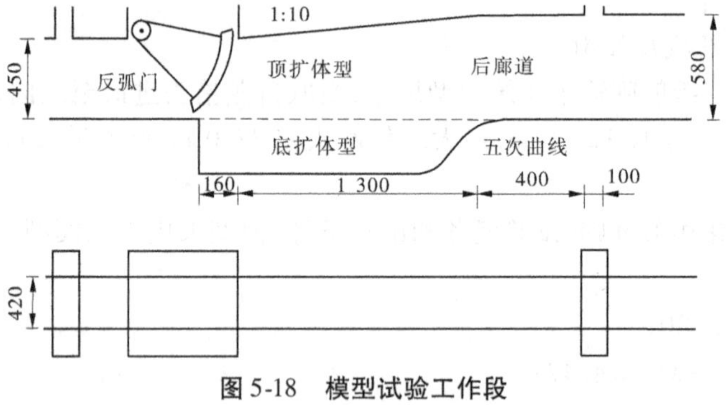

图 5-18　模型试验工作段

在试验模型的反向弧形输水阀门和其后廊道试验工作段分别布置测压点共 108 个，水听器一支，如图 5-19 所示。

3. 初生空化的判断

由于试验中直接测量的是各测点的压力等参数，所以用反向弧形阀门上游输水廊道未受干扰处压力水柱与蒸汽压强之差和其所在过流断面的平均流速的比值来定义水流空化数：

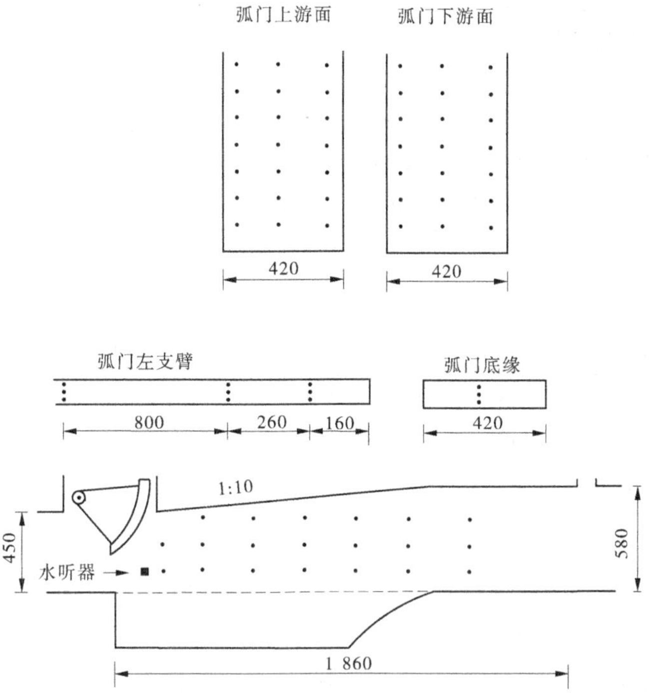

图 5-19　测压点布置图

$$K = \frac{h_c - h_v}{u_c^2/(2g)}$$

式中　h_c、u_c——测点 c 处的压力水柱和所在断面的平均流速；

h_v——变压箱内相应水温的蒸汽压强。

如果把水流中刚出现空化时的空化数作为初生空化数 K_0，当 $K < K_0$ 时，水流中将发生空化，作为系统发生空化的判别标准。

在试验过程中，对于初生空化分别采用耳听、FB－2 型频闪仪目测（以每秒 3～5 次空穴间断出现为准）和空化噪声量测系统检测三者同时观察判断。量测仪器的系统配置见图 5-20。

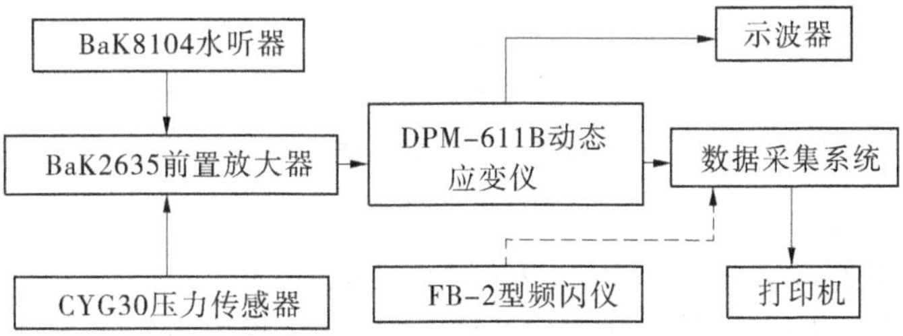

图 5-20　量测仪器的系统配置

进行减压试验时，除噪声信号和频闪仪的频率需调节外，模型上、下游水位及各测压点压力从布置在变压箱体内的测压排直接读数，而水温、真空度、流量和平均流速等均由控制台的相关仪表记录取值,并输入微机分析与处理。

(二)试验结果及分析

1. 试验结果

在拟定的弧门开度下,顶扩和底扩两种廊道体型的空化数、等压力线、空化噪声强度和脉动压力三维谱分布分别示于表5-2和图5-21~图5-23。

表5-2　两类廊道体型的过水流量和反弧门底缘的空化数

弧门开度(%)	过水流量(m^3/s)		反弧门底缘空化数			
			底扩		顶扩	
	常压	减压	K	K_0	K	K_0
0.05	143.0	129.0	2.378	2.157	2.417	2.171
0.10	215.0	287.0	1.214	0.948	1.299	1.010
0.20	322.0	239.0	0.471	0.437	0.610	0.566
0.30	340.0	253.0	0.430	0.371	0.511	0.434
0.40	358.0	277.0	0.279	0.256	0.429	0.372
0.50	386.0	313.0	0.240	0.225	0.353	0.326
0.60	358.0	331.0	0.192	0.179	0.301	0.264

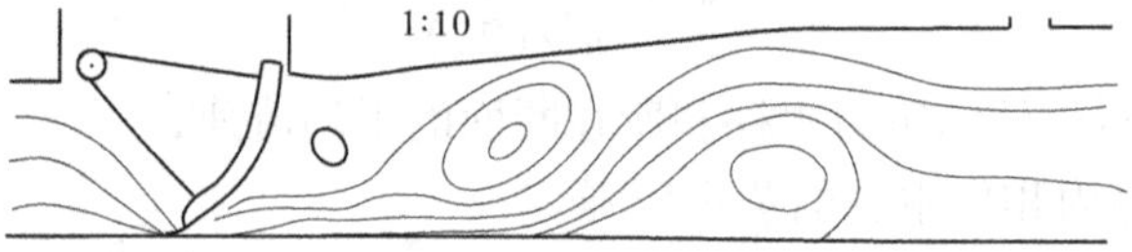

(a)顶扩体型

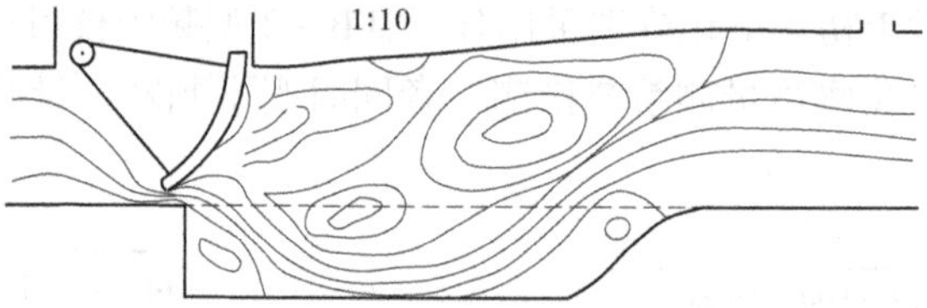

(b)底扩体型

图5-21　等压力线

2. 结果分析

通过试验结果的比较分析,可得到以下几点结论:

(1)开度0.05~0.6区段内,在阀门底缘下游,顶扩体型可看到有片状空化,噪声强度较大,空化脉冲次数增多,空化溃灭区范围、幅值也较大,属强空化;而底扩体型,当小于开度0.05时,在跌坎处首先出现间歇性游移空泡,阀门底缘无空化发生,随着闸门开度加大,底缘逐渐形成分离型片状空化,且噪声强度明显增强。但底扩体型的水流空化数总是小于顶扩体型的水流空化数。

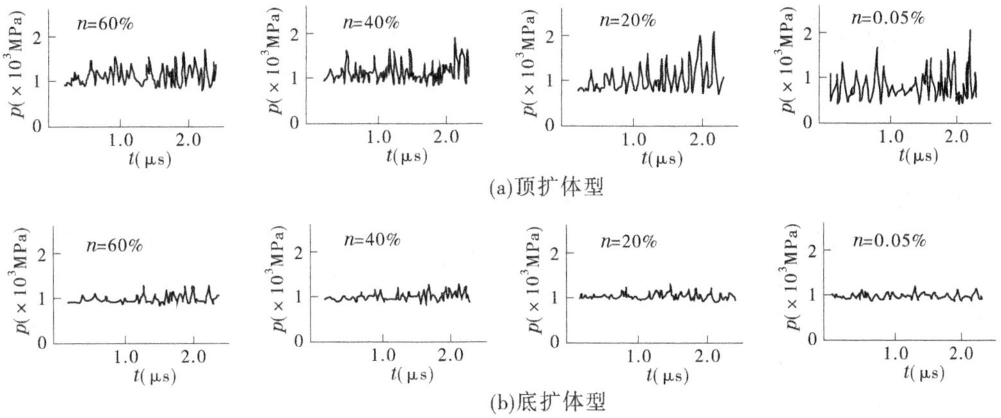

图 5-22　不同开度的空化噪声强度

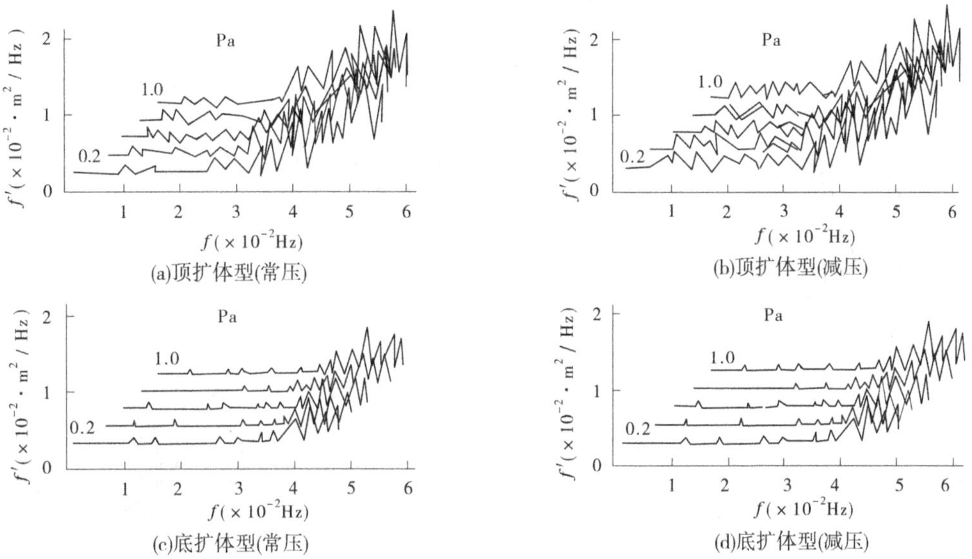

图 5-23　脉动压力三维谱分析

(2)由于底扩体型反弧门后廊道段的断面较顶扩体型增大,因此断面平均流速相应减小,水流压力比顶扩体型大,空化数亦有所降低。

(3)快速开启阀门将减小空化发生几率,空化持续时间缩短,空化荷载的聚集减小,作用区段愈短,空化强度也愈弱;同时空化区可能位于水流内部,也削弱了空泡溃灭冲击压力对固壁的破坏作用。

(4)下游淹没水深与廊道段空化强弱的程度成反比关系。在闸门开度和来流相同的情况下,下游淹没水深愈小,则空化强度愈大,这是跟上下游水头差密切相关的。

综上所述,阀门后廊道体型是影响空化的主要因素,但底扩体型的抗空化性能大大优于顶扩体型。

第四节　水电站有压引水系统非恒定流模型试验

一、概述

水电站由于能迅速调节出力以适应负荷剧烈的变化而常担任电力系统中的峰荷。这种调节是以随时改变通过水轮机的流量实现的，亦即水轮机前有压引水道中的水流为非恒定流，流量会在很短时段内作大幅度变化。由于水流的惯性，随着流量的剧烈变化，引水道中就要产生附加水锤压力，并以有阻尼的波动方式在水轮机至上游水库之间来回传播，逐渐衰减。有压引水道越长，水锤压力问题就越突出。为此，往往要在引水道上增设调压室，缩短压力管道的长度，调节水锤波，大大削减水锤压力，将相当大的一部分水锤压力波转化为调压室内的水位波动（即涌浪），以减轻引水道承受的压力。图 5-24 为包括引水隧洞、调压井和压力管道的水电站有压引水系统示意图。

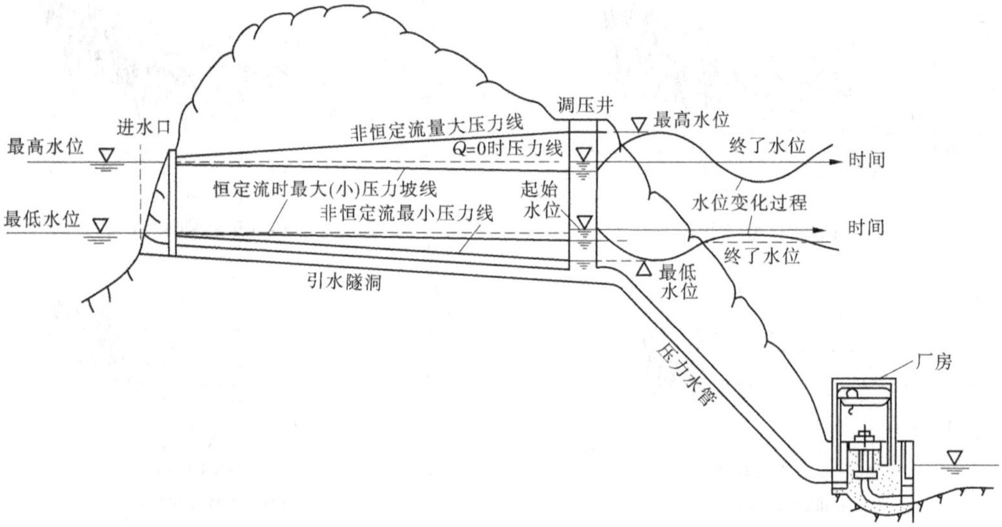

图 5-24　水电站有压引水系统示意图

要想设计和建造出运行可靠且经济合理的有压引水系统，就必须解决一系列问题，如：各种运行情况下压力管道各处的水锤压力有多大？采用什么型式、尺寸的调压室来有效地削减压力管道中的水锤压力？而这时调压室内则相应有多大涌浪？当引水道上游进口设有事故快速闸门时，适应水轮机突然丢弃负荷情况的闸门下降速度应如何？相应地闸门上将承受多大动水压力？这些问题并不都是能通过计算解决的，或者虽也可计算，但由于影响因素的复杂性，不能得到可信的足够精确的结果，这就需要依赖于模型试验。

有压引水系统非恒定流的模型试验具有如下特点：

（1）由于是非恒定流，特别是所研究的水力要素都是时间的波动函数，因而时间因素在模型设计和试验观测中都是必须严格对待的，相应量测设备必须能同步记录各水力要素的波形图。

(2)由于流量可能会从很大变到零,管内水流的雷诺数也就可能从较大一直变到零,因而前面用的控制最小允许雷诺数使模型流态位于紊流自动模型区的办法在此情况下没有太大意义。在模型尺寸总是小于原型的前提下,要做到每时每刻严格的阻力相似(即包括黏滞力在内的阻力相似),实际上是不可能的。唯有用尽可能大的模型尺寸并适当控制模型边壁糙率,以求阻力相似的偏离尽量小些。

(3)由于水锤压力是主要研究对象之一,而其传播速度与固体边壁的弹性变形有关,这就使模型材料的选择多了一个约束条件。

二、相似条件

为了便于导出相似条件,现采用简单圆筒式调压室波动的基本方程和压力管中水锤的基本方程来推导。尽管实际进行模型试验的引水系统会有各种复杂型式,但基本相似条件是一致的。

设以 z 表示调压室水位与水库水位之差,l_1、D_1、u_1 和 n_1 表示调压室前引水隧洞的长度、直径、断面平均流速和内壁糙率系数,D_2、u_2 表示调压室后压力管道的直径、断面平均流速,D_3 表示调压室直径,g 表示重力加速度,t 表示时间,则调压室涌浪的基本方程为:

$$\left.\begin{aligned} z - \frac{l_1 n_1^2 u_1^2}{\left(\dfrac{D_1}{4}\right)^{4/3}} &= \frac{l_1}{g}\frac{\mathrm{d}u_1}{\mathrm{d}t} \\ \frac{\pi}{4}D_2^2 u_2 &= \frac{\pi}{4}D_1^2 u_1 + \frac{\pi}{4}D_3^2\frac{\mathrm{d}z}{\mathrm{d}t} \end{aligned}\right\}$$

对上式进行方程分析,可以写出 4 个相似条件:

$$\frac{\lambda_t \lambda_z}{\lambda_{l_1}\lambda_{u_1}} = 1 \tag{5-14}$$

$$\frac{\lambda_t \lambda_{u_1}\lambda_{n_1}^2}{\lambda_{D_1}^{4/3}} = 1 \tag{5-15}$$

$$\frac{\lambda_{D_2}^2 \lambda_{u_2}}{\lambda_{D_1}^2 \lambda_{u_1}} = 1 \tag{5-16}$$

$$\frac{\lambda_t \lambda_{D_1}^2 \lambda_{u_1}}{\lambda_{D_3}^2 \lambda_z} = 1 \tag{5-17}$$

设 H 表示压力管道内包括水锤压力在内的压力水头,l_2 表示管道沿程距离,a 表示水锤波速,n_2 表示管壁糙率系数,则压力管道水锤方程可写为:

$$\left.\begin{aligned} \frac{\partial H}{\partial l} + \frac{1}{g}\left(1 + \frac{u_2}{a}\right)\frac{\partial u_2}{\partial t} + \frac{n_2^2 u_2^2}{\left(\dfrac{D_2}{4}\right)^{4/3}} &= 0 \\ \frac{\partial u_2}{\partial t} + \frac{g}{a}\left(1 + \frac{u_2}{a}\right)\frac{\partial H}{\partial t} &= 0 \end{aligned}\right\}$$

据上式方程分析,又可得下列 4 个相似条件:

$$\frac{\lambda_n}{\lambda_{u_2}} = 1 \tag{5-18}$$

$$\frac{\lambda_l \lambda_{n_2}^2}{\lambda_{D_2}^{4/3}} = 1 \tag{5-19}$$

$$\frac{\lambda_a \lambda_{u_2}}{\lambda_H} = 1 \tag{5-20}$$

$$\frac{\lambda_a \lambda_t}{\lambda_{l_2}} = 1 \tag{5-21}$$

这样，我们得到式(5-14)～式(5-21)共8个相似条件，其中包含有 l_1、u_1、D_1、n_1、l_2、u_2、D_2、n_2、D_3、z、t、H、a 等13个物理量的比尺（不计 $\lambda_g=1$），原则上说，可以有5个比尺自由选择。但是应当指出，我们引用的调压室涌浪基本方程和压力管道水锤方程中都无表征局部阻力水头损失的项，这显然是将局部阻力的相似完全依赖于模型的几何相似条件了。因此，整个有压引水系统的模型自然应该设计成正态模型，在此情况下就有全模型的单一几何比尺，即：

$$\lambda_l = \lambda_{l_1} = \lambda_{D_1} = \lambda_{l_2} = \lambda_{D_2} = \lambda_{D_3} = \lambda_z = \lambda_H$$

于是原来的8个相似条件就缩简为下列4个独立条件：

$$\lambda_u = \lambda_{u_1} = \lambda_{u_2} = \lambda_l^{1/2} \tag{5-22}$$

$$\lambda_t = \frac{\lambda_l}{\lambda_u} = \lambda_l^{1/2} \tag{5-23}$$

$$\lambda_n = \lambda_{n_1} = \lambda_{n_2} = \lambda_l^{1/6} \tag{5-24}$$

$$\lambda_a = \lambda_u = \lambda_l^{1/2} \tag{5-25}$$

式(5-22)～式(5-24)是我们熟悉的，而式(5-25)须进一步讨论如何实现。

对于均质材料简单压力管，水锤波速 a 的计算公式可写为：

$$a = \frac{\sqrt{\dfrac{K}{\rho}}}{\sqrt{1 + \dfrac{DK}{\delta E}}} \tag{5-26}$$

式中 K——水的体积弹性模量，其值约为 $2.1 \times 10^5\ \mathrm{N/cm^2}$；

ρ——水的密度；

D——压力管的直径；

δ——压力管的壁厚；

E——管壁材料的弹性模量。

式(5-26)中分子 $\sqrt{\dfrac{K}{\rho}}$ 即声音在水中的传播速度，其值约为1 435 m/s，可视为常量。于是写出水锤波速 a 的比尺为：

$$\lambda_a = \frac{a_p}{a_m} = \sqrt{\frac{1 + \dfrac{D_m K}{\delta_m E_m}}{1 + \dfrac{D_p K}{\delta_p E_p}}} \tag{5-27}$$

这样，当原型管壁弹性模量 E_p 及壁厚 δ_p 已知时，即可用式(5-27)的条件选择模型材料及管壁厚度，使 $\delta_m E_m$ 满足该条件，也就实现了式(5-25)的条件。如果原型引水道各段特征数据不同，则模型设计时就要各段分别满足。但要注意选用的材料还要同时满足式(5-24)的粗糙度相似要求，要综合考虑各方面的条件。应当指出的是，实践中由于材料及加工情况的差异，模型制作安装完成后其水锤波速可能与预计值不相符，应当根据试放水的实测数据来修正模型。

三、模型设计实例

某水电站装机 11.5×10^5 kW。引水系统由钢筋混凝土衬砌的圆形引水隧洞，设有底部阻抗孔的圆筒式调压井和大、小两条通向厂房的压力管道组成。电站满载运行时上游库水位与下游尾水位之间的总落差为72.8 m。引水隧洞长173.8 m，内径7.5 m，进口处设5.6 m×8.1 m的事故平板闸门。圆筒式调压井上部直径14 m，下部直径12 m，阻抗孔面积41.34 m²。大压力管长115.32 m，内径5.8 m，其在调压井进口处设4.1 m×6.4 m快速事故门一道。小压力管长129.96 m，内径6.4 m。设计隧洞内壁糙率系数为0.015，压力管道内壁糙率系数为0.012；大压力管水锤波速1 075 m/s，小压力管水锤波速 1 250 m/s。模型试验研究的主要项目是压力管内水锤压力、调压井涌浪以及这两者的关系，水轮发电机组过渡过程，快速事故门动水关闭过程等。

根据问题性质、试验室空间条件，采用大尺寸正态几何相似引水系统整体模型，取单一的几何比尺为：

$$\lambda_H = \lambda_z = \lambda_D = \lambda_{D_2} = \lambda_{D_3} = \lambda_l = 20$$

从而时间、流速、水锤波速的比尺为：$\lambda_t = \lambda_u = \lambda_a = \sqrt{\lambda_l} = \sqrt{20} = 4.47$。流量比尺为：$\lambda_Q = \lambda_l^2\lambda_u = \lambda_l^{5/2} = 1\ 789$。糙率系数比尺则应为：$\lambda_n = \lambda_l^{1/6} = 1.65$。

而原型隧洞糙率系数 $n_{1p} = 0.015$，压力管道 $n_{2p} = 0.012$，故二者的模型相应糙率为：

$$n_{1m} = \frac{n_{1p}}{\lambda_n} = 0.009\ 10$$

$$n_{2m} = \frac{n_{2p}}{\lambda_n} = 0.007\ 27$$

为满足上述较小糙率系数的要求，模型管能满足水锤波速的相似要求(模型 a_m 应为原型的1/4.47)，以及加工、观测方便，整个模型一律用有机玻璃制作，并要求压力管部分工艺更高些。按所定 λ_l，定出模型引水隧洞长8.69 m，内径0.375 m；调压井上部直径0.7 m，下部直径0.6 m；大压力管长5.766 m，内径0.29 m；小压力管长6.498 m，内径0.23 m。

根据模型压力管直径及有机玻璃管壁弹性模量 $E = 2.0\times10^5\ \mathrm{N/cm^2}$，我们可以用式(5-26)求出满足相似条件式(5-25)的管壁厚度 δ_m，但由于试验室正好有厚0.5 cm的有机玻璃，而且这样的厚度加工较方便，强度也合适，可以试用它来求水锤波速看是否能满足模型的要求：

$$a_{1m} = \frac{1\ 435}{\sqrt{1+\dfrac{D_{1m}K}{\delta_{1m}E}}} = \frac{1\ 435}{\sqrt{1+\dfrac{29\times21\ 000}{\delta_{1m}\times20\ 000}}} = 185(\mathrm{m/s})$$

$$a_{2m} = \frac{1\,435}{\sqrt{1 + \frac{D_{2m}K}{\delta_{2m}E}}} = \frac{1\,435}{\sqrt{1 + \frac{23 \times 21\,000}{\delta_{2m} \times 20\,000}}} = 206(\text{m/s})$$

而按相似要求，模型管水锤波速应为：

$$a_{1m} = \frac{a_{1p}}{\lambda_a} = \frac{1\,075}{4.47} = 240(\text{m/s}) > 185\ \text{m/s}$$

$$a_{2m} = \frac{a_{2p}}{\lambda_a} = \frac{1\,250}{4.47} = 280(\text{m/s}) > 206\ \text{m/s}$$

比较上述计算结果表明，两条模型压力管的刚度均不足。不过考虑到安装时模型压力管尚要附加一些约束条件，不完全同于单纯压力管，而引用的公式(5-26)只是单纯管道的公式，故考虑模型制成并试放水后，再根据实测数据进行必要的修正。

此模型总体布置情况为：模型上游水库由流量足够大的水泵供水，设活动式多道溢流槽，既可随意调节库水位，又可在模型流量变化时保持库水位稳定；压力管道末端设两台针阀，可严格按相似要求，模拟流量变化和启闭时间，并自动控制，时间精确到 0.05 s 之内；设置了压力、涌浪等有关水力要素的传感器和量测设备，可进行动态过程的同步观测与记录。

模型制作、安装初步完成后，试放水实测了压力管内水锤波速，结果 a_{1m} = 200 m/s，a_{2m} = 280 m/s。可见小压力管已满足相似要求，大压力管刚度不足。为此，在模型大压力管外等距离地加金属刚性环，经过几次调节，最后终于使 a_{1m} ≈ 240 m/s，满足了要求。至此，模型可正式放水试验了。

第五节　水工建筑物水流脉动和流激振动模型试验

一、概述

水力模型试验经常要解决的问题是确定作用在水工建筑物或其部件上的作用力。例如，对于高水头船闸廊道内的阀门，人们不仅只是关心关闭状态时作用在它上面的静水压力，而且还关心阀门在开启和关闭过程中作用在它上面的动水压力和下压力以及由于压强和力的脉动所引起的闸门的振动。再如，船闸的消能室、消力池、护坦等结构都可能由于水流的脉动而产生振动。

对于水流压力脉动和结构物流激振动模型试验，概括起来有以下内容和项目：

(1)水电站溢流式厂房顶板水流压力脉动；

(2)陡坡泄槽底板、堆石坝溢流面板和过水围堰面板水流压力脉动；

(3)水跃消力塘底板水流压力脉动；

(4)挑、跌流水垫塘底板，冲刷坑河床水流压力脉动；

(5)特殊消能工边壁水流压力脉动；

(6)拱坝泄洪消能与坝体流激振动；

(7)溢流坝泄洪与闸墩流激振动；

(8)消力塘中隔墙及其他建筑物流激振动;

(9)闸门流激振动;

(10)水电站溢流式厂房流激振动;

(11)引水管道振动;

(12)其他泄水建筑物振动。

在上述的试验项目中,特别是结构物流激振动的模拟试验,在结构物制模材料的模拟相似问题方面,还不能对所有结构物都能模拟,有的尚待进一步研究。另外,有些以强迫振动为主的项目,仅可以进行压力脉动试验提供动水荷载,配合数学模型进行结构振动特性分析。

二、相似准则和模型设计

(一)水流压力脉动模型

水流压力脉动模型试验,应满足几何相似、水流运动相似和动力相似,遵循弗劳德模型定律(重力相似准则)。同时,模型应满足阻力相似,使水流处于阻力平方区,如达不到则应满足水流呈紊流流态。压力脉动要素统计特征量的相似比尺与模型长度比尺关系为:

流速脉动比尺:$\lambda_{u'} = \lambda_l^{1/2}$;

紊动强度比尺:$\lambda_{u''} = \lambda_l^{1/2}$;

时间比尺:$\lambda_t = \lambda_l^{1/2}$;

压力脉动幅值比尺:$\lambda_{p'} = \lambda_l$;

脉动频率比尺:$\lambda_f = \lambda_l^{-1/2}$;

相关函数比尺:$\lambda_R = \lambda_l^2$;

谱密度比尺:$\lambda_S = \lambda_l^{5/2}$。

对于水流压力脉动频率的模型相似律,目前仍存在两种见解:

见解一:由流体力学的基本方程出发导得模型相似律,并和重力相似准则相一致。即压力脉动的欧拉数和斯特鲁哈数分别为:

$$Eu = \left(\sqrt{\overline{p'^2}} \bigg/ \frac{\rho u_0^2}{2}\right)_m = \left(\sqrt{\overline{p'^2}} \bigg/ \frac{\rho u_0^2}{2}\right)_p$$

$$St = \left(\frac{fL}{u_0}\right)_m = \left(\frac{fL}{u_0}\right)_p$$

式中　u_0——平均流速;

其他符号含义同前。

由上述两式得压力脉动幅值比尺:$\lambda_{p'} = \lambda_l$;脉动频率比尺:$\lambda_f = \lambda_l^{-1/2}$。

见解二:由原型观测和不同比尺的模型试验得出经验模型律。即压力脉动幅值比尺:$\lambda_{p'} = \lambda_l^m$;脉动频率比尺:$\lambda_f = \lambda_l^n$。

由于量测方法、使用仪表和资料分析方法等不尽相同,因此得出的 m、n 值也不尽相同,大致 $m \approx 1$、$n = -\frac{1}{2} \sim 0$。

上述情况表明，压力脉动幅值符合重力相似准则，而频率相似存在着不同见解，但目前大多仍按 $\lambda_f=\lambda_l^{-1/2}$ 的相似比尺换算。

水流压力脉动试验可选择在水工整体、局部或断面模型中进行。模型应根据试验研究要求、工程规模、建筑物尺寸、水头、流量、试验量测精度和试验室条件等因素综合考虑，选定适宜的模型类型和比尺。

（二）水工建筑物流激振动模型

水工建筑物流激振动模型试验，应同时满足水力条件相似和结构动力相似，即水弹性相似。结构动力相似包括结构物的几何条件、物理力学条件、运动条件和边界条件的相似。同时，模型应满足阻力相似，使水流处于阻力平方区，如达不到则应满足水流呈紊流流态。

1. 几何条件相似

应满足建筑物原型与模型的几何尺寸和相应位置相似。结构物受力产生的应变和变位比尺为：

$$\lambda_\delta = \lambda_\varepsilon\lambda_l = \lambda_\theta\lambda_l$$

$$\lambda_\varepsilon = \lambda_\theta = 1$$

$$\lambda_\delta = \lambda_l$$

式中 λ_δ——线变位比尺；

λ_ε——线应变比尺；

λ_θ——角变位比尺；

λ_l——结构线长度比尺。

2. 物理力学条件相似

应满足原型与模型结构材料的力学参数和受力后引起的变化相似。在线弹性范围内，各参数的比尺为：

$$\lambda_\mu = 1$$

$$\lambda_\sigma = \lambda_E\lambda_\varepsilon$$

$$\lambda_\tau = \lambda_G\lambda_\theta$$

$$\lambda_\sigma = \lambda_E = \lambda_G = \lambda_\tau$$

式中 λ_μ——泊桑系数比尺；

λ_σ——正应力比尺；

λ_τ——切应力比尺；

λ_E——弹性模量比尺；

λ_G——剪切模量比尺。

3. 运动条件相似

应满足原型与模型结构的运动状态和产生运动的条件相似。在随机动水荷载作用下，结构运动的微分方程可表示为：

$$([M]\{\ddot{\delta}\} + [C]\{\dot{\delta}\} + [K]\{\delta\})_p = (\{F(t)\})_p$$

$$([M]\{\ddot{\delta}\} + [C]\{\dot{\delta}\} + [K]\{\delta\})_m = (\{F(t)\})_m$$

式中 $[M]$——含流体附加质量的质量矩阵；

$[C]$——含流体影响的阻尼矩阵；

$[K]$——含流体影响的刚度矩阵；

$\{\ddot{\delta}\}$——结构的加速度列阵；

$\{\dot{\delta}\}$——结构的速度列阵；

$\{\delta\}$——结构的位移列阵；

$\{F\}$——作用在结构上的动水脉动荷载列阵；

t——时间。

在一般的三维弹性体条件下，单元刚度矩阵可写成：

$$[K]^e = [B]^{\mathrm{T}}[D][B]V^e$$

其中$[B]$是与坐标无关的量纲为L^{-1}的常数矩阵；V^e为单元体积；$[D]$为弹性系数矩阵，即：

$$[D] = \frac{E(1-\gamma)}{(1+\gamma)(1-2\gamma)}\begin{bmatrix} 1 & \frac{\gamma}{1-\gamma} & \frac{\gamma}{1-\gamma} & 0 & 0 & 0 \\ \frac{\gamma}{1-\gamma} & 1 & \frac{\gamma}{1-\gamma} & 0 & 0 & 0 \\ \frac{\gamma}{1-\gamma} & \frac{\gamma}{1-\gamma} & 1 & 0 & 0 & 0 \\ 0 & 0 & 0 & \frac{1-2\gamma}{2(1-\gamma)} & 0 & 0 \\ 0 & 0 & 0 & 0 & \frac{1-2\gamma}{2(1-\gamma)} & 0 \\ 0 & 0 & 0 & 0 & 0 & \frac{1-2\gamma}{2(1-\gamma)} \end{bmatrix}$$

在模型与原型相似条件下，则：

$$\lambda_M\lambda_\delta\lambda_t^{-2} = \lambda_C\lambda_\delta\lambda_t^{-1} = \lambda_K\lambda_\delta = \lambda_{p'}\lambda_l^2$$

$$\lambda_K = \lambda_M\lambda_t^{-2} = \lambda_{\rho s}\lambda_l^3\lambda_t^{-2} = \lambda_E\lambda_l$$

$$\lambda_E = \lambda_{\rho s}\lambda_l^2\lambda_t^{-2}$$

$$\lambda_\gamma = 1$$

$$\lambda_C = \lambda_M\lambda_t^{-1} = \lambda_{\rho s}\lambda_l^3\lambda_t^{-1}$$

$$\lambda_{p'} = \lambda_K\lambda_\delta\lambda_l^{-2} = \lambda_E\lambda_\delta\lambda_l^{-1}$$

式中　λ_t——时间比尺；

λ_E——弹性模量比尺；

λ_γ——泊桑比比尺；

$\lambda_{\rho s}$——结构材料密度比尺；

λ_δ——结构位移比尺；

λ_l——线长度比尺；

λ_C——阻尼系数比尺；

$\lambda_{p'}$——脉动压力时间比尺。

4. 边界条件相似

应满足原型与模型边界约束条件和受力条件相似。水工建筑物流激振动模型在选定模型类型和比尺后，应对结构物模型材料的物理及力学参数进行验算，需符合相似比尺的要求，否则应重新选择比尺和制模材料。在截取模型范围时，应充分论证结构物边界约束条件的相似性和模型结构的刚度。在水工建筑物流激振动模型试验中，结构物制模材料要完全符合相似条件是很困难的。根据目前的经验，对于原型为混凝土的水工建筑物，流激振动结构物的制模材料，在一些试验研究中采用了加重橡胶和乳胶水泥作为制模材料，其主要力学参数，如容重、弹性模量可以满足相似，但制模材料的泊桑比和阻尼比不能达到相似（乳胶水泥的泊桑比和阻尼比更接近混凝土），其影响有待研究。对于其他制模材料，在符合相似条件下也可以选用。

关于流激振动结构边界约束条件相似，主要是地基模拟范围的选取，应满足耦联系统自振模态相似。因此，有的试验研究以截取不同边界模拟范围，进行自振模态分析计算和比较，以截取适宜的模拟范围，此外还可以探讨其他模拟方法。

流激振动试验一般应包括结构的模态试验和结构的动力响应试验两部分。结构的模态试验一般分为结构在空气中（即“干”模态）和在水中（即“湿”模态）的模态试验，后者的试验在模型的介质为水时，只有满足水弹性相似才有可能进行。结构的动力响应试验，只有当模型满足水弹性相似时才有可能进行。

水工建筑物流激振动试验可以采用整体、局部或断面模型。模型应根据试验研究的需要、工程规模、建筑物尺寸、水头、流量、试验量测精度和试验室条件等因素综合考虑，选定适宜的模型类型和比尺。

（三）水流与弹性体流激耦合振动模型

在水流与弹性体流激耦合振动模拟试验中，应满足水流与弹性体两者各参数的相似比尺一致，与模型比尺 λ_l 的关系为：

$$\lambda_\delta = \lambda_l$$

$$\lambda_t = \lambda_l^{1/2}$$

$$\lambda_\theta = \lambda_{\rho s} = \lambda_{\rho w} = \lambda_\gamma = \lambda_\varepsilon = 1$$

$$\lambda_\varepsilon = \lambda_\theta = 1$$

$$\lambda_\tau = \lambda_\sigma = \lambda_E = \lambda_{p'} = \lambda_l$$

$$\lambda_C = \lambda_l^{5/2}$$

$$\lambda_V = \lambda_u = \lambda_t = \lambda_l^{1/2}$$

$$\lambda_f = \lambda_l^{-1/2}$$

式中　$\lambda_{\rho w}$——水密度比尺；

λ_V——质点速度比尺；

λ_u——水流流速比尺；

其他符号含义同前。

三、模型试验实例

三峡水电站有 22 个导流底孔，担负着二期施工导流和汛期泄洪任务。大部分底孔出口底板高程为55.5 m,正常设计水位135.0 m。工作闸门为弧形闸门,高8.5 m,宽6.0 m,支臂长16.4 m,弧门半径18.0 m。由于孔底板位置较低,汛期闸门往往要在淹没状态下开门泄洪或在关闭闸门过程中进入淹没出流状态,门后会出现水跃和强紊动水流冲击闸门现象,可能引起闸门强烈振动,影响闸门安全运行。因此,对闸门可能出现的振动问题必须进行专题研究,加以解决。水流诱发的闸门振动实际上是一个多点输入、联合激发、综合响应的问题,是水流和结构的耦联振动。研究解决闸门流激振动问题的有效手段是利用完全水弹性模型进行试验。过去由于没有满足水弹性相似律的模型材料,研究闸门振动往往是分别进行水力学试验和结构动力学试验,从测量出的水动力特性和结构动力特性,分析判断闸门是否会出现共振。20世纪80年代以后国际上纷纷采用变态水弹性模型来研究流激振动,利用有机玻璃或灰塑料材料,将模型板的横截面加厚达到近似满足模型刚度相似;在模型上附加一些质量,近似达到质量相似,但这种方法仍有较大局限性。近年来,长江科学院研制出了闸门振动水弹性模型材料,制成完全水弹性相似模型,研究解决了三峡等重大工程的闸门流激振动问题。

(一)模型设计

1. 模型比尺及模型材料选择

完全水弹性模型是严格的水弹性相似模型,既满足水力学相似又满足结构弹性相似,是模拟闸门振动的有效方法。水力学相似服从弗劳德相似律,结构弹性相似遵循振动方程。水力学模型和结构模型必须遵循相同的几何比尺 λ_l 和时间比尺 λ_t,即满足几何相似和运动相似。根据研究内容及试验条件,确定模型长度比尺 $\lambda_l=20$。水力学模型中的水和原型水的密度一样,即 $\lambda_{\rho w}=1$,因此结构模型的密度比尺也必须满足 $\lambda_\rho=1$。在水力学模型中,脉动频率比尺 $\lambda_f=\lambda_l^{-1/2}$,结构模型的振动频率比尺为 $\lambda_{f_s}=\lambda_l^{-1}\lambda_\rho^{-1/2}\lambda_E^{1/2}$,由 $\lambda_f=\lambda_{f_s}$ 及 $\lambda_\rho=1$,得 $\lambda_E=\lambda_l$,即模型材料弹性模量比尺等于几何比尺。在水力学模型中 $\lambda_p=\lambda_l$,即压强比尺等于几何比尺。以上是主要的水弹性相似准则,其次还要求结构的阻尼比比尺 $\lambda_\xi=1$,泊桑系数比尺 $\lambda_\mu=1$。

根据上述主要相似准则要求,长江科学院研制出了闸门振动水弹性模型材料,在 $\lambda_l=20$ 时,材料动弹性模量 $E_{m动}=1\times10^4$ MPa(理论值为 1.05×10^4 MPa),密度为 7.5×9.8 kN/m³(理论值为 7.8×9.8 kN/m³),且该材料有良好的弹性性质和50 MPa的抗拉强度,容易加工成型和黏结拼装,能满足相应各种比尺要求。

2. 闸门结构动力特性

研究闸门结构的动力特性首先需要确定闸门的固有振动特性。通过对 $\lambda_l=20$ 的水弹性模型进行模态分析,测得模型的频率和振型,又采用超级SAP程序对原型闸门进行动力计算。模型试验结果和原型计算结果见表5-3。从表中可见,将模型频率按相似律转化成原型频率与原型的计算频率是比较吻合的,振型是相似的,说明模型满足水弹性相似,这为流激振动试验奠定了基础。

(二)流激振动试验

将 $\lambda_l=20$ 的完全水弹性模型安装在 $\lambda_l=20$ 的三峡导流底孔闸门水力学模型上,进行放水试验,闸门启闭由液压启闭机控制。开关门速度按相似律 $u_m=\dfrac{u_p}{\lambda_l^{1/2}}$ 确定。在闸门

表 5-3　闸门动力特性

序号	频率(Hz)		阻尼比(%)	振型描述	原型计算频率(Hz)
	模型	原型			
1	12.8	2.86	10.18	侧向一阶弯曲	3.04
2	22.6	5.05	6.35	支臂、门页扭转	6.85
3	43.9	9.6	2.38	绕支铰切向转动	—
4	64.8	14.3	2.79	支臂侧弯,门页转动侧移	13.77
5	77.9	17.4	3.28	支臂侧弯,门页侧移转动	24.07
6	90.4	20.1	2.64	支臂侧弯	—
7	116.2	25.9	1.39	支臂扭转,门页扭转	27.01
8	125.8	28.1	0.97	支臂切向弯曲、侧向扭转,门页扭弯	—

上安装6只CA－YD128加速度计、9只应变计和12只CYG2144型脉动压力计,测量在启闭门过程中闸门的振动加速度,支臂的动应力和门页、支臂上的脉动压力。实时数据采集和谱分析采用INV303/306数据采集和分析仪完成。上下游水位模拟条件是上游水位135.0 m,下游水位分别为75.8 m、71.5 m和67.8 m,这三种水位涵盖了下游可能出现的高水位,更低的下游水位不会产生水跃冲击闸门。

试验中未模拟侧止水;顶止水不相似,只是保持不漏水,又不顶紧,减小对闸门的约束。为了探讨减振措施,对侧止水做了4种工况模拟试验:一是无侧止水,闸门两侧分别有3.0 mm和2.5 mm的缝隙;二是将两侧缝隙都缩小2.0 mm;三是模拟侧止水局部漏水;四是采用双墙止水,消除侧缝射流。限于篇幅,这里仅介绍第一和第四两种工况的试验成果。

1. 无侧止水工况试验

试验是在上游水位135.0 m、下游水位75.8 m的条件下进行的。试验表明,无论是关门过程还是开门过程,闸门都明显表现出强振区和弱振区。强振区出现在0～0.42开度,弱振区出现在0.42～1.0开度。在强振区,门页底部侧向的最大加速度为231.4 m/s^2,出现在0.3开度,而门页中部侧向最大加速度为43.2 m/s^2,说明门页不仅发生摆振而且存在扭振。门页底部撞击闸室侧墙,加速度中高频成分较多,因此加速度特别大。最大动应力为155.2 MPa,发生在支臂根部侧面板上,支臂根部上腹板的最大动应力也达81.48 MPa,说明支臂不仅有侧向弯曲而且有切向弯曲变形。支臂中部切向加速度比门页中部的大,支臂侧向加速度也比门页中部的大,也说明支臂有弯曲变形。

振动加速度的功率谱显示出振动的第1频率为10.7 Hz,第2频率为20.5 Hz,此外还有一系列第1频率的倍频成分(见图5-25)。动应力主要有10.7 Hz和20.5 Hz两个频率成分,说明闸门振动的主要振型为侧向弯曲振型和扭转振型,其他高频的动应力很小。

脉动压力功率谱示于图5-26。脉动压力功率谱除极低频外,10.35 Hz和21.48 Hz的谱峰特别高,说明脉动压力中这两个频率分量起主导作用。这两个频率恰恰是闸门模型

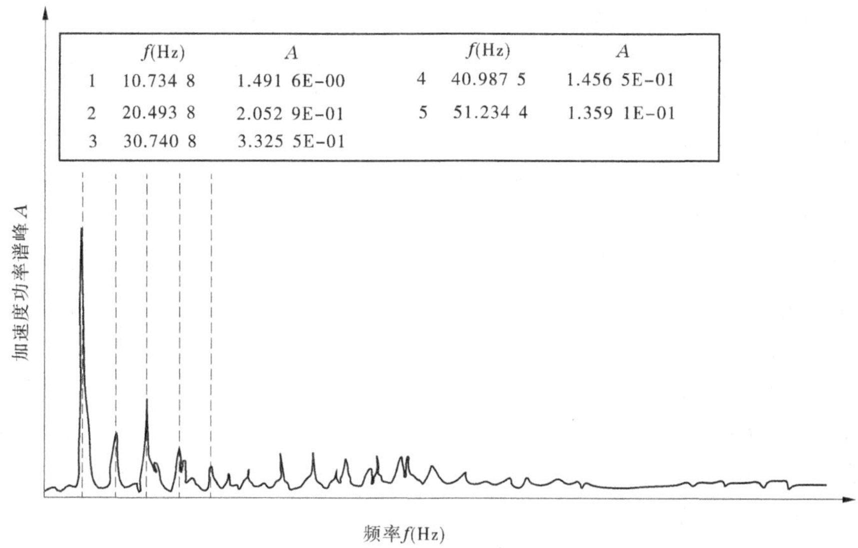

图 5-25　无侧止水工况加速度功率谱

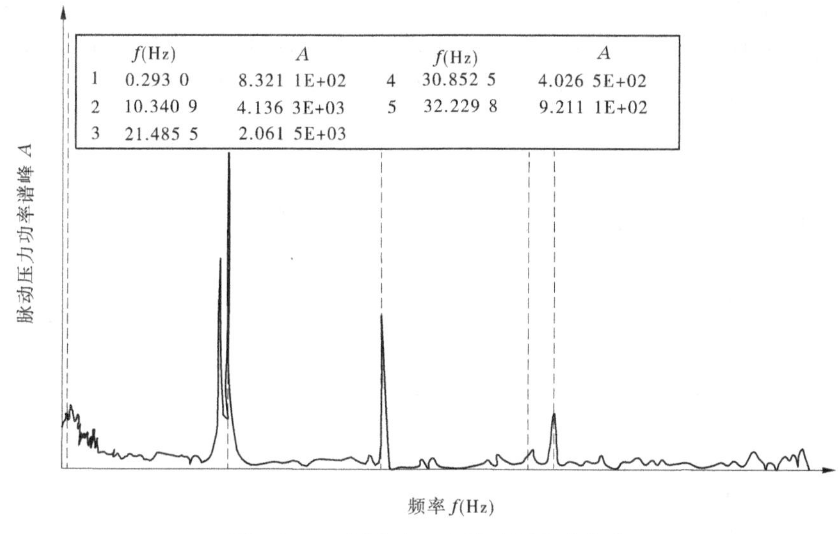

图 5-26　无侧止水工况脉动压力功率谱

第 1、2 频率的近似值，这似乎说明闸门与脉动压力发生了共振，但实际上闸门的振动是一种自激振动。自激振动是结构运动引起振荡系统起振而形成的周期振动。闸门侧缝射流不稳定引起闸门侧向运动，这种运动引起了闸门和侧墙之间水体振荡，从而形成自激振动。自激振动的产生和发展需要两个条件：一是运动，二是振荡系统，缺一不可。导流底孔闸门的运动是侧缝射流不稳定引起的，振荡系统则是由闸门和侧墙之间的水体构成的。闸门在启闭过程中由于没有侧止水，闸门两侧产生严重射流引起闸门侧向运动，然而在闸门未进入下游水位时，闸门振动很弱，因为此时还未形成振荡系统。一旦射流的侧缝被淹没，闸门就开始出现强烈振动，因为此时闸门与侧墙之间的水体已构成了振荡系统。要消除底孔闸门的自激振动，就必须消除产生自激振动的一个条件。显然要消除振荡系统是不可能的，因为闸门不可避免地要在淹没状态下泄洪，既然闸门要淹没（包括部分淹没），闸门与侧墙之间就必然会形成水垫，这种水垫和闸门就构成了振荡系统。消除闸门自激振动的唯一办法就是消除闸门侧向运动，而消除侧缝射流就可达此目的。

2. 双墙止水工况试验

为了消除侧缝射流，又不对闸门产生侧向约束，达到消除闸门自激振动之目的，在闸室两侧墙上沿门页外弧面分别装橡皮止水，称为双墙止水。

对双墙止水方案做了两组试验：上游水位保持在 135.0 m，下游水位分别为 76.0 m 和 72.7 m。试验结果表明，闸门在上述两种水位条件下，振动加速度和动应力都不像无侧止水时有非常明显的强振区和弱振区之分，而且最大振动加速度和最大动应力都显著减小了。下游水位 76.0 m 时闸门底缘的最大侧向振动加速度为 6.5 m/s^2，支臂根部侧面最大动应力为 5.67 MPa，支臂根部上腹板最大动应力为 3.36 MPa，都远小于无侧止水时的对应值，最大振动时闸门开度为 0.6～0.9。下游水位 72.7 m 时，门页底缘的最大振动加速度为 4.6 m/s^2，支臂根部侧面和上腹板最大动应力分别为 3.57 MPa 和 3.68 MPa，比 76.0 m 水位时的相应值更小，较大振动的闸门开度为 0.4～0.6。

侧向振动加速度功率谱见图 5-27，闸门振动加速度功率谱除 12.0 Hz 和 15.0 Hz 有很小谱峰外，高谱峰都集中在 90～120 Hz 的高频部分，说明门下水跃和强紊动水流主要引起闸门的高频振动。动应力功率谱除极低频率 0.59 Hz 外，14～15 Hz 和 22 Hz 的谱峰值很小，且无高频谱峰，说明加速度中的高频振动几乎不产生动应力。

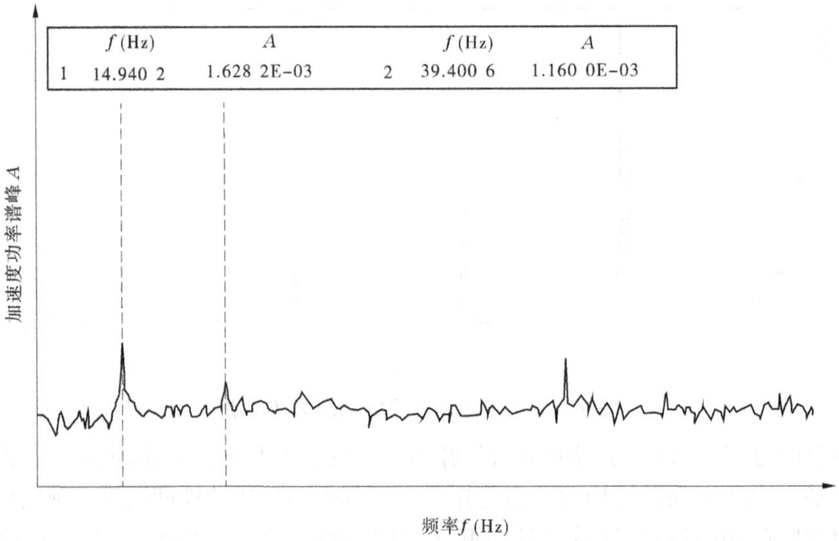

图 5-27　双墙止水工况加速度功率谱

脉动压力功率谱见图 5-28，脉动压力的谱峰都集中在 10 Hz 以下，它反映水流对闸门所产生的脉动压力特性。门页底部脉动压力最大，最大均方根值为 16.9 kPa，约为 1.7 m 水头，出现在 0.9 开度上下。门页背面底缘脉动压力最大均方根值为 4.64 kPa。脉动压力功率谱表明，0.4 Hz 左右能量最大，6～8 Hz 能量较大，更高的频率能量很小，完全不像无侧止水条件下闸门强振时的脉动压力。说明无侧缝射流条件下，脉动压力能量比较大的频率不会与闸门共振。无侧止水条件下闸门强振时的脉动压力频率中与闸门自振频率基本一致的频率分量实际上是由闸门振动引起的。

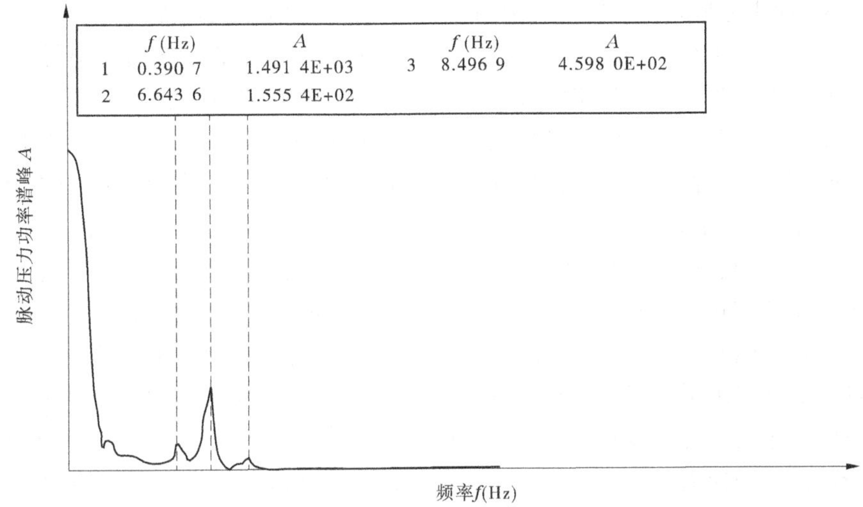

图 5-28　双墙止水工况脉动压力功率谱

试验结果表明，原型闸门在无侧止水或侧止水严重漏水时将会出现以侧向弯曲为主、侧向扭转为次的强烈振动，闸门启闭过程明显地分为弱振区和强振区，闸门底缘被下游水位淹没后就进入了强振区，淹没以前为弱振区，闸门在强振区是难以安全运行的，振动属自激振动，强振区的范围随下游水位降低而减小。

在双墙止水试验条件下，闸门振动量显著减小，为无侧止水时的 1/20～1/15，即使闸门下部被下游水位淹没，强振区也不复存在，这是消除了闸门的侧缝射流的缘故。门页前后两面的脉动压力频率都比较低，主要能量的脉动频率不会与闸门发生共振。可以推断，原型闸门的侧止水完好时，闸门的侧向振动将会比双墙止水时的试验值小，不会出现严重的侧向振动。考虑到导流底孔闸门属潜孔闸门，支臂比较长，相对比较单薄，运行中不可避免淹没出流，受到水跃和强紊动水流冲击。这种动水荷载在缺乏原型验证资料条件下，为保证安全，建议对闸门支臂适当加固。

鉴于导流底孔闸门在三峡二期施工中的重要作用，以及它在运行中不可避免地受到水跃和强紊动水流的冲击作用而产生振动，加强振动原型观测是十分必要的。

第六节　施工截流和导流模型试验

水利工程施工阶段，一般要截断河道来流，采用围堰围护基坑，形成干地以便施工。河道截流后，如何将上游源源不断的来流引向基坑下游河道，这就需要设计和修建施工导流工程。

截流在工程整个施工过程中虽然占据的时间较短，但其本身无论在技术上和施工组织上都具有相当的艰巨性和复杂性，是一项难度比较大的工作，对于大江大河更是如此。截流在施工导流中占有重要地位，如果截流不能按时完成，就会影响到河床部分建筑物开工时间；如截流失败，那就失去了水文年中最佳的截流时机，延误工期可能达到 1 年。所以，水利工程施工中常把截流看做关键性问题，是影响工程进度的控制性项目。

受水文、地质地形条件的影响和限制，施工导流和截流往往边界条件复杂，水力学问题复杂多变。导流工程泄水断面往往比原河道和工程完建后的过水面积小得多，运行条件远比正常情况恶劣。国内外围堰失事，使大坝基坑和施工场地受淹而不能保证按期完工的例子不少。例如我国的佛子岭、瑞士的巴拉尼特拉（Palagnedra）、加纳的阿科索博（Akosombo）等工程，施工过程中都曾因洪水淹基坑而影响了工期。因此，施工导截流常常受到广泛重视，对于大中型工程，须进行导截流水工模型试验。确定导流方案、工程规模、体型、消能防冲、航运及漂木等；观测截流水力要素，优化截流方案，预演截流过程，提出抛投体大小和方式等方面的建议，指导施工，确保截流施工的顺利完成。

我国黄河三门峡工程截流，设计阶段曾在前苏联进行了截流水工模型试验，结合坝址地形条件巧妙地提出了神门河泄水道、神门岛泄水道和鬼门河泄水道下闸断流“三步走”的截流方案。施工设计阶段先后在黄河水利委员会科学研究所进行比例尺 1∶150 的截流模型试验和西安交通大学的 1∶50 的截流模型试验，对截流各进占区抛投体配级、进占方式、戗堤边坡坍塌的消除措施、出口冲刷及最后合龙阶段的塔体爆破等问题分别进行了研究，保证了在比设计截流量增加一倍的情况下顺利合龙。

长江葛洲坝工程建设中，大江截流是一项规模宏大的工程。在截流以前曾进行过比尺 1∶100 整体模型，1∶60 局部模型，断面模型和整体定、动床截流模型试验。试验对二江分流导渠布置、截流方案、截流方式、截流水力要素、龙口护底和立堵截流的安全后备措施等进行优化和比较系统的对比试验，提出许多措施和对策，对大江顺利实现截流起着十分重要的指导作用。

一、施工导截流基本方法

（一）导流基本方法

施工导流的基本方法大体上分为两大类，一类是分段围堰法导流，另一类是全段围堰法导流。

1. 分段围堰法导流

分段围堰法导流是将坝址处河道横向分为两段或多段（一般不超过三段，多为两段）。首先将第一段截流，筑围堰，形成基坑修建一期工程，利用剩余的缩窄后的河道过水导流；当一期工程完成或部分完成后，将第二段截流，利用一期纵向围堰筑围堰，形成基坑修建二期工程，拆除一期横向围堰，利用一期工程建成的永久泄流底孔、未完成的坝面、预留的梳齿缺口、专门修建的明槽等过水导流。

对于坝址处河床宽、流量大，有通航过冰要求，特别是河床中有小岛利用的常采用此方法。如我国的三峡、葛洲坝、丹江口，原苏联的萨扬舒申斯克、克拉斯诺谁尔斯克，罗马尼亚和南斯拉夫的铁门，美国的麦克纳里、约翰德等水利工程。一期导流河床束窄程度、通航条件、河床抗冲能力、围堰局部冲刷、以后截流难度等，二期导流建筑物的过流能力、体型、消能措施、局部流态、与永久泄洪建筑物的结合等均是重要的研究内容。

2. 全段围堰法导流

在截流之前，在河道一岸或两岸预先开挖隧洞、明渠或在河床底部修建涵管等导流建筑物，然后一次性截段河流，通过预先建成的导流建筑物过流，这种导流方式称全段围堰法导流，通常用于峡谷河段枢纽。由于隧洞等过流能力有限，造价昂贵，在洪水期可容许基坑淹没，围堰过水，暂停施工。

由于围堰拦断了整个河道，承担的压力较大，上下游的水位差、围堰的稳定性、局部流态和冲刷、导流建筑物的过流能力、水力特性等是研究的重要内容。

(二)截流基本方法

截流的基本过程是在河道一岸或两岸逐渐向河中抛土石筑堤，这种堤叫戗堤，筑戗堤的过程称为进占。进占过程就是过流断面逐渐缩窄、流速逐渐增加的过程，过流断面缩窄、流速增大到一定程度后的缺口叫龙口，封堵龙口的工作叫做合龙。在龙口，一般的土石料已无法站稳，这些就需要数吨至数十吨的块石、钢丝笼、人工混凝土块体等材料。合龙过程中，为了戗堤稳定，龙口两侧的戗堤端部需要加固，这叫裹头。截流后，需对戗堤进行防渗处理，这叫闭气，再加高构成横向围堰。

截流的基本方法主要有立堵法和平堵法两种。

立堵截流法是将截流材料，采用自卸汽车和起重机等，从龙口一端向另一端或从两端向中间抛投进占，逐渐缩窄龙口直到全部截断。有时需要在其下游一定位置进占下戗堤以分担水面落差，减小上戗堤截流难度，上下戗堤交替进占，称为双戗堤进占。立堵法截流应用较为普遍，我国新中国成立以来较大的 44 个截流工程，立堵法占了 42 个；原苏联 1950 年以来的 45 个大中型截流工程，立堵法占了 34 个；美国 15 个大中型截流工程中有 8 个采用的是立堵法。

平堵截流法则是事先跨越龙口修建浮桥或栈桥，用自卸汽车从桥上全线均匀地向龙口抛投截流材料，直到戗堤高出水面为止。平堵法龙口单宽流量较小，最大流速较低，单个截流材料重量可小些。我国大型工程除大伙房水库外，均采用立堵法截流。

进占的强度及材料的分区、水面落差、龙口流速、床面冲刷、龙口宽度、导流量的逐渐变化、戗堤及截流材料的稳定等是截流模型研究的重要内容。

二、试验研究的主要内容

(一)截流模型试验研究的主要内容

根据不同的截流方法，研究内容有一定差异，但整体上主要有：①截流戗堤轴线位置、龙口位置及龙口宽度；②截流期分流条件，分流建筑物上游水位、流量关系；③戗堤预进占程序、抛投材料分区、裹头形式及抛投强度；④龙口以及平堵时戗堤的流速、流量、水位落差等水力要素；⑤抛投材料稳定与流失，河床覆盖层的冲刷情况；⑥护底或垫底情况；⑦通航水流条件；⑧单向进占时水流对对岸裹头冲刷和裹头的稳定情况；⑨戗堤堤头坍塌、跟踪截流等专项试验；⑩采用双戗堤或多戗堤截流时，戗堤的合理间距以及戗堤交替进占程序。

根据以上研究内容的成果和截流方法，可评价分流建筑物的分流能力；提出抛投进占方式和抛投强度；推荐戗堤轴线位置；建议进占过程，推荐龙口位置、龙口宽度；分析不同截流方式和截流过程龙口水力参数变化规律，指出截流最困难区段和应采取的工程措施；提出戗堤分区备料的抛投料类型、粒径、数量；研究龙口护底的必要性及方案；总结戗堤边坡坍塌规律；论证双戗堤或多戗堤轴线间距的合理性以及戗堤之间的协调进占程序；分析截流材料的流失量，指导截流备料；建议通航水域和限制的通航条件。

（二）导流模型试验研究的主要内容

对于不同的导流方法、导流建筑物，研究内容的重点有一定不同，但总体上主要是：

（1）导流泄水建筑物或束窄河床的泄流能力，水位流量关系，流速、水深、纵横比降等水力参数。

（2）沿程水面线或压坡线。

（3）进出口水流条件以及冲刷、淤积情况。

（4）围堰坡面及坡脚附近流速分布、回流速度及范围、防冲保护范围。

（5）进、出口水流衔接，沿岸流速分布，出口消能型式，防冲保护范围和措施。

（6）明渠通航水流条件。

（7）隧洞明满流分界点，出现明满流交替时的流量及相关水位；进水口水流流态及压力分布，合理的进水口体型。

（8）消力池出口水流的流速、流态、波浪及回流范围，河床、岸坡、翼墙和围堰等处的冲刷、淘刷情况，消力池的优化尺寸及结构型式；挑流消能时优化的挑坎型式。

（9）通气孔设置、门槽加盖、涵洞出口压坡等专项试验。

（10）各级流量下有可能出现的负压值和负压部位，必要的掺气、改变体型等降低负压的措施。

（11）过水围堰基坑充水方式、流量、历时，以及充水的防冲措施等。

由此可建议建筑物的规模、尺度，推荐防冲保护措施，优化泄水建筑物体型，提供合理的导流挡水建筑物的挡水高程、防冲措施，推荐导流布置方案；对过水围堰法导流，推荐防护措施；论证安全通航水流条件及其改善措施。

三、模型试验范围的选择

施工导流、截流模型应为正态模型，模型类型应根据试验任务要求确定。在截取河道地形范围时，一般原则是需包含可能影响流场、水位、冲淤变化的范围在内，应保证河道及分流建筑物附近的主流位置、流速分布、特殊流态等相似。其他具体要求：①对于整体模型，上下游宜留有1~2倍河宽，或25~50倍平均水深的非测试段长度，河道地形的模拟长度应根据地形特点、分流建筑物布置等因素决定；②对于局部模型，应尽可能模拟建筑物附近的地形，减小因边界条件的简化对水流流态带来的影响；③当河道截流模型与导流模型相结合时，截取的模型范围应满足最大范围的要求；④对动床模型，动床范围内应满足重点部位的冲淤范围、具体工程的冲淤范围观测等要求。

四、模型相似比尺

截流模型通常包含有三大部分，即河道模型、导流模型和截流模型。河道模型与前面定床、推移质动床河工模型相似比尺设计方法和内容相同，导流模型与泄水、消能建筑物相似比尺设计方法和研究内容基本一致。本部分主要讨论截流模型的相似比尺。

(一)常规相似比尺

由于变态模型难以做到局部流态、流速分布等完全相似,所以泄水、导流、截流等模型应做成正态模型。河道截流、导流模型试验应满足几何相似、运动相似,遵循弗劳德相似准则,其几何比尺、流速流量比尺、糙率比尺以及力的比尺等均与前面相同,这里不再赘述。

(二)截流材料抗冲相似

戗堤进占前,需要准备由小到大多组不同粒径的抛投材料,抛投材料通常就地取材,多采用块石。开始抛投粒径较小的材料,随着进占的推进,河床逐渐缩窄,流速逐渐增大,到河床缩窄到一定程度堤头材料被冲动带走后,改用较大一级的材料抛投;继续进占到一定长度堤头材料又被冲动带走时,再改用更大一级的材料抛投。戗堤进占到设计龙口宽度后进行堤头加固,形成裹头,最后采用钢丝笼、立方体或四面体混凝土等重量大的材料进行合龙。如葛洲坝大江截流,共抛投 25 t 混凝土四面体 309 块,15 t 混凝土四面体 484 块及大、中、小石料 100 000 m^3。

1. 截流材料抗冲流速公式

由于进占材料,特别是合龙材料远超过一般起动流速公式的适用范围,且形状以及河床、堤头等边界条件与天然河道差异较大,所以截流采用抗冲相似比尺不能完全照搬底沙起动相似条件。

目前,截流均采用 C · B · 伊兹巴斯抗冲流速公式计算相当粒径,公式表达式为:

$$u_0 = K\sqrt{2g\frac{\gamma_s-\gamma}{\gamma}d} \tag{5-28}$$

式中　u_0——抛投材料抗冲流速;

K——抗冲稳定性系数,与河床粗糙度、块石形状等有关;

d——按体积相等换算为球体的等容粒径;

其他符号含义同前。

2. 抗冲稳定系数 K 的选用

影响抗冲稳定系数 K 值大小的因素较为复杂,除与河床粗糙度、材料形状等有关外,还与抛投先后(平堵法时后抛材料与前抛材料的接触方式不同)、尺寸大小、水流作用方向等有关,难以有其准确的计算方法。根据国内一些试验研究,采用块石截流,$K=0.9$(平底上)和 $K=1.02$(边坡上);采用混凝土立方体,$K=0.57\sim0.59$(平底上,河床糙率 $n\leqslant0.03$)和 $K=1.08$(边坡上);采用混凝土四面体,$K=0.53$(平底上,河床 $n\leqslant0.03$)、$K=0.53$(平底上,河床 $n>0.035$)和 $K=1.05$(边坡上)。国内外几个截流工程经验:布拉茨克立平堵 $K=0.52$;丹江口平立堵 $K=0.50$;三门峡神门河立堵 $K=0.58$;葛洲坝平立堵 $K=0.90$。

根据有关试验和收集到的资料,发现 K 值的变化范围是 $0.4\sim2.7$,并得到:

$$\left.\begin{aligned} K &= \left(\frac{h}{d}\right)^{\alpha_1}\left(0.4+0.6\sqrt{\frac{\Delta}{d}}\right) \quad &(\text{平堵法})\\ K &= \left(\frac{h}{d}\right)^{\alpha_2}\left(0.65+0.35\sqrt{\frac{\Delta}{d}}\right) \quad &(\text{立堵法})\end{aligned}\right\}$$

式中 Δ——床面块体粒径；

h——水深；

α_1、α_2——待定经验系数。

3. 相似比尺

模型截流材料需满足起动流速、抗冲流速等相似，即 $\lambda_{u_c}=\lambda_{u_0}=\lambda_u$。根据式(5-28)可导出抗冲流速相似比尺为：

$$\lambda_{u_0} = \lambda_l^{1/2} = \lambda_K \lambda_g^{1/2} \lambda_{(\gamma_s-\gamma)/\gamma}^{1/2} \lambda_d^{1/2} \tag{5-29}$$

截流材料一般颗粒较大，模型可采用原型材料。式(5-29)中重力加速度、相对容重的比尺等于1；在截流过程、河床边界相似的情况下，也可认为模型、原型系数 K 的值相同，则其比尺等于1。由式(5-29)可得到截流材料粒径比尺：

$$\lambda_d = \lambda_l$$

上式表明，如模型截流材料选用原型材料，则其尺度大小、块体形状可按几何比尺进行缩小。事实上，如采用沙莫夫等起动流速进行推导，也同样可得到此结论。但是，如原型、模型的水流条件、边界条件、河床粗糙程度不尽相同或相似，则抗冲稳定系数 K 不应相同，或采用其他模型材料，则需按式(5-29)进行严格的相似设计。

(三)进占强度相似

截流进占强度是指在单位时间内抛投截流材料的数量，通常用重量表示。在进占过程中，模型需满足进占强度相似。前面已述，模型大多可采用原型材料，对于单个截流材料来说，其重量比尺 λ_G 和体积比尺 λ_V 相同，均满足 $\lambda_G=\lambda_V=\lambda_l^3$。但对于戗堤整体来讲，由于模型、原型材料尺度差异较大，做到堤体空隙率、干容重相同难度较大，则重量和体积比尺就不一致。也就是说，当满足重量相似时，则模型堤体的底宽、顶宽和高度就不能保证几何相似；相反，当满足堤体几何相似时，则不能保证其重量相似。

鉴于堤体整体稳定是研究的重点，且在不考虑材料内聚力的情况下，抗滑力与其几何尺寸关系不大，主要与重量有关。为此，进占强度一般保证单个材料重量和几何相似及堤体总体重量相似。其相应比尺为：

$$\lambda_G = \lambda_l^3,\quad \lambda_t = \lambda_l^{1/2}$$

(四)河床质运行相似

如截流戗堤附近河道为抗冲性较好的岩石河床或河床覆盖层非常薄，可进行定床模型试验，但河床覆盖层较厚，甚至存在沙、泥等多种床沙，为了准确模拟截流工程的水位和流速大小及其变化过程、分流条件、冲刷过程和范围等，则需要进行动床模型试验。

截流动床模型的床沙一般比截流材料小得多，如仍采用天然沙，可能模拟较为困难，一般可采用轻质沙，其模型设计、模型沙选择等与动床河工模型相同。对于在同一河段同时存在黏性沙和非黏性沙的情况，可采用起动流速相等的方法将黏性沙的粒径换算为非黏性沙的当量粒径，然后均采用非黏性沙进行模型试验。具体可参考如下计算方法：

首先根据黏性沙粒径按武汉大学(原武汉水利水电学院)提出的起动流速公式

$$u_c = \left(\frac{h}{d}\right)^{0.14}\left(17.6\frac{\gamma_s-\gamma}{\gamma}d + 6.05\times10^{-7}\frac{10+h}{d^{0.72}}\right)^{0.5}$$

计算出其起动流速，然后代入沙莫夫等非黏性沙起动流速公式算出当量粒径，并按当量粒径按非黏性沙进行模型设计。

（五）龙口、导流建筑物分流相似

随着截流进占的推进，上游河道水位不断升高，戗堤上下游水位差和龙口流速逐渐增大，同时，缩窄的河床或导流建筑物分流量也不断增大。合龙完成后，河道流量全部由导流部分的河床或建筑物下泄。所以，截流模型都需伴随导流模型，在进占的整个过程中，需做到从龙口通过的流量和从导流设施通过的流量相似，即分流量相似。

前面已经学到，准确模拟过流建筑物的泄流能力等不仅需要做到几何相似、重力相似、阻力相似，还需严格做到体型、建筑物连接平滑度和局部流态等相似，并且进出口、引水渠等的流态、水域边界、主流位置等对试验结果有较大影响。虽然导流模型设计和研究内容与永久泄水建筑物基本相同，但仍需注意其主要差异：首先，导流建筑物进口一般较低，但一般高于原有主河槽，进水口前端河床常有淤积物、施工弃渣等，随着导流量的不断增加，淤积物不断被冲刷带走，进口水流条件不断发生变化，分流量也不断发生改变。所以，在整个截流工程中，即使是在同样水位情况下，导流建筑物的泄流量也可能不一样，建筑物进口初始和结束边界条件不尽相同，可用动床模型进行模拟或采用不同进口边界条件的定床模型模拟，不能冲走的淤积物还需人工输移，以免影响泄流能力。其次，为了节约开挖工程量，常采用水流自动冲走导流建筑物出口河床上的淤积物或弃渣等。从截流开始到结束，出口河床边界也不尽相同，模型也常需详细模拟。

另外，如建筑物表面糙率难以达到相似，应进行糙率修正。

（六）流量过程相似

流量过程对截流具有较大影响，截流一般需要一定时间，在此时间内来流量不是固定不变的，所以截流模型常需模拟来流过程。模拟来流过程常采用两种方法，第一种是分段恒定流法，即选用多级流量，分别按恒定来流在模型观测各水力要素，获得不同流量的截流方案。该方法操作方便，也能满足工程要求，常被采用。第二种是非恒定流法，即模型来流过程严格按相似比尺模拟出原型流量的全过程，模型水流为非恒定流。该方法操作复杂，技术较困难，需要多种连续观测和记录的观测设备，但较为符合实际。

五、模型设计实例

（一）基本资料

某水电站工程，导流戗堤轴线河宽 40 m，水深 10 ~ 12 m，截流流量 600 ~ 800 m^3/s。采用隧洞导流，隧洞长 663 m，洞径 8.5 m。采用立堵法截流，从右岸向左岸单向进占，截流材料为 10 ~ 80 cm 块石和 15 t、20 t 重混凝土四面体。

（二）模型设计

根据试验内容和场地情况，选用几何比尺为 60 的正态动床模型。模型范围选取坝址上游 1 100 m 至下游 500 m 共 1 600 m 河段，基本能满足研究范围的要求。采用分段恒定流对不同截流流量进行试验模拟。

截流材料采用四个粒径区段的块石和两尺寸的混凝土四面体。原型粒径较大，可选用原型材料作为模型沙，其容重相同，则按抗冲相似得到粒径比尺 $\lambda_d = \lambda_l = 60$。

河床覆盖层为沙砾石，中值粒径 $d_{50} = 12.6$ mm。为了充分利用以往试验已有的材料作为模型沙，选用电厂煤灰，其容重为 2 160 kg/m³。经试验分析，原型、模型沙均可采用沙莫夫起动流速公式描述，则按起动流速相似条件得到粒径比尺 $\lambda_d=\lambda_l^{0.5}\lambda_{\gamma_s-\gamma}^{-1.5}=44.2$，则模型沙 $(d_{50})_m=0.29$ mm。

模型主要研究龙口局部冲刷，可不进行河床变形相似设计。最后归纳模型比尺见表 5-4，选用的截流材料分区见表 5-5。

表 5-4　某水电站工程截流模型比尺

几何比尺：$\lambda_l=60$	流速比尺：$\lambda_u=7.75$
流量比尺：$\lambda_Q=27\ 885$	时间比尺：$\lambda_t=7.75$
重量比尺：$\lambda_G=21\ 600$	糙率比尺：$\lambda_n=1.98$
截流采用粒径比尺：$\lambda_d=60$	河床覆盖层粒径比尺：$\lambda_d=44.2$

表 5-5　原型、模型材料采用分区

抛投材料		块石				混凝土四面体	
材料分区号		①	②	③	④	15 t	20 t
粒径（mm）	原型	100 ~ 200	200 ~ 400	400 ~ 600	600 ~ 800	2 284	2 154
	模型	1.7 ~ 3.3	3.3 ~ 6.7	6.7 ~ 10	10 ~ 13.3	38.1	41.9
容重（kg/m³）		2 650				2 400	

注：混凝土四面体的粒径分别为 15 t、20 t 重的等容粒径，相应模型重量为 69.4 g 和 92.6 g。

（三）模型制作与验证

河道模型采用断面板法刮制而成，泄水建筑物采用有机玻璃制作。经河道水面线、流速分布以及泄水建筑物泄流量、水面线验证试验，原型、模型符合较好，达到了水流运动、阻力等相似。

（四）试验成果分析

刚开始进占，材料①基本不会被冲走，但进占到 4 m 长度时，材料①已被水流冲走，宜采用材料②，直到进占戗堤长度达到 16 m，即龙口宽度 24 m 时，龙口水位落差达到 3.12 m，流速达 7.85 m/s，导流洞尚未分流，不仅最粗一区的块石不能稳定，20 t 的混凝土四面体也被水流冲走，进占已无法进行。

为此，试验建议采用双戗堤进占，下戗堤设在上戗堤下游 360 m。试验中上、下戗堤交替进行，下戗堤可抬高水位减轻上戗堤（主戗堤）合龙难度。试验表明，采用双戗堤后，块石可进占到 22 m，龙口宽度 18 m，采用 20 t 混凝土四面体可顺利合龙。合龙后主戗堤水位差 6.09 m，下戗堤水位差 4.33 m，下戗堤对主戗堤合龙起到重要作用，其龙口宽度 19.2 m 时可使主戗堤合龙。最后，主戗堤抛投块石 14 510 m³，20 t 四面体 68 个，其中流失 11 个，15 t 四面体 15 个，没有流失，原因是采用了先抛 20 t、后抛 15 t 的方法。

虽然双戗堤可使主戗堤顺利合龙，但合龙难度较大，材料用量和流失量较多，可适当优化下戗堤位置。根据试验，将下戗堤上移 120 m 后，分担水位差更为合理。下戗堤仅需进占到龙口 24.6 m 时，主戗堤便可顺利合龙。最后，主戗堤抛投块石 9 400 m³，20 t 四面体41个,其中流失8个,15 t四面体9个。

截流过程中,主龙口冲刷深度4.8 m,最大范围180 m。导流隧洞在进占到22 m时过流,承担分流任务,进出口水面落差6.07 m。合龙后,隧洞承担全部流量,出口后引水渠流速可达2.25 m/s,原河床淤积物可不开挖,完全可靠水流自动冲开。

第七节　溃坝模型试验

我国目前有85 000多座水库大坝,其中30 000多座水库(占36%)属于病险水库。20世纪60~70年代曾发生了多起大坝溃决事件,至今已经发生了3 480余座溃坝事件。1889年美国琼斯堂大坝(Johnstown Dam)、1975年我国板桥水库以及1976年美国提堂坝(Teton Dam)失事,都给下游造成了灾难性后果。随着我国国民经济的快速发展,以及三峡工程、小湾、溪洛渡、锦屏和白鹤滩等一批特高坝、特大库容水库的修建或即将修建,建成后它们将在防洪、电力供应等方面产生巨大的经济效益,但由于特大洪水、地震作用、坝体质量缺陷以及人为战争等因素,一旦失事,后果将越来越严重。因此,大坝溃决等失事的研究一直受到政府的高度重视和社会各界的广泛关注。

溃坝损失的程度和范围在很大程度上取决于溃坝的速度和程度。因为后者决定了溃坝洪水的大小和传播速度,从而影响着下游的预警和紧急疏散时间。统计显示,预警时间大于90 min时,下游处于溃坝威胁中的人员死亡率为0.02%,而当预警时间少于15 min时将上升为50%。因此,对溃坝过程进行研究和模拟,预测溃坝参数,为洪水的演进、事故早期预警和人员疏散等提供重要信息,将对防灾减灾和保护人民的生命财产安全具有非常重要的意义。

尽管目前数值模拟是溃坝研究的主流,从工程实际应用的角度来看,溃坝的模型试验仍必不可少,特别是大型的工程,模型试验的参数是工程设计和施工的主要依据,同时模型试验的结果能用来验证数值模拟计算方法的可行性。溃坝的模型试验最早出现在19世纪中期的法国。在土石坝溃决方面,美国和奥地利在20世纪五六十年代进行了大量的室内试验,美国甚至还在现场做过1∶2的大模型试验。1958~1959年,在我国林秉南教授的主持下进行了三峡小比例变态溃坝模型试验,在此基础上,长江水利委员会在20世纪80年代进行了三峡大坝大比例变态溃坝模型试验,20世纪70年代黄河水利委员会水利科学研究院对小浪底水库进行了溃坝试验。

一、溃坝原因

大坝溃决是由多种原因造成的。按其形成的原因可分为两大类。

(一)事故溃堤

由于遇到超过设计标准的特大洪水、设计错误、施工质量不佳以及地震、战争等事故而引起的垮坝,称为“事故溃坝”。它在国内外时有发生。国际大坝委员会公布的材料,根据110个国家和地区截至1972年的统计,已建成的13 000座大坝中,事故溃坝约有300次;溃坝形成的洪水波和巨浪,摧毁能力极强,造成的灾害很严重。因此,确保大坝安全,防止或减少事故溃坝,至为重要。

（二）自溃坝

“自溃坝”是保证主坝安全的工程措施，它按照人们的意志，在某一特大洪水条件下，自行溃决副坝，即破副坝保主坝。“自溃坝”的设计和行洪的实践都很少。

二、溃坝模型试验研究的主要内容

（1）观测坝址及其上、下游河段各特征断面的水位及流量变化过程。

（2）观测下游河段各特征点处的水位及流速变化过程。

（3）拍摄或摄像溃坝洪水演进流态和淹没范围变化过程。

（4）拍摄自溃坝溃决自引冲槽过水、冲开、溃决口门渐扩到溃坝的全过程。

依据以上观测结果的分析，便可获得坝址断面及上、下游河道各特征断面水位、流量和流速随时间的变化过程线，确定洪峰起涨、消落、尖峰时间；洪水淹没范围随时间的变化关系；溃坝波到达各特征断面的时间和推进速度，各特征断面最高水位、最大流量和最大流速值及它们出现的时间；下游城镇淹没时各特征点处的水力要素变化过程等。进而可根据下游各城镇的人口、社会和经济发展情况，现有防护设施标准等，分析溃坝洪水对下游各居民点及各类建筑设施的影响程度和淹没范围，估算溃坝洪水可能造成的损失，提出减小溃坝洪水可能造成损失的防范措施或防护规划的意见或建议。

三、溃坝模型及其试验方法

溃坝通常分为瞬间溃和逐渐溃，溃决的方式主要取决于坝型和溃坝原因，土坝的溃决多属于逐渐溃。由此，溃坝模型主要有瞬间溃坝模型和逐渐溃坝模型。

（一）逐渐溃坝模型

逐渐溃坝模型认为自大坝出险至溃决结束的整个溃坝过程不是瞬间完成的，而是需要一定时间和过程的，只是历时较短。首先是坝顶出现小引水槽，然后在水力冲刷作用下，引水槽逐渐刷深展宽形成口门，口门再逐步冲刷扩展，最终导致大坝全部溃决。

目前，物理模型中模拟逐渐溃坝过程主要有自溃坝和人工缓降坝两种方法。

1. 自溃坝方法（自溃坝模型）

该试验方法是在试验场地内采用壤土等原型沙，按原型筑坝时坝体容重建筑与原型几何相似的拦河坝，并在坝中央预留一小引水槽。试验时，坝上水流由引水槽穿越坝面流向下游，形成漫坝水流。随着模型试验历时的增长，引水槽愈冲愈大，形成口门，最终导致大坝全部溃决。有的自溃坝模型不预留引水槽，而是抬高坝前水位自动形成漫坝水流，最终也能导致大坝全部溃决。

2. 人工缓降坝方法（人工缓降坝模型）

该方法是在水库模型或专用试验水槽的尾部安装一块高程可以调节的钢板或木板代替枢纽的溢流坝或大坝，试验时，根据模型试验要求，按设计的时间内，采用动力设备匀速或变速使溢流坎或坝顶逐渐下降直到整体溃坝，达到逐渐溃坝的效果。这种模型试验方法坝顶高程是逐渐降低的，类似自溃坝口门逐渐刷深的情况。其中如何控制溢流板顶的下降速度、采用匀速或变速等对研究成果影响较大。

(二)瞬间溃坝模型

瞬间溃坝模型认为重力坝、拱坝突然溃决,或认为土坝自大坝出险至溃决结束的溃坝过程虽然是逐步的,但总历时仍然较短,为了简化模型试验操作技术,将模型溃坝过程视为瞬时溃决过程。

具体方法是一般用一块木板或玻璃等易碎材料代替模型大坝设立在模型的坝址处,在坝蓄满水或到试验要求水位时,采用机械设备快速将木板拆除或击碎、爆破玻璃等,达到大坝瞬间全部溃决的效果。

四、溃坝模型试验范围的选择

(一)整体模型

研究坝、堰、堤等溃决洪水对下游城镇、大型工程、设施等的影响,需要模拟洪水的演进过程时,宜采用整体模型。相似模拟范围一般需要模拟整个水库和整个下游需要研究的范围,模拟范围一般达数十甚至数百公里。对于河道过长难以全部相似模拟的水库,可在靠近大坝 500 ~ 1 000 m 范围内严格按照相似条件设计,其他范围可简化,但需准确模拟其库容以及洪水波传播过程。整体模型宜做成正态模型,模型不宜小于 1∶150,当研究范围太大无法采用正态模型时,可采用变率不大于 10 的变态模型。

(二)局部模型

只需要研究溃坝对坝址附近局部区域的影响,不需要模拟下游洪水的演进过程或下游无需要保护的城镇和设施或演进过程采用数学模型等其他手段模拟时,通常采用局部模型。局部模型仍需保证大坝 500 ~ 1 000 m 范围内地形、糙率等以及整个水库库容相似,宜做成正态模型,模型不宜小于 1∶100。

(三)概化模型

主要了解溃坝水流及其传播特性,或仅为数学模型提供相关参数等,可采用概化模型,地形、溃坝形式、水工建筑物型式等均可概化。

五、溃坝模型试验的设备和仪器

由于溃坝模型主要模拟大坝附近的水位及流量变化过程、上游洪水波传播过程以及下游洪水的演进过程,属于非恒定水流中的急变流,除需要采用常规的设备外,还需要采用能自动连续跟踪或观测的控制和量测设备。主要有能自动溃决、自动调整尾门水位等控制设备,电磁流量计等能自动控制流量的量水设备,超声水位仪、跟踪式水位仪、波高仪等水位自动量测仪器,PIV 粒子成像仪、ADV 测速仪、大范围流场测速系统等流速自动量测仪器,摄像机、照相机等流态观测仪器。

六、溃坝模型设计

溃坝模型一般包含两大部分,即河道模型和坝体模型。整个模型需按几何相似、水流运动相似和阻力相似设计,遵循重力相似准则(弗劳德相似准则)。

对于瞬间溃坝模型和逐渐溃坝模型中的人工缓降坝模型,由于坝体及溃决设备不是散体,无须满足溃坝材料(泥沙等)起动、输移、冲刷等相似,其流速、流量、糙率等比尺与河工定床模型确定方法相同。

对于自溃坝模型，需要满足溃坝材料起动、冲刷以及溃坝过程相似，即除确定流量、糙率比尺外，还需要确定泥沙起动流速、粒径、冲刷率、冲刷时间等比尺。由于口门冲刷与床沙冲刷类似，所以可参照推移质动床模型试验确定相关比尺。

下面主要针对自溃坝相关比尺进行简要介绍。

（一）常规相似条件

常规相似条件主要是指河道模型、坝体模型需要满足几何、运动和糙率相似，其相似比尺见表5-6。

表5-6　溃坝模型比尺

比尺名称	正态模型	变态模型
流速比尺	$\lambda_u = \lambda_l^{1/2}$	$\lambda_u = \lambda_h^{1/2}$
流量比尺	$\lambda_Q = \lambda_l^{5/2}$	$\lambda_Q = \lambda_l \lambda_h^{3/2}$
时间比尺	$\lambda_t = \lambda_l^{1/2}$	$\lambda_t = \lambda_l \lambda_h^{-1/2}$
糙率比尺	$\lambda_n = \lambda_l^{1/6}$	$\lambda_n = \lambda_h^{2/3} \lambda_l^{-1/2}$
库容比尺	$\lambda_W = \lambda_l^3$	$\lambda_W = \lambda_l^2 \lambda_h$

（二）溃坝材料抗冲性能相似条件

土坝溃决时，口门的发展速度和发展过程不仅与水流条件有关，还与坝体材料的抗冲性能有关，需要保证模型口门的冲刷条件和发展过程与原型相似，即必须满足坝体材料的起动条件相似。如用起动流速 u_c 表示起动条件，则需要满足 $\lambda_{u_c} = \lambda_u$。起动流速 u_c 可按一般泥沙起动流速公式计算求得，如沙玉清、沙莫夫公式或其他公式。

如原型、模型起动流速均采用沙莫夫起动流速公式计算，则坝体材料粒径相似比尺：

$$\lambda_d = \frac{\lambda_h}{\lambda_{(\gamma_s-\gamma)/\gamma}^{3/2}}$$

如模型坝体材料选用天然沙，即与原型同样材料，则有 $\lambda_d = \lambda_h$。

（三）口门冲刷率相似条件

自溃坝模型口门发展过程要达到相似，还必须满足口门的冲刷率与原型相似，即单位时间内口门材料冲刷外移的坝体量要与原型相似。由于原型土石坝体是通过了碾压夯实的，坝体空隙率、力学参数等与天然河道泥沙有一定差异，其冲刷率相似比尺不能完全套用天然河道的输沙率比尺。根据有关文献的研究，口门冲刷率 q_{ds} 可采用下式计算：

$$q_{ds} = K \frac{(u - u_c)^4}{d^2}$$

则冲刷率比尺 $\lambda_{q_{ds}}$ 为：

$$\lambda_{q_{ds}} = \lambda_K \frac{\lambda_{(u-u_c)}^4}{\lambda_d^2} \tag{5-30}$$

在满足 $\lambda_{u_c} = \lambda_u$ 条件时，$\lambda_{(u-u_c)} = \lambda_u$，则：

$$\lambda_{q_{ds}} = \lambda_K \frac{\lambda_u^4}{\lambda_d^2} = \lambda_K \frac{\lambda_h^2}{\lambda_d^2}$$

式中　K——与坝体材料密实度、力学参数等有关的系数，通过试验获得；

λ_K——K 的相似比尺，如模型、原型的力学参数相同，有 $\lambda_K = 1$。

(四)口门冲刷过程相似条件

冲刷过程相似条件实际上是确定冲刷时间比尺。在动床河工模型试验中，推移质冲淤过程的时间比尺 λ_{t_1} 在第四章已经确定，即 $\lambda_{t_1} = \frac{\lambda_{\gamma_s'}\lambda_h\lambda_l}{\lambda_{q_{ds}}}$，将式(5-30)代入得：

$$\lambda_{t_1} = \frac{\lambda_{\gamma_s'}\lambda_h\lambda_l}{\lambda_K\lambda_{(u-u_c)}^4}\lambda_d^2$$

式中　$\lambda_{\gamma_s'}$——坝体材料干容重比尺；

λ_{t_1}——口门冲刷时间比尺。

对于满足重力相似的正态模型，$\lambda_l = \lambda_h = \lambda_u^2$，则有：

$$\lambda_{t_1} = \lambda_{\gamma_s'} \frac{\lambda_d^2\lambda_h^2}{\lambda_K\lambda_{(u-u_c)}^4} = \frac{\lambda_{\gamma_s'}}{\lambda_K}\lambda_d^2\left(\frac{\lambda_u}{\lambda_{(u-u_c)}}\right)^4 \tag{5-31}$$

有关文献在推导出冲刷时间比尺计算式(5-31)后，进行系列模型试验对其进行了正确性检验。采用相同粒径、相同材料，进行了5种几何比尺的系列模型试验，计算时间和试验实测时间基本一致，偏差不到 ±5%，说明式(5-31)基本能正确表达口门冲刷历时。

七、溃坝模型设计实例

黄河某枢纽选定修建高 65 m 的堆石坝，由于该枢纽地势险要，是黄河关键性水利枢纽，一旦溃坝对黄河下游影响巨大。为了确保黄河下游防洪安全，需进行溃坝模型试验。试验的主要目的是研究溃坝洪水演进过程及其对下游河道的淹没影响。

(一)模型试验范围的选择

由于试验的主要内容是研究溃坝洪水演进过程及其对下游河道的淹没影响，所以需做整体模型。根据上游水库范围和下游城镇布置、水文站设置情况以及可能影响到的范围，最后拟定模拟范围为坝址上游全库区 140 km 至下游 125 km，总长 265 km。

(二)模型几何比尺的选择

模型模拟范围较长，达 265 km，需要的比尺较大，且黄河下游是宽浅游荡型河段，H/B 很小，若做正态模型，则水深太小，难以满足表面张力要求以及水流运动相似条件，因此须采用变态模型。根据试验场地以及黄河的变率经验，确定选用长度和宽度方向的平面比尺 $\lambda_l = 1\,000$，$\lambda_h = 100$，变率 $\eta = 10$。模型总长达 265 m。

(三)溃坝模型和材料的选择

由于坝体为堆石坝，溃坝从漫顶到口门冲开直至全坝溃决一般具有一定的发展过程，所以选用了自溃坝模型，但如果从安全和不利角度上考虑，也可选择瞬间溃坝模型。

堆石坝原型筑坝材料主要是块石，其代表粒径 $(d_{50})_p = 40$ cm。由于原型材料颗粒大，模型可选择天然沙作为坝体材料。天然沙与块石的容重基本相同，所以依据起动流速相似条件得到粒径比尺 $\lambda_d = \lambda_h = 100$，则模型坝体材料的中值粒径 $(d_{50})_m = 0.4$ cm。

（四）口门冲刷时间比尺

根据试验资料，原型干密度 2 120 kg/m³，模型干密度 1 910 kg/m³，得到 $\lambda_{\gamma_0} = 1.11$。由于系数 K 难以确定，此处借用推移质输沙率比尺代替冲刷率比尺，即 $\lambda_{q_{ds}} = \lambda_{g_b} = \lambda_{\gamma_s}\lambda_{(\gamma_s-\gamma)/\gamma}^{-1}\lambda_h^{3/2}$。由于模型选用天然沙，满足 $\lambda_{(u-u_c)} = \lambda_{u_c} = \lambda_u = 10$。由此可计算出 $\lambda_{q_{ds}} = 1\ 000$，$\lambda_{t_1} = 111$。

（五）模型加糙与部分概化

河道模型加糙按照河工变态模型方法加糙。该模型属于整体模型，大坝上下游的河道边界条件应严格按照相似条件进行详细模拟，但考虑到研究重点是下游河道的洪水演进过程，坝上游河道只要保证溃坝时的过坝水量和口门的过流流态和过程基本相似，即可满足试验要求。为此，决定模型坝下游河道和坝上游近坝 50 km 的河道，严格按原型地形图模拟。坝上游 50 km 以上的河道，则做成概化模型，只需保证总水量相似。

（六）初始决口（引水槽）的形成

模型沙坝按设计筑成后，在距坝顶 10 cm 处埋置 5 kg 爆炸力的小雷管，然后用薄膜、彩条布等防水布将坝的迎水面盖好以防止正式试验前漏水。准备工作完成后，再打开模型进水闸向模型水库徐徐灌水。当坝前水位达到试验要求后，迅速揭开坝面防水布，并引爆小雷管将沙坝炸成小决口，开始溃坝试验。同时，进行各要素的控制和量测。

（七）溃坝试验分析

从试验可以看出，试验开始时坝体形成宽约 21 cm 的半圆形小口，水流由小口穿越坝顶向下游漫溢。随着试验历时增加，小口不断下切、展宽，逐渐扩大，0.5 h 左右口门宽达 55 cm，坝体则迅速溃决，接近 1 h 后，筑坝沙料全部被水流冲光。

（八）解决溃坝冲刷与水流时间比尺不一致的措施探讨

从本实例可知，口门冲刷时间比尺 $\lambda_{t_1} = 111$，而水流时间比尺 $\lambda_t = \lambda_l\lambda_h^{-1/2} = 100$。很明显，二者的时间比尺不一致，如选用煤粉、塑料沙、木屑等轻质沙作模型坝体材料，二者的差异会更大，有的研究者把这种看做时间变态。这就表明，坝体溃坝过程和洪水向下游的演进过程不一致，会造成试验成果存在较大的偏差。

解决的具体措施可将试验分两步走。第一步是单独进行溃坝试验，获得溃坝的全过程，并按冲刷时间比尺换算为原型溃坝全过程。第二步再进行下游洪水演进试验，采用人工缓降坝方法，而坝顶缓降的方式、时间和过程，则根据第一步试验获得的原型溃坝全过程按水流时间比尺换算为模型时间来控制。由此可基本达到溃坝过程和洪水演进过程的一致。

第八节　船闸水力模型试验

一、概述

船闸输水系统的设计，除一些基本水力学问题如闸室输水时间计算、输水过程水力特性曲线绘制等可根据理论计算外,其他如输水系统及消能系统的布置和设计、过闸船舶所受的局部水流作用力、闸门及输水阀门工作条件等均不能完全用理论计算来解决,即使对于一些基本的水力学计算,由于船闸灌、泄水时水流现象非常复杂,也只能在理论上得到近似的解答,常常不能很好地反映真实情况。对于中小型船闸,国内外均已积累了丰富的设计和运用经验,可以根据经验或参照已有的工程来进行设计。但对于大型的重要船闸或水头较高的船闸的输水系统及闸阀门,特别是对于分散输水系统,一般都应通过水力模型试验以核定闸室灌、泄水设施的水流情况及停泊条件。虽然船闸水力试验中模型相似的问题尚未完全解决,建成的工程的水力条件常较模型试验的成果为差,但模型试验仍然是船闸输水系统设计的一项重要手段。

船闸水力模型试验的主要内容如下:

(1)测绘闸室灌、泄水时的水力特性曲线,包括:水位差随时间的变化曲线,即 $H_t=f(t)$ 曲线,用于了解闸室水位升降速度及任一瞬间闸室水位;流量系数随时间的变化曲线,即 $\mu_t=f(t)$ 曲线,用于确定任何时刻的流量系数;流量随时间的变化曲线,即 $Q_t=f(t)$ 曲线,用于了解进入闸室的流量随时间的变化;阀门开启度随时间的变化曲线,即 $n=f(t)$ 曲线,用于了解各种水位或流量与阀门开启度的关系。

(2)测定闸室及引航道内过闸船舶的系缆力。闸室及引航道内船舶停泊条件主要以单船或船队在不同停泊位置时的纵向和横向系缆力来衡量,测出的系缆力应小于容许系缆力。经验表明,原型的输水系统流量系数往往比模型大 15% ~20%,原型的停泊条件往往比模型为差。

(3)观测闸室内输水廊道出口处附近及引航道内的流速分布及观测引航道内的流态,作为判定消能设备消能效果的依据,并确定闸室底部及引航道的护底措施。

(4)测定输水廊道和其他构件的压力分布。

(5)观测输水系统进出口附近及闸室内的局部水力现象。

(6)闸门和阀门的水力模型试验研究,包括输水阀门的启门力、阀门的振动和气蚀现象、船闸人字门动水阻力矩模型试验等。

本节主要介绍船闸输水系统非恒定流模型试验、船闸人字门动水阻力矩模型试验、闸门和阀门一般水力模型试验研究等内容。有关船闸输水系统和输水阀门的水流空化试验参考本章第三节内容,闸门和阀门流激振动模型试验参考本章第五节内容。

二、相似准则和模型设计

(一)相似准则

1. 船闸输水系统模型

船闸输水系统模型应满足几何相似、水流的运动相似和动力相似,遵循弗劳德相似准则,模型中水流应处于阻力平方区,如达不到则必须满足紊流流态。各水力要素的比尺与模型几何比尺的关系为:

流速比尺:$\lambda_u=\lambda_l^{1/2}$;

流量比尺:$\lambda_Q=\lambda_l^{5/2}$;

时间比尺:$\lambda_t=\lambda_l^{1/2}$;

糙率比尺：$\lambda_n = \lambda_l^{1/6}$。

船闸输水系统的整体模型试验，通常在比尺为25～40的模型上进行，对于局部构件的试验，如输水阀门的水力试验、输水廊道内的压力分布试验，则在更小比尺的模型（如10～20）上进行。

2. 闸阀门水力模型试验

闸门水力模型试验，应满足水力条件相似，即满足几何相似、水流的运动相似和动力相似，遵循弗劳德模型定律（重力相似准则），人字门动水阻力矩试验模型，除应满足上述要求外，还要求门体重量相似。为了满足闸门的水力条件相似，应保证来流流态相似。为此，在截取模型范围时，应包括闸室前后的有关建筑物，以满足来流边界条件相似。其主要参数的比尺与模型几何比尺的关系为：

流速比尺：$\lambda_u = \lambda_l^{1/2}$；

流量比尺：$\lambda_Q = \lambda_l^{5/2}$；

时间比尺：$\lambda_t = \lambda_l^{1/2}$；

力的比尺：$\lambda_F = \lambda_l^3$；

力矩比尺：$\lambda_M = \lambda_l^4$；

压强比尺：$\lambda_p = \lambda_l$；

功的比尺：$\lambda_W = \lambda_l^4$；

功率比尺：$\lambda_N = \lambda_l^{7/2}$；

重量比尺：$\lambda_G = \lambda_l^3$。

由于模型模拟技术的关系，闸门启闭力和通气量试验观测资料，还不能按重力相似准则直接换算为原型值，需采用试验与计算相结合来解决。

闸门启闭力的模型试验，由于模型中的摩擦力很难做到与原型相似，模型闸门不同开度与启闭力关系曲线，只供方案比较用。原型闸门的启闭力可采用试验与计算相结合的方法求得。闸门启闭力计算公式：

$$F_1 = G + W_s - P_t + T + I$$

$$F_2 = G + W_s - P_t - T - I$$

式中　F_1、F_2——启门时和闭门时的启闭力，9.80 kN；

G——闸门自重，9.80 kN；

W_s——作用在闸门上的水柱重量，9.80 kN；

P_t——上托力和下拖力，9.80 kN；

T——摩擦力，包括支承和止水摩擦力，$T = f\Delta P_H$，f为摩擦系数，ΔP_H为总水压力的水平分量，9.80 kN；

I——惯性力，$I = (M + \Delta M)\frac{d^2y}{dt^2}$，9.80 kN，$M$为闸门质量，9.80 kNs²/m，$\Delta M$为水体附加质量，9.80 kNs²/m。

当闸门为等速启闭或启闭加速度很小时：

$$I = (M + \Delta M)\frac{d^2y}{dt^2} \approx 0$$

总水压力的垂直分量：

$$\Delta P_V = W_s \pm P_t \quad (9.80\ \text{kN})$$

根据上述情况，在模型试验测得 W_s、P_t、ΔP_H、ΔP_V 后，再参照有关原型观测资料或经验取用 f 值；对重大工程，如有必要，亦可进行 f 值的专门试验测定。这样，就可由上式计算出不同闸门开度的闸门启闭力，并绘制成相应的关系曲线，供选择启闭机容量用。

阀门后通气管进气量，可用 $Q_a = V_a A_a$（A_a 为通气管面积）表示，或用气水比 $\beta = \dfrac{Q_a}{Q_w}$ 表示，并整理成与阀门不同开度的关系曲线，供方案比较应用。

由于阀门后通气管进气量的相似问题目前还没有解决，模型量测的进气量尚不能直接按重力相似准则换算为原型值，一般是参照大量原型观测资料和系列试验研究提供的 $\beta \sim (F_1 - 1)$ 的关系图，来估算原型通气孔的进气量。

应根据试验要求、闸门尺寸、总水压力、流量和试验设备情况等条件，选择合适的模型比尺，但模型闸门最小尺寸一般不宜小于 20 cm，以免模型过小而影响试验资料的准确性。

当需要详细研究阀门缝隙射流特性时，可根据试验要求、缝隙尺寸及水头等综合考虑，采用整体缝隙模型或局部缝隙模型。采用局部缝隙模型时，应论证其相似性。由于缝隙小、水头高，选择模型比尺有一定难度。根据已有的模型试验，模型比尺宜大。不论是采用整体缝隙模型或局部缝隙模型，均应模拟阀门前来流流态的相似。

（二）模型设计

船闸水力试验模型，应按弗劳德模型定律设计模型，并根据试验研究任务、工程规模、试验场地、设备和时间、经费等条件，合理选定模型的类型、范围和比尺。

输水系统水力学试验宜采用整体模型，输水阀门水流空化试验和人字门动水阻力矩试验宜采用局部模型。

输水廊道应选用阻力相似，透明的有机玻璃制作，其余部分可用不易变形的塑料板制作。输水阀门模型可用有机玻璃或镀锌铁皮制作。人字门模型应精工制作，并应保持重量相似。

闸门启闭装置，应根据设计提供的启闭机型式和相应的驱动源控制原理，进行电路设计、安装和调试。人字门的制造和安装质量，应保证在匀速和变速启闭情况下都能保持同步运行。关键是闭门驱动源装置的电路设计与安装，这项工作需要电器和机械等多种专业人员的合作，方能完成。

模型安装应用精密水准仪控制高程，允许偏差 ±0.2 mm。用精密经纬仪定位，允许偏差为 ±0.1°。

对闸门、阀门模型，应在进水口顶曲线、侧曲线、闸门槽、闸门门体和缝隙边壁上布置必要的测压孔，测压孔应与测压面垂直和齐平，以保证测量压力值的准确性。对于需观察水流流态部位，应选用透明的材料制模。

三、船闸水力模型试验实例

（一）工程概况

大顶子山航电枢纽位于松花江干流哈尔滨市下游 46 km 处，枢纽由船闸、泄洪闸、河床式水电站、土坝及坝上公路（桥）等工程组成。大顶子山航电枢纽是一座以航运、发电和改善哈尔滨水环境为主的低水头航电枢纽工程，其通航船闸具有闸室水域面积与停泊船队排水量大的特点，船闸输水系统在工程可行性研究阶段曾研究了集中输水系统，但根据去俄罗斯考察及模型试验的结果，认为集中输水系统方案存在几个问题：一是防冰问题；二是船舶（队）在闸室的停泊条件问题，该船闸灌水时，船队受波浪力控制，需延长输水时间来解决船舶队停泊的问题；三是灌、泄水时间超过了通过能力所确定的 8 min 的要求，由于松花江为季节性封冻河流，只有半年通航期，输水时间是影响船闸通过能力的关键因素，因此缩短灌、泄水时间对该船闸非常重要。

根据上述原因，在初步设计阶段提出船闸正面进水、闸室长度 1/4 与 3/4 处横支廊道倒口出水的分散输水型式。为此，对该输水系统进行水力学试验，确定船闸输水系统的布置和阀门开启方式，测定过闸船舶（队）在闸室中的停泊条件，测定输水廊道和阀门的各项水力性能、参数，并对试验成果进行分析，提出改进意见，以保障船闸结构设计经济合理，运转安全可靠，为设计和运行提供技术依据。

（二）基本资料

1. 建筑物布置图

委托方提供了枢纽布置平面图，船闸正面进水、闸室 1/4 与 3/4 处横支廊道倒口出水的分散输水系统布置图等资料。

2. 设计通航水位

上游最高通航水位 116.08 m，上游最低通航水位 113.00 m；

下游最高通航水位 115.90 m，下游最低通航水位 108.00 m。

船闸输水水力特性等研究采用上游 116.00 m、下游 108.00 m 水位组合，水位差 8 m。

3. 过闸船舶（队）

根据松花江现有船舶情况及远景规划船队，本船闸分别考虑 4 种设计船舶（队）。这些典型船舶（队）的尺寸及排水量见表 5-7。

表 5-7　设计船舶（队）尺寸及排水量

船型	尺寸（长×宽×吃水深）(m)	排水量(t)
600 t 单船	57×11×1.4	788
1000 t 单船	65.9×13×2.0	1 559
1+2×1 000 t 船队（满载吃水）	155.75×13×2.0	3 363
1+4×1 000 t 船队（满载吃水）	166.64×26×2.0	6 481
1+4×1 000 t 船队（标准吃水）	166.64×26×1.6	5 233

(三)模型设计、制作与量测设备

1. 模型设计与制作

模型按重力相似准则设计,选用几何比尺 $\lambda_l=30$,模型范围包括上、下闸首,闸室及上、下游引航道,上游引航道模拟原型长度 330 m,下游引航道模拟原型长度 300 m,模型全长约 29.0 m。模型平面布置见图 5-29。

各物理量之间的比尺关系如下:

流速比尺:$\lambda_u=\lambda_l^{1/2}=5.477$;

流量比尺:$\lambda_Q=\lambda_l^{5/2}=4\ 929.5$;

时间比尺:$\lambda_t=\lambda_l^{1/2}=5.477$;

糙率比尺:$\lambda_n=\lambda_l^{1/6}=1.762$;

力的比尺:$\lambda_F=\lambda_l^{3}=27\ 000$;

吃水比尺:$\lambda_T=\lambda_l=30$;

排水量比尺:$\lambda_w=\lambda_l^{3}=27\ 000$。

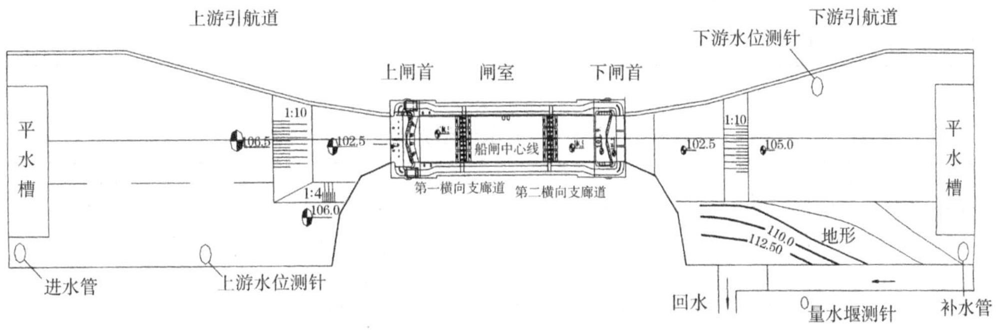

图 5-29　船闸水工模型平面布置图(图中尺寸为原型值)

输水廊道全部用有机玻璃制作,有机玻璃糙率 $n=0.007\ 9$,合原型 0.013 9,比原型廊道混凝土糙率 0.013 稍偏大。上、下闸首用灰塑料板和红松制作,闸室用角钢框架结构和灰塑料板合成,上、下游引航道模型边墙用砖砌成,引航道内地形用水泥砂浆抹面。船模 1 000 t、600 t 驳船及推轮全部采用铁皮制作,船队由千吨级驳船和推轮拼装而成。船模制成后按排水量进行配重。

2. 量测设备

模型上、下游端部设置升降式平水槽,以控制水位,水位用测针测量;地形高程用水准仪测量;在下游设置矩形量水堰,以测量恒定流流量;船舶(队)系缆力用全环式电阻拉力仪、电阻应变仪经 A/D 板转换由工控机动态采样;阀门启闭用蜗轮蜗杆传动,采用直流力矩测速机组,由计算机通过调速装置进行控制;恒定流流速采用光电式旋桨流速仪测量;船闸灌、泄水水位与水面波动用超声波水位传感器,结合 2000 型数据自动采集和处理系统进行测量;输水廊道进出口、阀门段、主廊道及横支廊道处的压力水头用测压管测量。

(四)部分试验成果及分析

1. 流量系数

在恒定流条件下,阀门全开,观测输水系统的流量系数。试验进行灌水与泄水,阀门双边与单边开启的流量系数观测,取多次试验结果的平均值,结果见表5-8、表5-9。得到灌水时阀门双边开启流量系数为0.70,单边开启流量系数为0.71;泄水时阀门双边开启流量系数为0.65,单边开启流量系数为0.66。

表5-8　灌水流量系数

阀门开启方式	上游水位 $H_{上}$(m)	闸室水位 $H_{闸}$(m)	水位差(m)	流量 Q(m^3/s)	流量系数μ	平均流量系数$\bar{\mu}$
双边开启	115.98	112.28	3.70	143.21	0.69	0.70
	115.96	111.58	4.38	158.65	0.70	
	115.92	111.02	4.90	167.21	0.70	
	115.94	110.60	5.34	174.69	0.70	
	115.99	112.55	3.44	138.57	0.69	
单边开启	115.94	109.42	6.52	97.79	0.71	0.71

表5-9　泄水流量系数

阀门开启方式	闸室水位 $H_{闸}$(m)	下游水位 $H_{下}$(m)	水头差(m)	流量 Q(m^3/s)	流量系数μ	平均流量系数$\bar{\mu}$
双边开启	112.93	107.99	4.94	156.64	0.65	0.65
	111.81	108.04	3.77	137.04	0.65	
	111.31	108.00	3.31	126.68	0.64	
	113.45	108.00	5.45	165.16	0.65	
	113.72	108.00	5.72	167.63	0.65	
单边开启	113.51	107.99	5.52	83.04	0.65	0.66
	114.75	108.01	6.74	93.44	0.66	

2. 输水时间与阀门开启时间关系试验

1)灌水试验

当水位差为8 m时,试验闸室灌水时间与阀门不同开启时间(1~4 min)的关系,结果见表5-10。从表中可知,船闸灌水时间与阀门不同开启时间之间为线性关系,在同一水位差时,开门时间短,灌水时间亦短。模型试验表明,在水位差8 m时,当采用阀门双边开启时间 t_v = 4 min时,灌水时间 T = 8.51 min,当考虑到模型缩尺修正时,T = 7.29 min < 8 min,满足设计要求。

表 5-10　船闸灌水时间与阀门开启时间的关系

水位差 H(m)	阀门开启方式	阀门匀速开启时间 t_v(min)	灌水时间 T(min)	拟合关系式
8	双边开启	1	7.12	$T=0.471t_v+6.655$
		2	7.58	
		3	8.12	
		4	8.51	
	单边开启	2	14.20	—
		4	15.02	

2）泄水试验

闸室泄水进行了阀门不同开启时间（1～3 min）的试验，结果见表 5-11。由于船闸泄水时的流量系数要小于灌水流量系数，因此相同阀门开启时，船闸的泄水时间要长于灌水时间。当采用阀门双边开启时间 $t_v=2$ min 时，泄水时间 $T<8$ min，满足设计要求。

表 5-11　船闸泄水时间与阀门开启时间的关系

水位差 H(m)	阀门开启方式	阀门匀速开启时间 t_v(min)	泄水时间 T(min)	拟合关系式
8	双边开启	1	7.30	$T=0.545t_v+6.757$
		2	7.85	
		3	8.39	
	单边开启	2	15.31	—

3. 灌、泄水的水力特性

根据输水时间与阀门开启时间关系和船舶（队）停泊条件试验结果，试验测定了开启时间 $t_v=4$ min 和 $t_v=2$ min 时闸室内的水位过程线 $H=f(t)$，再依据阀门面积 ω、闸室水域面积 C、阀门全开时的流量系数，计算水力特性曲线，结果见图 5-30，相应的水力特性值列于表 5-12 和表 5-13。

从试验结果可知，最大流量发生在阀门全开的时刻。阀门 4 min 双边开启灌水时，最大流量 $Q=154.0\ m^3/s$，最大能量为 8.2×10^3 kW，最大比能为 56.8 kW/m²；阀门 2 min 双边开启泄水时，最大流量为 167.8 m³/s，最大能量为 9.92×10^3 kW，最大比能为 37.1 kW/m²；最大惯性超高为 0.18 m，最大惯性超降为 0.14 m，均小于 0.25 m，满足设计要求。

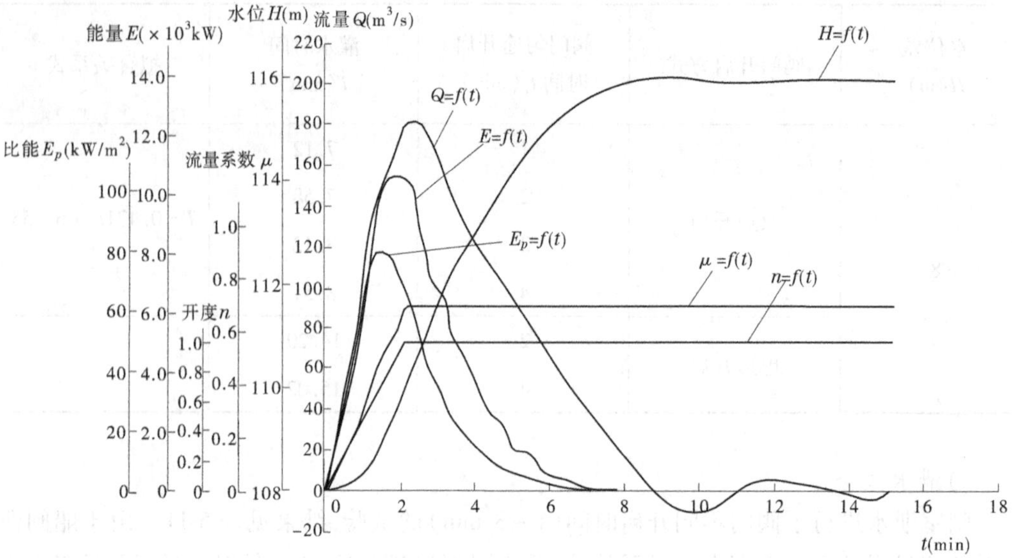

图 5-30　闸室双边灌水,阀门匀速 2 min 开启水力特性曲线

表 5-12　闸室灌水水力特性值

水位差 H(m)	开启方式	阀门开启时间 t_v(min)	输水时间 T(min)	最大流量 Q(m³/s)	最大能量 E_{max}(×10³kW)	最大比能 E_{pmax}(kW/m²)	惯性超高(m)
8	双边	2	7.58	183.5	10.56	80.1	0.18
		4	8.51	154.0	8.2	56.8	0.18
	单边	2	14.20	102.8	7.07	53.2	0.13
		4	15.02	92.6	5.6	40.0	0.13

表 5-13　闸室泄水水力特性值

水位差 H(m)	开启方式	阀门开启时间 t_v(min)	输水时间 T(min)	最大流量 Q(m³/s)	最大能量 E_{max}(×10³kW)	最大比能 E_{pmax}(kW/m²)	惯性超降(m)
8	双边	2	7.85	167.8	9.92	37.1	0.14
	单边	2	15.31	98	6.4	21.8	0.05

4. 停泊条件试验

闸室灌水和泄水时,观测了各种船舶(队)在闸室停泊的系缆力。图 5-31 为阀门 4 min 双边开启时,1 +4 ×1 000 t 船队满载时系缆力过程线。

从试验结果可知:

(1)闸室灌水,由于第一、第二横支廊道次递出水的影响,船舶(队)仍受波浪力控制,纵向力较大,横向力均满足设计规范要求。

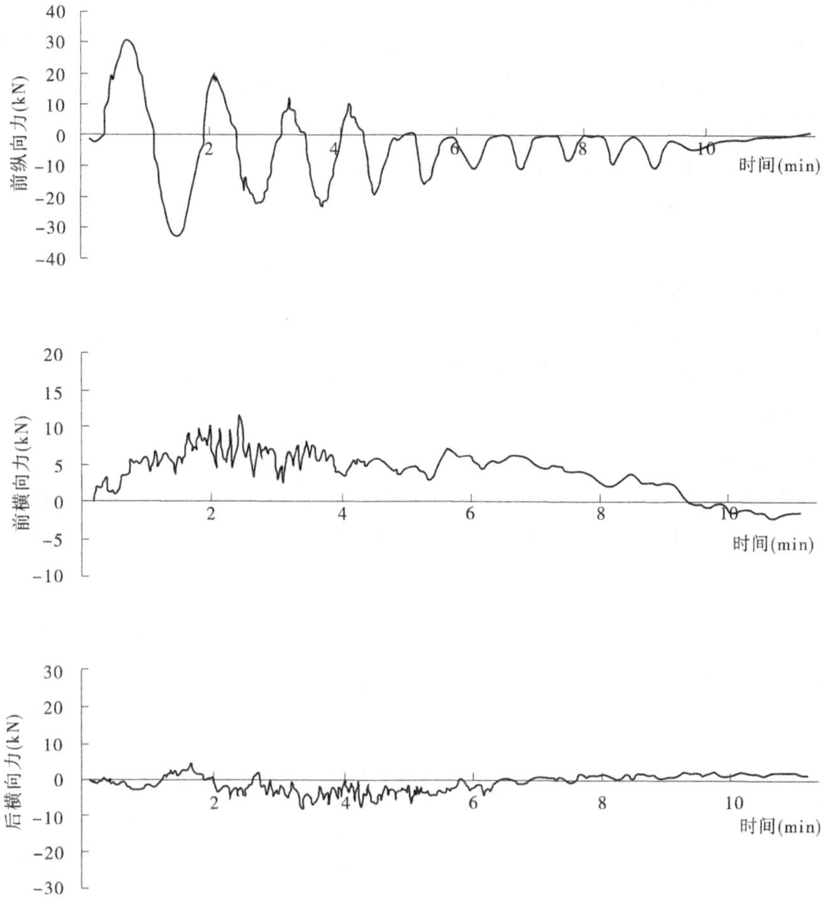

图 5-31　阀门 4 min 双边开启时,1 +4 ×1 000 t 船队满载时系缆力与时间过程线

(2)阀门双边匀速开启:开启时间 t_v =2 ~3 min 时,1 +4 ×1 000 t 船队满载情况最大纵向系缆力为 54 ~39 kN,超过设计规范要求;当 t_v =4 min 时,1 +4 ×1 000 t 船队满载情况最大纵向系缆力为 31 kN,满足规范要求。1 +4 ×1 000 t 船队标准吃水情况,当 t_v =3 min 时,最大纵向系缆力为 31.5 kN,满足规范要求。其他船型在开启时间 t_v =2 min 时,纵向系缆力均满足规范要求。

(3)阀门单边匀速开启:开启时间 t_v =2 min 时,各种船队的纵、横向系缆力均满足规范要求。

(4)闸室泄水时,各类船舶(队)所受的纵、横向力均较小,满足规范要求,对设计不起控制作用。

因此,为满足船队停泊系缆的要求,阀门双边匀速开启时间可取 t_v =4 min;阀门单边匀速开启时间可取 t_v =2 min。

5. 闸室灌水时船舶(队)自由漂移试验

当 1 +4 ×1 000 t 满载船队停泊在闸室中间,阀门匀速开启时间 t_v =4 min 时,船队不受任何约束，呈自由状态，闸室灌水时船队的自由漂移情况如下：

(1)从灌水开始到阀门全开的4 min内，船队向下游移动，其中在3.2～4 min内船队有所停顿，然后开始向上游移动，表明第二横支廊道的出水流量要大于第一横支廊道。

(2)漂移速度最快发生在灌水开始后的1～2 min之内。

(3)船队自由漂移距离不大，最大漂移距离为4.0～5.0 m。

6. 输水廊道压力分布试验

1)输水廊道压力分布观测

输水廊道阀门采用封闭式，在阀门局部开启时会因水流收缩而产生压力下降，并有可能产生负压，影响阀门运行和结构安全。规范要求船闸正常运行时，输水系统各部位不宜出现负压，特殊情况下，允许局部压力不宜超过－3.0 m水柱的负压。本输水系统设计方案，在输水廊道的进口至出口，沿程布置了压力测点(见图5-32)，其中在第一、第二横支廊道也分别布置3个压力测点，3个测点在横支廊道变断面的中线上，离闸室边墙1.0 m处各有一测点，闸室中心线位置有一测点。采用压力管的方法，测试阀门不同开度时，恒定流条件下的廊道各测点的时均压力水头，相应开度时的闸室水位由水位过程线$H=f(t)$上查得。

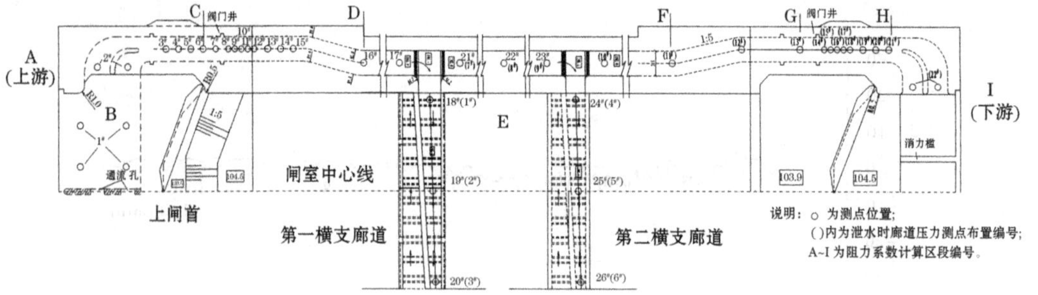

图5-32　输水廊道压力测点布置示意图

试验进行了阀门开启时间$t_v=2$ min、阀门开度$n=0.1\sim1.0$、闸室灌水与泄水、阀门双边与单边开启情况下的压力分布，各开度下门后最低压力变化见图5-33和图5-34。

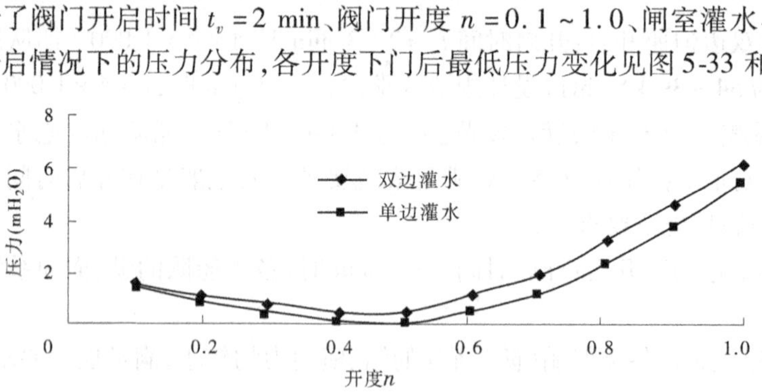

图5-33　灌水时门后最低压力变化

试验结果表明：

(1)闸室灌水：阀门开启时间$t_v=2$ min时，门后最低时均压力为正压，发生在阀门0.4～0.5开度之间，阀门双边开启时为0.4 mH_2O，阀门单边开启时为0.05 mH_2O。

(2)闸室泄水：阀门开启时间$t_v=2$ min时，门后最低时均压力发生在阀门0.5～0.7

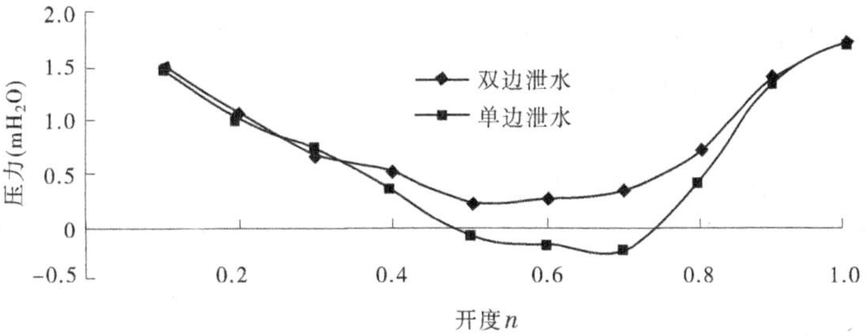

图 5-34　泄水时门后最低压力变化

开度之间，双边开启为 0.25 mH_2O，单边开启为 -0.21 mH_2O。

因此，阀门开启，门后最低时均压力发生在闸室单边泄水时，为 -0.21 m 水柱，符合规范要求，阀门工作条件较好。

2）剩余压力值观测

剩余压力的定义：横向支廊道顶盖板测点的测压管水位高程与相应开度下的闸室水位高程之差，灌水为压力向上，泄水为压力向下。剩余压力值的观测可为横向支廊道顶盖板结构设计提供依据。

试验结果表明：

（1）灌、泄水的最大剩余压力随阀门开度递增；灌水时的最大剩余压力发生在阀门开度 $n=1.0$ 时，单边开启的剩余压力 2.64 mH_2O，双边开启的剩余压力 2.1 mH_2O，表明横支廊道盖板承受向上顶托 2.64 mH_2O 的压力。

（2）泄水时的最大剩余压力发生在开度 $n=1.0$ 时，单边开启的剩余压力 3.19 mH_2O，双边开启的剩余压力 2.73 mH_2O，表明横支廊道盖板承受向下 3.19 mH_2O 的压力。

第九节　海工模型试验

本节仅限于讨论海岸工程中的水力模型试验，主要包括潮流、波浪、波流（波浪与水流）及其与建筑物、岸滩等相互作用的模型试验。

一、潮流模型试验

潮流是由天体引潮力所引起的海水运动，相伴的是海面水位的升降（即潮汐），因而是一种周期性运动。潮流易受地形以及地球自转柯氏力等的影响，在沿海海口、海峡和狭长的海湾内，海水因地形条件的限制，在正反方向上周期性变化，形成往返式潮流，其最大流速到最小流速相差很大，在流向转向时将出现最小流速。在开敞的近海或大洋里，潮流因受地转偏向力的作用，在北半球形成顺时针方向的回转式潮流。在外海中潮流是一种长周期的推进波，当高潮位和低潮位时，水平流速最大，方向相反。在直立海岸的海域，潮波反射形成立波，这时在高潮位和低潮位时刻水平流速为零，而在平均潮位时流速达到最大值。

由此可见，潮汐水流为不稳定流，其变化极为复杂，随海岸轮廓及海底地形不同而千差万别。在天然海岸建造港口或其他海工建筑物，势必改变建筑物附近局部地区的潮流流态、流速。在沙质海岸，波浪掀起悬移质，潮流往往成为输移这种悬沙的主要动力因素。因此，需要对潮流的运动特性、潮流流态及水流结构的变化、潮流与海工建筑物的相互作用等问题进行研究。

潮流模型主要有潮流定床模型和潮流泥沙模型等。研究海岸与河口各种工程措施对工程区域及其附近水域的潮位、流场、流态的影响，优化工程方案时，宜采用潮流定床模型；当要求对工程区域及其附近水域的泥沙淤积和冲刷数量、分布规律等进行预报时，宜采用潮流泥沙模型。

（一）潮流定床模型

1. 模型比尺

潮流定床模型应满足几何相似、重力相似和阻力相似条件。若平面几何比尺为 λ_l，垂直几何比尺为 λ_h，则相应其他比尺为：

流速比尺：$\lambda_u = \lambda_h^{1/2}$；

糙率比尺：$\lambda_n = \lambda_h^{2/3}\lambda_l^{1/2}$；

潮流时间比尺：$\lambda_t = \dfrac{\lambda_l}{\lambda_h^{1/2}}$；

流量比尺：$\lambda_Q = \lambda_l\lambda_h^{3/2}$；

潮量比尺：$\lambda_w = \lambda_l^2\lambda_h$。

在确定潮流定床模型比尺时，还应满足下列要求：

（1）海岸与河口潮流模型宜为变态模型，模型变率可取 3 ~ 10。海岸与河口潮流模型要求试验范围都很大，而水深都较小，由于试验场地、供水、供电能力限制，一般要求平面几何比尺都很大，如采用正态模型，则模型水深就很小，难以保证模型水流流态的相似，因此模型一般做成变态。模型变率应随研究问题的性质、研究范围大小、模型加糙的可能性等因素而变化。根据国内外经验，模型变率一般取 3 ~ 10，其中局部模型可取较小值，整体模型可取较大值。范围较大的河口、海域模型变率可超过 10，在条件容许的情况下，模型变率应尽可能小。

（2）根据模型范围、试验目的和要求、试验厅（场地）大小和布置，确定模型平面比尺。模型平面比尺宜在 1 000 以内，范围较大的河口、海域模型可超出 1 000。

（3）根据模型相似准则和限制条件、仪器测验精度等，结合电网供电能力、生潮设备的生潮能力、供水设备的供水能力、水库（蓄水池）蓄水量及模型运转费用等因素，进行综合比较，确定垂直几何比尺。为保证模型处于阻力平方区内，根据国内外经验，模型垂直几何比尺宜在 100 左右，若水深很浅，则垂直几何比尺相应可取小值。

2. 模型范围及平面设计

1）模型范围

（1）在单边界生潮模型中，模型应有过渡段和试验段；在双边界生潮模型中，试验段两侧均应有过渡段，过渡段长度应保证试验段水流相似。

（2）模型试验段范围应根据试验目的和要求及现场潮流具体情况确定，当试验段有工程建筑物时，海岸范围的宽度和长度宜大于 3 倍建筑物凸出部分长度。

2)模型平面设计

(1)模型边界条件应与天然潮流情况相吻合,应根据工程要求、现场潮流方向、边界情况和模型试验场地、试验设备等具体情况采用合适的生潮控制方式进行单边、双边或多边生潮。

(2)当模型范围仅为河口一段或靠岸一侧,涨、落潮为往复流时,应采用双边界生潮控制。

(3)当模型试验范围处于海岸或河口一部分且流态复杂时,应扩大模型范围或模型进行三面边界流量调节模拟。

(4)在模型生潮进出口处和河口边界处应满足模型进出口段水流平顺、潮位变化连续的要求。模型生潮方向应与天然涨、落潮潮流方向基本一致,若不一致可采用人工方法进行调整,但需要调整的角度不宜大于15°。

(5)在有径流汇入的河口和海岸,在模型中应制有汇入河口一段距离的水深地形,余下河段可采用扭曲河段模拟纳潮量,并在扭曲河段末端施放径流,也可采用流量控制方法控制其纳潮量和径流量。

(二)潮流泥沙模型

1. 潮流泥沙模型的类型

潮流泥沙模型试验应分析研究区域泥沙是以悬沙、底沙运动为主或两者兼有的运动形态类型,根据工程任务的要求,确定进行潮流泥沙模拟的类别。潮流泥沙模型根据泥沙运动形态和床面冲淤特点可分为以下三种:

(1)当工程区域以悬沙淤积为主时,如天然港湾、港池、岸边挖入式港池、航道开挖等的试验研究,宜采用悬沙淤积定床模型。

(2)当工程区域泥沙以悬沙形式为主而造成冲淤变化时,宜采用悬沙冲淤动床模型。

(3)当工程区域泥沙以底沙形式为主而造成冲淤变化时,宜采用底沙动床模型。

2. 模型设计

潮流泥沙模型除满足上面介绍的潮流定床模型设计要求外,尚应满足下列泥沙运动的相似条件:

(1)泥沙起动相似:$\lambda_{u_c}=\lambda_u$;

(2)泥沙扬动相似:$\lambda_{u_f}=\lambda_u$;

(3)泥沙沉降相似:$\lambda_\omega=\lambda_u\dfrac{\lambda_h}{\lambda_l}$;

(4)悬沙挟沙能力相似:$\lambda_S=\lambda_{S_*}$;

(5)底沙输沙率相似:$\lambda_{g_b}=\lambda_{g_{b*}}$;

(6)悬沙床面变形相似:$\lambda_{t_2}=\dfrac{\lambda_{\gamma_s'}}{\lambda_S}\lambda_t$;

(7)底沙床面变形相似:$\lambda_{t_1}=\dfrac{\lambda_{\gamma_s'}\lambda_l\lambda_h}{\lambda_{gb}}$。

悬沙冲淤动床模型,泥沙运动相似应满足第(1)~(4)项及第(6)项相似要求;悬沙淤积定床模型,泥沙运动相似应满足第(3)、(4)、(6)项相似要求;底沙动床模型,泥沙运动相似应满足第(1)、(5)、(7)项相似要求。

(三)潮流模型设计实例

上海洋山深水港区位于南汇嘴东南海域的大、小洋山处,距上海市中心约86 km。大、小洋山为崎岖列岛的两个主要岛屿,两岛之间的潮汐通道水深流急,岛屿岸坡陡峻,深水区紧临岸边;东部嵊泗列岛与大衢山之间的开阔海域有利于大型船只进出,港区地理位置优越,自然条件良好,具备建设深水大港得天独厚的条件。

为优化洋山港区平面布局和进港航道建设方案,掌握工程后港区及航道的潮流变化及泥沙回淤情况,必须进行潮流模型试验研究。下面主要介绍洋山港区一期工程潮流模型试验研究情况。

1. 模型设计

1)模型设计的原则

根据洋山港的自然条件和工程方案情况,模型设计的主要原则如下:

(1)模型必须满足重力相似、阻力相似以及水流流态相似。

(2)模型的四边界应为开边界,以充分考虑海域流场的变化。

(3)模型的边界距工程区的距离应有足够长度,以消除边界对工程方案的影响。

(4)模型应尽可能包括航道,以考虑航道开挖后水流流速的变化。

(5)应根据试验场地大小,考虑试验设备供给能力,并保证测量精度。

2)模型范围和模型比尺的选择

由于研究海域为开敞水域,为保证在工程方案主要研究区域内水流条件不受边界的影响,必须保证边界与研究范围之间有足够的距离。因此,确定模型范围为东西向43 km、南北向28 km(见图5-35)。

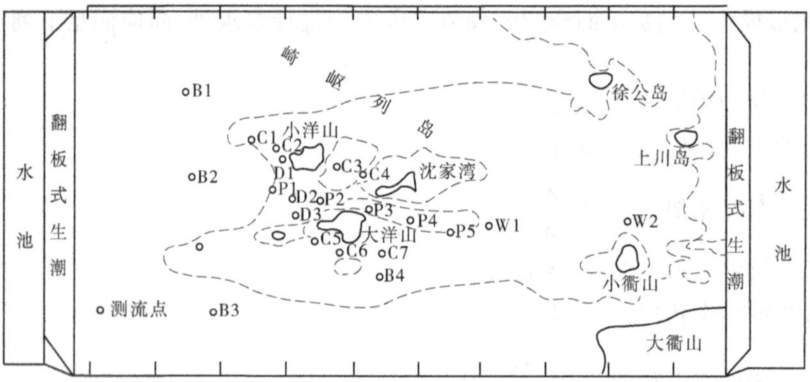

图5-35　上海洋山港区模型平面布置

根据上述模型范围以及现有的场地和设备条件,经综合分析对比,最后确定模型平面比尺为850,垂直比尺为135,模型变率为6.30。模型各项比尺见表5-14。

表 5-14　模型比尺

比尺名称	符号及计算式	结果
平面比尺	λ_l	850
垂直比尺	λ_h	135
变率	η	6.30
流速比尺	$\lambda_u = \lambda_h^{1/2}$	11.62
流量比尺	$\lambda_Q = \lambda_l \lambda_h^{3/2}$	1.333×10^6
潮量比尺	$\lambda_w = \lambda_l^2 \lambda_h$	9.754×10^7
潮流时间比尺	$\lambda_t = \dfrac{\lambda_l}{\lambda_h^{1/2}}$	73.16

3)模型布置及模型设备

根据 1996 年 10 月、1997 年 9 月和 1999 年 1 ~2 月洋山港区的三次大规模水文测验资料,东边界 W2、W1 两个测点涨落潮最大流速的流向平均值分别为 281°和 101°,西边界 B1 和 B2 两个测点涨落潮最大流速的流向平均值分别为 286°和 108°,故模型的主生潮方向取为 285° ~105°。

根据本海区水流及地形的特点,模型采用四周开边界进行模拟,主生潮方向(东西向)采用翻板尾门设备进行控制,其中东向采用潮位控制,西向采用流量控制,侧向(南北向)采用可逆泵进行流量控制。

模型中的翻板尾门、可逆泵及水位的控制和数据采集均由计算机控制。模型采用自动跟踪水位仪测量水位;采用旋桨流速仪对具体站位进行流速流向采集;用照相和录像方法进行流态的观察和记录;模型流场采用图像摄取系统及图像处理方法,进行图像实时处理。

2. 模型验证

1)潮流模型验证资料的选取

为正确反映模型的阻力相似,模型中应至少有两个测站的同步验潮资料,本模型选取小衢山和小洋山两站作为验证站。为了使选用的潮型更具有代表性,按小洋山码头 1997 ~1998 年全年潮差累计频率统计,模型选取了 1996 年 10 月中潮,1997 年 9 月大、中潮和 1999 年 1 ~2 月大、小潮作为代表潮型分别进行验证。流速、流向和通道潮量分别采用与潮位同步的实测资料作为模型验证资料。

2)侧向(南北向)开边界验证

侧向(南北向)开边界采用可逆泵系统进行流量调节。其原理是把数学模型提供的边界流量数据通过可逆泵的转数与流量关系曲线转化成电信号提供给调速电机,控制可逆泵转数,从而达到调节逐时水量的目的。

3)潮位验证

验证结果表明,本模型潮位过程线与原型基本吻合,模型的最高潮位、最低潮位、涨落潮历时和高低潮相位均与原型基本一致,潮位平均偏差 7 cm(原型数值,下同),约占实测潮型平均潮差的2%，最大瞬时潮位偏差为0.18 cm，也只相当于该潮差的4%。由此可见，模型潮位相似性较好，满足水流阻力条件相似。

4）潮流验证

由纵向（P1～P5、B1～B4、W1～W2共11个测点）和横向（C1～C7、D1～D3共10个测点）大、中、小三种潮型的流速及流向验证结果可见，模型与原型各垂线流速过程线基本一致，涨落潮最大流速、转流时间基本吻合。验证结果表明，除个别测站的部分潮段外，各测站的涨落潮潮段平均流速的偏差一般在10%以内，潮段平均流向的偏差一般在10°左右。

5）潮量验证

通过对1999年1月31日～2月1日（大潮）、1999年1月25～27日（小潮）六个测流断面的水文观测资料进行验证计算，由计算结果得出，除个别断面的个别潮段外，涨落潮潮量一般误差在10%左右。

综上所述，通过验证试验，模型潮位、流速、流向、断面潮量与原型相比，两者有较好的吻合性，因此可以认为模型潮流与原型基本相似，可进行工程布置方案试验。

3. 一期工程方案试验简介

洋山港一期工程港区布置有两个方案。方案Ⅰ：港区位于小洋山至镬盖塘潮流通道范围内，建导流堤封堵镬盖塘至大岩礁潮流通道。方案Ⅱ：港区位于小洋山南岸，建导流堤封堵小洋山至镬盖塘潮流通道。

在上述港区布置基础上，考虑港区西部，即小乌龟山至小洋山段，三个潮流通道各自堵口与否的不同，共组成六组方案进行试验（见图5-36）。

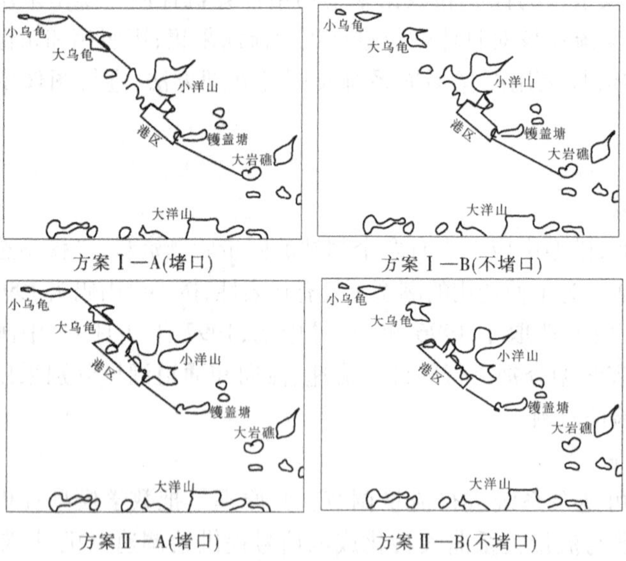

图5-36　洋山港区一期工程潮流模型试验方案示意图

1）试验潮型

考虑到工程对海区流场影响最显著的是大潮型，因此本次选用1997年9月实测大潮作为模型方案试验的典型潮型。该潮第一次涨落潮潮差分别为4.18 m和4.11 m，第二次分别为4.28 m和4.35 m,两次的涨落潮潮差基本接近,而且是现场四次测流中潮差最大的潮型。据统计,该潮差累计频率约为2%。

2)试验结果简介

通过对一期工程两大方案的试验,按潮流强度、水流流态、潮量、最大流速和泥沙淤积估算等五个方面,对各工程方案进行评价。

方案Ⅰ与方案Ⅱ比较,虽然从潮流强度、水流流态和港区淤积强度方面看,方案Ⅰ优于方案Ⅱ,但在潮量变化(即保持现有大、小洋山通道潮量)、从港口循序渐进逐步发展的总原则、工程施工及投资等方面,方案Ⅱ优于方案Ⅰ。总体来讲,方案Ⅰ和方案Ⅱ均为工程可行方案,方案Ⅱ可作为初步工程方案。

方案Ⅱ中的堵口方案,港池水域流速虽有增强优势,但也存在两个问题:一是小洋山以西,距码头延线650 m水域,涨落潮流速分别降低约20%和30%,水深将有明显淤浅,对港池水域水流将有可能产生不利影响;二是颗珠山至蒋公柱通道平均水深约达22 m,筑路堤工程量巨大,造价亦高,实现有一定难度,为此说明堵口方案不宜采用。

方案Ⅱ中的不堵口方案和半堵口方案,港区水流变化基本相同,主要差别在于半堵口方案对镬盖塘附近水域回流范围有一定扩大,但可通过封堵镬盖塘至将军帽通道加以解决。

总体来讲,方案Ⅱ中的堵口方案、不堵口方案和半堵口方案三者对港池水流无原则差异。基于上述分析,建议取方案Ⅱ中的不堵口方案和半堵口方案。

二、波浪模型试验

水面产生的波浪是多种多样的。波浪模型试验中所研究的问题能简化为二维时,可采用断面模型;当研究的问题不能简化为二维时,应采用整体模型。

波浪模型试验宜模拟单向不规则波,必要时应模拟多向不规则波。单向和多向不规则波宜模拟工程水域的实测波谱,无实测波谱时,可采用现行行业标准《海港水文规范》(JTJ213—98)中规定的波谱或其他合适的波谱。

波浪和水流共同作用时,波浪和水流应采用同一比尺,并应符合下列规定:

(1)试验基本资料分别给出波浪和水流要素时,应在试验水槽或水池放置建筑物模型前,在研究区域先模拟水流的流速和流向,再模拟无流时的波浪,并进行合成。

(2)试验基本资料给出波浪和水流合成要素时,可先进行波、流分离,再模拟要求的水流和波浪。

模型的原始入射波,规则波波高不应小于2 cm,波周期不应小于0.5 s;不规则波有效波高不应小于2 cm,谱峰值周期不应小于0.8 s。

(一)波浪模型相似准则

波浪模型与原型之间相似的比尺关系,可在动力学分析、因次分析和微分方程分析基础上,以流体力学为依据,保证模型中波浪与原型相似。

目前,一般认为港口波浪模型试验应尽量用正态模型。用重力相似准则设计,对于在波浪运动中其他的作用力,如表面张力、黏滞力及摩擦阻力也是必须考虑的因素,但模型中同时满足这些力的相似,有时是比较困难的,人们一般的处理方法是:在选定模型比尺大小上进行一定的限制，或通过分析和试验对有关测试数据加以修正。

波浪模型设计应根据波浪等动力因素及其与建筑物、岸滩等相互作用的特点，采用不同的相似准则。

1. 正态模型

波浪物理模型试验宜采用正态模型，并考虑其他因素后进行模型设计。

(1)波浪、波流(波浪与水流)及其与建筑物、岸滩等相互作用的模型设计，应满足重力相似，其比尺按下列公式确定：

速度比尺：$\lambda_u = \lambda_l^{1/2}$；

流量比尺：$\lambda_Q = \lambda_l^{5/2}$；

时间比尺：$\lambda_t = \lambda_l^{1/2}$；

频率比尺：$\lambda_f = \lambda_l^{-1/2}$；

压强比尺：$\lambda_p = \lambda_l$；

力的比尺：$\lambda_F = \lambda_l^3$；

能量比尺：$\lambda_E = \lambda_l^4$。

(2)波浪与斜坡式、直墙式建筑物相互作用的建筑物模型设计，应满足几何相似。与稳定性试验有关的建筑物构件的模型设计，除应满足几何相似外，还应满足质量、重心位置相似。

(3)波浪与浮式建筑物相互作用的建筑物和船舶的模型设计，除应满足几何相似外，还应满足惯性矩和自摇周期相似，其锚系结构尚应满足长度、质量和弹性相似。

(4)波浪与桩基、墩柱建筑物和水下管线相互作用的建筑物及其构件的模型设计，应满足与原型几何相似，当速度力起主要作用时，应分析雷诺数的影响；当桩和水下管线模型刚度较小时，应计入弹性影响。

(5)波浪作用下系泊船舶对码头撞击力的护舷模型设计，应满足弹性相似。

2. 变态模型

当整体物理模型的试验条件受到限制时，可采用变态物理模型。变态整体物理模型应按重力相似设计，模型的变率应根据不同条件及要求选取，但不应大于5。

(1)以波浪折射为主时，波长、波周期和时间比尺按下列公式确定：

波长比尺：$\lambda_L = \lambda_h$；

波周期比尺：$\lambda_T = \lambda_h^{1/2} = \lambda_L^{1/2}$；

时间比尺：$\lambda_t = \lambda_T$。

(2)以波浪绕射为主时，波长、波周期和时间比尺按下列公式确定：

波长比尺：$\lambda_L = \lambda_l$；

时间比尺：$\lambda_t = \lambda_T$；

波周期比尺：$\lambda_T = \left[\dfrac{\lambda_L}{\lambda_{(\mathrm{th}\frac{2\pi h}{L})}}\right]^{1/2}$。

式中　$\lambda_{(\mathrm{th}\frac{2\pi h}{L})}$——原型与模型 $\mathrm{th}\dfrac{2\pi h}{L}$ 之比；

其他符号意义同前。

(3)研究波浪反射时,建筑物模型和边界的反射系数与原型一致。

(二)波浪整体模型试验

波浪传播与变形、港内水域平稳度和船行波,及斜向波、多向波和船行波等对建筑物作用的研究,应采用整体物理模型试验。

波浪整体物理模型的比尺选择应根据试验水池和建筑物结构的尺度、波浪等动力因素及试验仪器测量精度确定,并应充分利用试验条件,采用较小的模型比尺。整体物理模型长度比尺不应大于150;当有船舶模型置于其中时,模型长度比尺不应大于80;船行波试验时,模型长度比尺不宜大于30。

整体物理模型试验的范围,应包括试验要求研究的区域和对研究区域波浪要素有影响的水域。试验水池中造波机与建筑物模型的间距应大于6倍平均波长。模型中设有防波堤堤头时,堤头与水池边界的间距应大于3倍平均波长,单突堤堤头与水池边界的距离应大于5倍平均波长,并应在水池边界设消浪装置,减小反射影响。进行多向不规则波试验时,研究区域应位于多向波的有效范围内。

1. 波浪传播与变形模型试验

研究近岸水域的波浪传播变形、航道和建筑物等对波浪传播的影响时,宜进行波浪传播与变形的模型试验。

模型应根据试验要求布置测波点。原始入射波测点应设在水深较大、波形平稳处,对重点研究和波浪变化明显的水域应加密测点,测点的间距不应小于20 cm。试验结果可采用波高或比波高表示。对不规则波,可采用与原始入射波同一累积率的特征波高或特征比波高表示。

2. 港内水域平稳度模型试验

研究波浪对船舶进出港内水域、装卸作业等的影响时,宜进行港内水域平稳度模型试验。港内水域平稳度模型试验应在港内水域外不受建筑物影响的水域,布置1~2个波浪监测点。试验为规则波且建筑物为直墙式时,增设的测波点应布置在波腹处。试验结果可采用波高或比波高表示,必要时,应绘制波高或比波高等值线图。通过船舶运动检测港内水域平稳度时,应测定船舶运动量。

研究波浪对取、排水工程的影响时,其模型试验除应按港内水域平稳度模型试验的要求进行外,尚应在取、排水口的头部布置测波点,分析时应考虑长周期波的影响。

(三)波浪泥沙模型试验

研究以波浪作用为主的沙质海岸的岸滩演变及工程泥沙问题,宜采用波浪泥沙模型。波浪泥沙模型试验宜采用正态模型,当受试验条件的限制需采用变态模型时,模型的变率不宜过大,并应对变态模型试验的结果进行论证。

1. 相似比尺

波浪泥沙模型相似律包括几何相似、波浪运动相似、波浪对岸滩作用相似、泥沙运动相似和地形冲淤变化相似。波浪作用下的海岸泥沙运动是复杂的动力过程,波浪及泥沙运动的各自相似条件很难同时满足,应根据现场资料进行全面认真的分析,针对需要解决的问题,抓住主要相似条件,合理地选取模型沙和模型比尺。模型各项相似比尺分别由下列各式确定。

(1)几何相似：

$$\lambda_l = \frac{l_p}{l_m}, \quad \lambda_h = \frac{h_p}{h_m}$$

(2)波浪运动相似：

①波浪折射、波浪陡度、波浪传播速度相似

$$\lambda_L = \lambda_h = \lambda_H \tag{5-32}$$

$$\lambda_c = \lambda_T = \lambda_h^{1/2} \tag{5-33}$$

②波浪绕射、波浪反射相似

$$\lambda_L = \lambda_l = \lambda_h$$

(3)波浪对岸滩作用相似(浅水波底部轨迹速度 u_b、沿岸流速度 u_l 相似)：

$$\lambda_{u_b} = \lambda_{u_l} = \lambda_h^{1/2}$$

(4)泥沙运动相似：

①泥沙沉降速度相似

$$\lambda_\omega = \frac{\lambda_h^{3/2}}{\lambda_l}$$

②泥沙颗粒加速度相似

$$\lambda_a = 1$$

③泥沙起动相似

$$\lambda_{u_c} = \lambda_{u_b} \tag{5-34}$$

(5)床面冲淤变形相似：

$$\lambda_{t_0} = \frac{\lambda_{\gamma_s'}\lambda_l^2\lambda_h}{\lambda_{Q_T}} \tag{5-35}$$

式中　λ_{t_0}——冲淤时间比尺；

λ_{Q_T}——沿岸输沙量比尺；

其他符号含义同前。

波浪泥沙模型平面比尺不宜大于300,垂直比尺应满足模型波高大于2.0 cm和模型波周期大于0.5 s要求。当采用变态模型时,模型变率根据不同的泥沙冲淤情况,宜取1.5~5.0。

2. *沿岸输沙的波浪泥沙模型试验*

波浪作用下的沿岸泥沙输移研究,宜采用整体物理模型。试验宜采用不规则波,当采用规则波时,应选取代表波浪,当有两个相反方向的沿岸输沙时,应以岸线的垂线为界划分成两个区,分别确定两个方向的代表波浪。

3. *岸滩横剖面的波浪泥沙模型试验*

岸滩横剖面的波浪泥沙模型试验宜采用不规则波,当采用规则波时,应取有效波高和平均波周期为代表波要素。岸滩横剖面稳定试验应分别进行平常波浪和暴风浪作用下的试验,试验宜在造波机一次反射影响较小的水槽内进行,并应监测原始入射波。

岸滩横剖面试验,模型沙的铺设厚度,除应大于预测冲刷最大深度外,还应考虑水体对岸滩渗透的影响。

试验可在生波后的 15 min、30 min 和 60 min 测量岸滩横剖面变化，其后应每小时测量 1 次。当前、后两次岸滩横剖面的测量结果无明显变化时，确定为岸滩最终动力稳定剖面。

4. 建筑物附近底床局部冲刷模型试验

波浪作用下建筑物附近底床局部冲刷模型试验，主要应包括冲刷坑的位置与形状、稳定冲刷深度和冲刷随时间的变化过程等内容。

建筑物附近底床局部冲刷模型试验宜采用不规则波，当采用规则波时，应取有效波高和平均波周期为代表波要素。

试验可在生波后的 15 min、30 min 和 60 min 测量底床冲刷剖面变化，其后应每小时测量 1 次，当前、后两次底床剖面的测量结果无明显变化时，可确定为最终冲刷剖面。

（四）波浪断面模型试验

研究波浪对斜坡式、直墙式建筑物的正向作用时，可采用断面模型试验。模型比尺的选择应根据试验水槽和建筑物结构尺度、波浪等动力因素及试验仪器测量精度确定，并应满足表 5-15 的要求。

表 5-15　波浪断面模型长度比尺

建筑物型式	模型长度比尺
斜坡式、直墙式、水下管线	≤40
桩基、墩柱	≤60
浮式	≤80

建筑物的稳定性试验宜采用不规则波。当水深条件限制，建筑物模型处不能产生要求的波浪要素时，可在建筑物模型前加大地形底坡坡度，加大后的坡度不应陡于 1∶15。建筑物模型与造波机间的距离应大于 6 倍平均波长，要求测量建筑物后的波要素时，建筑物模型与试验水槽尾部消波器间的距离应大于 2 倍平均波长。

模型建筑物及其构件的几何尺度允许偏差应为 ±1%，且应控制在 ±5 mm 内。有重心和质量相似要求的建筑物构件，其重心位置允许偏差应为 ±2 mm，质量允许偏差应为 ±3%。单个护面块体、垫层、棱体、基床和护底块石质量允许偏差应为 ±5%。

测量建筑物前的反射波波高时，应在建筑物模型前 1 倍有效波长外设置多个波高仪，并根据测得的波面过程进行入射波和反射波分离，分别求出入射波和反射波的能量或波高，并按相应规定计算反射系数。断面模型的每组试验应至少重复 3 次，并取其平均值作为代表值。

1. 斜坡式建筑物断面模型试验

正式试验前，应用小波连续作用一段时间，模型波浪作用的累计时间，应根据暴风浪的持续时间确定，但模拟的原型波作用时间不宜少于 2 h。

1）斜坡式建筑物护面块体稳定性试验

护面块体的稳定性试验，每组应至少重复 3 次，当 3 次试验的失稳率差别较大时，应增加重复次数。护面块体的失稳判别标准为：①在波浪作用下，随机抛放的护面块体累积位移超过单个块体的最大几何尺度时即失稳，强度起控制作用的大型护面块体，其累积位移超过块体最大几何尺度一半时即失稳；②在波浪作用下，单层铺砌的护面块体，其累积位移超过单个块体的厚度时即失稳，单层随机抛放的护面块体，其位移后产生的缝隙宽度超过块体最大几何尺度一半时即失稳；③斜坡式建筑物抛石棱体和块石护底的表面明显变形即失稳。

2）斜坡式建筑物顶部胸墙稳定性试验

测量斜坡式建筑物顶部胸墙波压力分布的测点数视胸墙的尺度和设计要求确定，但胸墙迎浪面及墙底面的测点数均不应少于 3 个；测量斜坡式建筑物坡面上的波压力分布时，应在坡面上布置 1 个测点测量最大波压力，由该测点至坡顶，布置测点不应少于 2 个，由该测点至坡脚，布置测点不应少于 3 个，并应计算各测点上的最大压力分布。

斜坡式建筑物顶部胸墙稳定性试验，应测量胸墙底和堤顶间摩擦系数，当观测到胸墙发生明显滑动或倾斜时即失稳。

2. 直墙式建筑物断面模型试验

测量直墙式建筑物墙面波压力分布时，应在静水位处和墙脚各布置 1 个测点，静水位至墙顶及静水位至墙脚之间各布置测点不应少于 2 个。测量墙底部上托力分布时，应在墙底的前、后趾各布置 1 个测点，前、后趾间布置测点不应少于 2 个。测量开孔沉箱、大圆筒和半圆形防波堤的波压力分布时，应根据要求加密测点，开孔沉箱箱室，大圆筒防波堤连接处，半圆形防波堤拱圈的内外壁及底板上、下均应布置测点。

进行直墙式建筑物稳定性试验时，应测量直墙底与基床间的摩擦系数。当观测到堤身发生明显滑动或倾斜时应判定为失稳，建筑物的基床和护底块石表面明显变形时也应判定为失稳。

（五）波浪模型设计实例

1. 波浪整体模型设计实例

毛里塔尼亚友谊港附近岸线呈南北走向（见图 5-37）。

据当地 10 年的波浪资料统计，友谊港波浪无论是波高大小，还是出现频率，均以 NNW、NW、WNW 和 W 四个方向占绝对优势，四个方向总频率达 93.47%，波高大于 2 m 的大浪也只出现在这四个方向。根据分析，其沿岸流流速及含沙量均与破波波高的平方成正比。友谊港附近的海岸泥沙运动主要表现为沿岸漂沙，泥沙中值粒径 0.28 mm，波浪作用是海岸泥沙运动的主要动力，破波掀起的泥沙在沿岸流作用下自北向南输送，根据计算，每年的输沙量为 60 万 ~90 万 m^3。友谊港 1986 年 6 月建成以后，由于栈桥码头截断了自北向南的沿岸输沙，港区下游岸线发生冲刷后退，危及陆上土建工程安全。为了研究友谊港海岸冲刷和防护措施，根据海岸动力和泥沙运动特点，进行了波浪作用下泥沙运动的模型试验。

1）模型设计

a. 试验波浪要素分析

根据当地 10 年波浪资料，利用直接合成法和波能流分析法计算得出的合成波向分别为 315°和 292.5°，从沿岸输沙的角度分析，采用波能流法的结果比较合理，因此确定模型试验的波向为接近 WNW 方向。

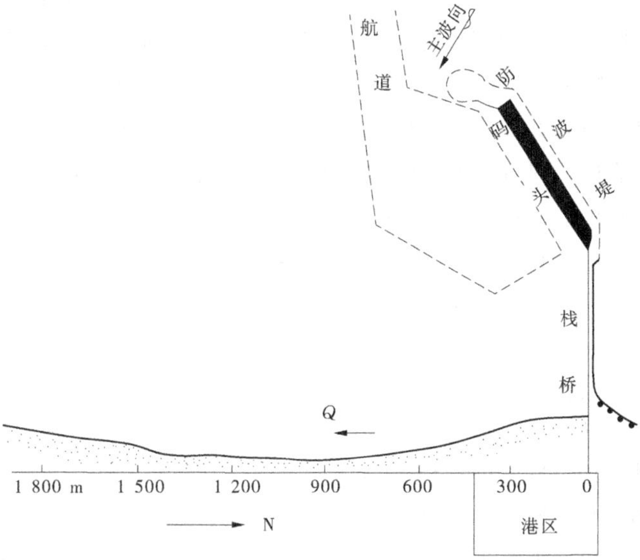

图 5-37 友谊港示意图

由于模型试验所研究的主要是海岸冲刷问题，所关心的只是那些能引起岸滩泥沙运动的波浪，因此选取代表波浪进行模型试验。根据现场海滩剖面资料来考察现场海底泥沙活动情况可知：-8 ~ -9 m 的海底泥沙看不出明显的冲刷和堆积现象，但存在泥沙的轻微摆动，因此现场泥沙的起动水深定为 -8 ~ -9 m。根据有关波浪作用下的泥沙起动公式计算，当波高为 1.21 m，波长在 70 ~ 100 m 时，-8.28 m 的海底泥沙可以起动。因此，模型试验采用的原型代表波浪要素为：波高 1.21 m，波长 85 m。

b. 模型比尺

根据试验研究范围和场地条件，选取模型平面比尺 $\lambda_l = 150$。由于模型研究对象重点不是泥沙淤积问题，因此在满足模型波浪运动相似方面，主要考虑波浪的传播与折射运动相似，即满足式(5-32)和式(5-33)的要求。

由于波浪作用下沙质海岸岸滩冲刷表现的泥沙运动主要呈推移质状态，因此在泥沙运动相似方面，泥沙的起动相似条件要比代表悬移质特性的沉降相似条件更为重要。根据有关波浪作用下的泥沙起动公式，按照式(5-34)的泥沙起动相似条件，计算当平面比尺 $\lambda_l = 150$ 时，要求采用 $\gamma_s \leqslant 1.17\ \text{kg/cm}^3$ 的模型沙才能获得小变率($\eta < 2$)的垂直比尺。因为 $\gamma_s \leqslant 1.17\ \text{kg/cm}^3$ 的模型沙难以获得，选用煤粉($\gamma_s = 1.35 \sim 1.40\ \text{kg/cm}^3$，中值粒径为 0.48 mm)作为模型沙，在变率不允许增大的情况下，就需要在某些比尺方面进行调整。

当取平面比尺 $\lambda_l = 150$、垂直比尺 $\lambda_h = 81$ 时，根据波浪传播和折射相似条件式(5-32)和式(5-33)得：$\lambda_c = \lambda_T = \lambda_h^{1/2} = 9$，$\lambda_L = \lambda_h = \lambda_H = 81$。这样，原型代表波浪要素 1.21 m 的波高和 85 m 的波长，在模型中就成为 1.5 cm 的波高和 105 cm 的波长。由波浪作用下泥沙起动水深公式计算可知，当采用上述煤粉作模型沙时，这样的波浪不能满足起动水深相似的要求，而满足这一相似要求的模型波高应为 1.8 ~ 1.9 cm(波长仍为 105 cm)。最后确定模型波高采用 1.8 ~ 1.9 cm，波长仍为 105 cm，这样的模型波高虽然略大于比尺关系的计算结果，但这种影响可以在验证试验中通过调整时间比尺 λ_{t_0} 来消除。

对于模型的时间比尺，当泥沙冲淤量比尺 λ_{Q_T} 确定后，时间比尺 λ_{t_0} 按式(5-35)就可确定。λ_{Q_T} 一般无法直接由公式计算推求，需借助现场实测和模型验证资料来确定。据现场1986年7月和12月两次地形断面图比较计算，栈桥至S1915断面范围内半年的冲刷为360 000 m^3，按干容重1 600 kg/m^3 计算，原型输沙率 $Q_{Tp}=133$ t/h。在模型中通过验证试验，在同样范围内测得的冲刷量，按干容重920 kg/m^3 计算，模型输沙率 $Q_{Tm}=1.24$ t/h。这样 $\lambda_{Q_T}=107.3$，代入式(5-35)计算得 $\lambda_{t_0}=2\ 940$，即模型中2.98 h相当于原型一年，在实际试验中偏于安全考虑，取3 h相当于一年。

2)模型验证

模型按设计要求制作完成后，经过仪器设备调试，即开始了地形的验证试验。其中模型的动床部分做至 −10 m，以满足在波浪作用下，−8 ~ −9 m海底泥沙的起动要求。

通过对现场测图的对比分析，1986年上半年的冲刷量小于下半年，这可能与上半年栈桥还未完全封堵，上游泥沙可以部分进入下游有关；1987年1、2、3月反映的冲刷量，其月平均值也略小于1986年下半年的月平均值。偏于安全考虑，采用了1986年7月和12月的两次现场测图作为模型验证标准。

验证试验时，采用模型设计的波向和波要素，模型岸滩经过1.5 h(原型半年时间)的波浪作用后，测量 +1 ~ −9 m的近岸地形，在研究范用内沿纵向等距离绘制14个剖面进行比较。比较结果显示，除少数剖面冲刷略不够或过量外，多数剖面验证很好，岸滩地形变化在模型中得到了准确的复演。

3)试验成果

模型验证完成后，进行了10年自然冲刷的试验，根据试验结果分析了友谊港下游不同岸段的自然冲刷规律，得出为了保证陆上工程安全，必须采取海岸防护措施的结论。此外，在模型中进行了四种防护工程方案的比较试验，从中比选出防护较好的丁坝南挑方案，为工程设计提供了科学依据。

2. 波浪断面模型设计实例

2008年北京奥运会青岛帆船比赛基地工程位于青岛市浮山湾，为保证赛场基地内工程的水工建筑物安全可靠，满足奥运会期间帆船比赛的各项要求，对此工程进行波浪断面物理模型试验，以验证防波堤断面结构的合理性和稳定性。

1)研究内容

研究内容为防波堤断面(见图5-38)在极端高水位、设计高水位、设计低水位和极端低水位时，50年一遇波浪作用下护面块体、护底块石和护脚棱体的稳定情况。

2)试验设备和仪器

堤身块体稳定性试验在长50 m、宽1.2 m、深1.2 m的不规则波浪水槽中进行。水槽一端为低惯量直流式不规则造波机，另一端为消能设施。

3)模型比尺的确定

根据波浪等动力因素、防波堤断面的几何尺寸、试验仪器精度及现有波浪水槽设备条件和必须要满足的相似准则，确定断面模型长度比尺 $\lambda_l=36$，则时间比尺为 $\lambda_t=\lambda_l^{1/2}=6$。

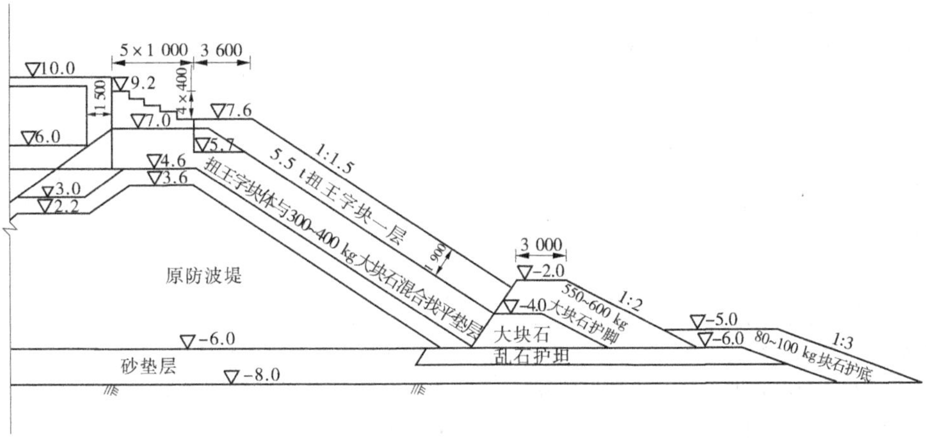

图 5-38　防波堤断面　(单位:尺寸,mm;高程,m)

4)模型制作

防波堤断面由 5.5 t 扭王字护面块体、550 ~ 600 kg 护脚块石、80 ~ 100 kg 护底块石组成。扭王字护面块体等利用模具预制成混凝土块体,块石按重量精心挑选,尺度允许偏差 ±1%,且控制在 ±5 mm 内,重量允许偏差 ±5%。防波堤断面严格按照几何相似制作,见图 5-39。

图 5-39　试验前防波堤断面中护脚及护底块石摆放情况

5)原始波要素率定(凑谱)

本试验采用不规则波。根据有关方面提供的《2008 北京奥运会青岛帆船比赛基地波浪分析与计算》报告,确定试验采用的原型原始波要素见表 5-16。

表 5-16　原型原始波要素

水位	重现期(年)	$H_{1\%}$(m)	$H_{4\%}$(m)	$H_{13\%}$(m)	$\overline{T}$(s)	T_s(s)
极端高水位	50	7.20	6.30	5.04	9.3	10.70
设计高水位		6.90	6.03	4.83		
设计低水位		6.20	5.36	4.31		
极端低水位		5.82	5.05	4.05		

注：$H_{p\%}$ 表示累积频率为 $p\%$ 的波高；$\overline{T}$ 表示平均波周期；T_s 表示有效波周期，$T_s = 1.15\ \overline{T}$。

模型的原始波要素率定(凑谱)按照《海港水文规范》(JTJ213—98)规定进行。经过验算(凑谱)，模型中原始不规则波要素采用 JONSWAP 风浪谱，在波浪水槽中试验结果见表 5-17。

表 5-17　模型率定试验波要素结果(已换算为原型值)

水位	重现期(年)	$H_{1\%}$(m)	$H_{4\%}$(m)	$H_{13\%}$(m)	T_s(s)
极端高水位	50	7.38	6.30	4.86	10.70
设计高水位		6.77	5.76	4.72	
设计低水位		6.08	5.36	4.28	
极端低水位		6.08	5.04	4.07	

比较表 5-16 和表 5-17 可知，有效波高、有效波周期等偏差均不超过 ±5%，率定(凑谱)结果满足要求，即试验中采用 JONSWAP 风浪谱进行试验。

6) 试验结果分析

在极端高水位情况下，由于波浪较大，经过 2 个多小时(原型值)的作用，550 ~ 600 kg 护脚块石失稳，失稳率 35%。标高 -2.0 m 的平台变成斜坡，一部分块石向上运动，一部分向下运动。失稳原因一方面是平台标高偏高，处于波浪作用区内，另一方面是护脚块石重量偏小。其他部分 5.5 t 扭王字护面块体和 80 ~ 100 kg 护底块石均稳定。见图 5-40。

在极端高水位波浪作用的基础上，设计高水位时 550 ~ 600 kg 护脚块石继续失稳，累计失稳率 40%，防波堤其他部分均稳定。

在进行设计低水位试验前，防波堤断面模型被重新按照设计图纸安放，经过设计低水位波浪作用后，550 ~ 600 kg 护脚块石失稳率为 30%，5.5 t 扭王字护面块体稳定，80 ~ 100 kg 护底块石有一块位移了 0.7 m(原型值)后不再运动，所以护底块石基本稳定。

极端低水位时水位较低，波浪对护脚块石的作用更加明显，在设计低水位波浪作用的基础上，极端低水位时 550 ~ 600 kg 护脚块石继续失稳，累计失稳率 50%，防波堤其他部分稳定。

图 5-40　防波堤断面被极端高水位波浪作用后的情况

第十节　地下水渗流模型试验

一、砂槽模型

(一) 砂槽模型相似条件

地下水渗流问题研究，最直观的方法是砂槽模型试验。为使模型中的水流运动完全复演天然状态，模型比尺必须基于一定的相似准则。根据达西(H. Darcy)定律：

$$u_i = k_i \frac{\Delta h}{L}$$

可得其相似比尺条件为：

$$\lambda_{u_i} = \lambda_{k_i} \frac{\lambda_h}{\lambda_l} \tag{5-36}$$

式中　u_i、k_i——直角坐标 i 方向的渗透速度分量和渗透系数；

其他符号含义同前。

当取正态模型时，则式(5-36)变为：

$$\lambda_{u_i} = \lambda_{k_i}$$

当土体为各向同性($\lambda_{k_x} = \lambda_{k_z} = \lambda_k$)时，则：

$$\lambda_{u_x} = \lambda_{u_z} = \lambda_u = \lambda_k \tag{5-37}$$

式(5-37)同样可由水流的连续条件导得。

渗流量比尺为：

$$\lambda_Q = \lambda_A \lambda_u = \lambda_l^2 \lambda_k \tag{5-38}$$

由于 $u = \frac{L}{t}$ 及式(5-37)的 $\lambda_u = \lambda_k$，可知时间比尺为 $\lambda_t = \frac{\lambda_l}{\lambda_u} = \frac{\lambda_l}{\lambda_k}$，同时由于断面流速 u

与孔隙平均速度 u' 之间存在 $u = eu'$（e 为有效孔隙率）的关系，从而渗流模型的时间比尺为：

$$\lambda_t = \frac{\lambda_l \lambda_e}{\lambda_k} \tag{5-39}$$

当一般非均质土，可按不同土体的渗透系数之相同比值，即 $\lambda_{k_1} = \lambda_{k_2} = \cdots = \lambda_{k_n}$ 进行模型布置。

当考虑由于库水位降落所引起坝体的非稳定渗流时，其初始状态势必是既定上、下游水位时的稳定渗流场，因此可按稳定渗流的模型比尺进行砂槽试验。随后，库水位根据实际降落曲线下降，测定某一时刻坝体内孔隙水压力分布，即瞬时稳定流场。其时间比尺和稳定渗流相同，仍用式(5-39)。

（二）模型试验实例

某稳定和非稳定渗流模型试验在长 5 m、宽 0.3 m、高 0.75 m 的水槽中进行，为符合达西定律，模型土料分别选用中细砂及重粉质壤土两种。在不透水基础上填筑成高 74 cm、顶宽 10 cm、上下游边坡均为 1:2的均质坝，其断面型式如图 5-41(a)所示。其渗透系数分别为 1.7×10^{-3} cm/s 及 2.0×10^{-4} cm/s。作为非稳定渗流初值的稳定渗流，是在上游水位 60.0 cm、下游无水的条件下进行的，其自由水面及流场分布如图 5-41(a)所示。同时，采用有限单元数值分析进行计算，其结果一并画入该图中。由图可知，自由水面流场分布的试验值与计算值略有偏差。而渗流量分别为 0.070 4 cm^3/s 及 0.064 cm^3/s，尚属相近。

非稳定渗流是在上述稳定渗流的基础上进行的，试验中上游水位自 60.0 cm 下降到 2.0 cm，其降落速度从 0.001 87 cm/s 到骤降，测得各降落速度对自由水面变化及流场分布（见图 5-41(b) ~ (d)）。同时，又对该模型坝采用有限单元法进行数值计算，其结果一并绘于图 5-41(c)及图 5-41(d)。图 5-41 清楚地表明，中细砂槽模型试验与计算的自由水面变化及流场分布基本相符，而重粉质壤土偏差稍大。

二、黏滞流模型简介

两平行板间的层流运动，其流速与水头损失呈线性阻力关系，在数学表达方面与地下水运动的达西定律相似，因而就构成了模拟的相似条件，或者直接从描述黏滞液运动的纳维－司托克斯（Navier-Stokes）基本微分方程出发得到相似条件。对于不可压缩流体，其基本微分方程式可写为：

$$\left.\begin{aligned}
\frac{\partial u_x}{\partial t} + u_x\frac{\partial u_x}{\partial x} + u_y\frac{\partial u_x}{\partial y} + u_z\frac{\partial u_x}{\partial z} &= -g\frac{\partial h}{\partial x} + \nu\nabla^2 u_x \\
\frac{\partial u_y}{\partial t} + u_x\frac{\partial u_y}{\partial x} + u_y\frac{\partial u_y}{\partial y} + u_z\frac{\partial u_y}{\partial z} &= -g\frac{\partial h}{\partial y} + \nu\nabla^2 u_y \\
\frac{\partial u_z}{\partial t} + u_x\frac{\partial u_z}{\partial x} + u_y\frac{\partial u_z}{\partial y} + u_z\frac{\partial u_z}{\partial z} &= -g\frac{\partial h}{\partial z} + \nu\nabla^2 u_z
\end{aligned}\right\} \tag{5-40}$$

方程式左边各项是通过速度表示的加速度 $\frac{du}{dt}$，即单位质量的力；右边的第一项是势能水头，表示压力和重力；右边第二项是摩阻力。如果考虑两平行板间（x—z 面）的黏滞

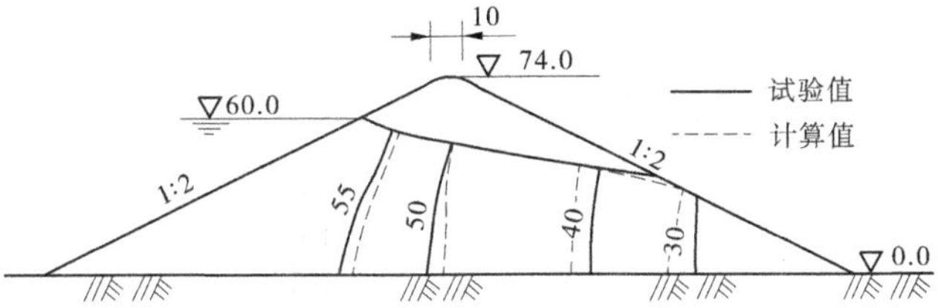

(a)稳定渗流自由水面及流场分布

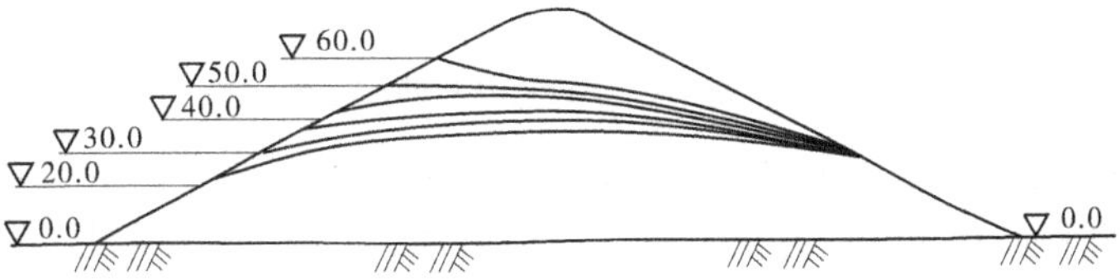

(b)非稳定渗流自由水面变化(重粉质壤土)

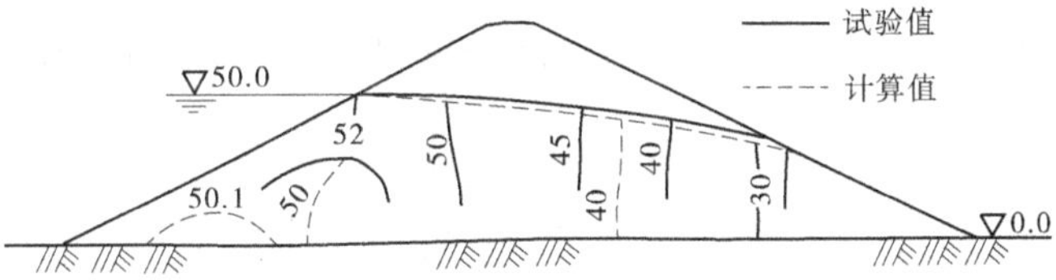

(c)非稳定渗流流场分布(重粉质壤土)

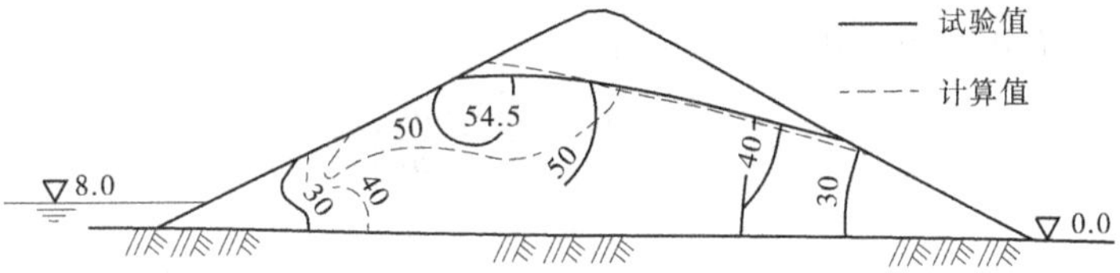

(d)非稳定渗流流场分布(中细砂)

图 5-41　稳定和非稳定渗流的自由水面流场分布　(单位:cm)

液流动(见图 5-42),当略去惯性项时,式(5-40)则变为:

$$\left.\begin{aligned} u_x \frac{\partial u_x}{\partial x} + u_z \frac{\partial u_x}{\partial z} &= -g\frac{\partial h}{\partial x} + \nu \nabla^2 u_x \\ u_x \frac{\partial u_z}{\partial x} + u_z \frac{\partial u_z}{\partial z} &= -g\frac{\partial h}{\partial z} + \nu \nabla^2 u_z \\ 0 &= -g\frac{\partial h}{\partial y} \end{aligned}\right\} \tag{5-41}$$

从式(5-41)可以看出,沿着垂直于壁面方向的压力不变,因而各点在其他两方向

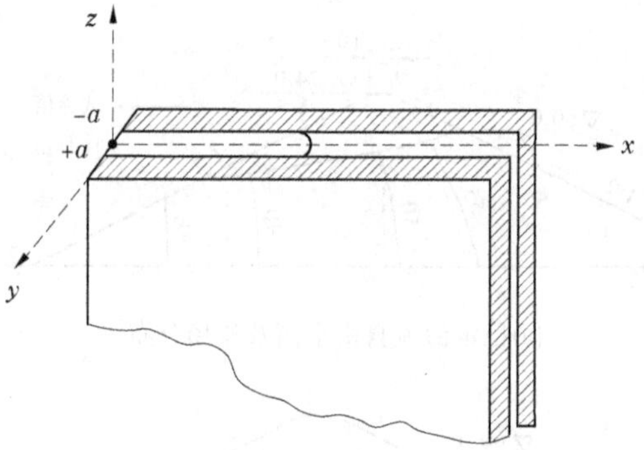

图 5-42　两平行板间的黏滞液流动示意图

(x,z)的水头梯度完全与 y 无关,也就是说不管两平行板间 y 方向的流速分布如何,h 在任一平行壁面的平面上分布必为相同,流线的形态也必为相同。因此,就允许我们沿壁面装设测压管测定压力分布或记录流线作为代表,不必考虑测点在 y 轴方向的位置。

两平行板间的黏滞液流动在一定流量时,垂直于壁面方向的流速梯度与壁面间的距离成反比,因此当两平行板非常靠近时,则在其他两方向(x,z)的流速梯度与 y 方向相对极小,则$\frac{\partial u_x}{\partial x}$、$\frac{\partial u_x}{\partial z}$、$\frac{\partial u_z}{\partial x}$、$\frac{\partial u_z}{\partial z}$以及它们的二阶导数均可略去,式(5-41)即可化简为:

$$\left.\begin{aligned}\frac{\partial h}{\partial x} &= \frac{\nu}{g}\frac{\partial^2 u_x}{\partial y^2}\\ \frac{\partial h}{\partial z} &= \frac{\nu}{g}\frac{\partial^2 u_z}{\partial y^2}\end{aligned}\right\}$$

两次积分上式,并结合边界条件(见图 5-42)$y=0$ 时,$\frac{\partial u_x}{\partial y}=\frac{\partial u_z}{\partial y}=0$;$y=\pm a$ 时,$u_x=u_z=0$,则可得与壁面正交方向的流速分布:

$$\left.\begin{aligned}u_x &= -\frac{(a^2-y^2)g}{2\nu}\frac{\partial h}{\partial x}\\ u_z &= -\frac{(a^2-y^2)g}{2\nu}\frac{\partial h}{\partial z}\end{aligned}\right\}$$

在平行板间的平均流速则为:

$$\begin{aligned}\bar{u}_x &= \frac{1}{a}\int_0^a u_x \mathrm{d}y = -\frac{a^2 g}{3\nu}\frac{\partial h}{\partial x}\\ \bar{u}_z &= \frac{1}{a}\int_0^a u_z \mathrm{d}y = -\frac{a^2 g}{3\nu}\frac{\partial h}{\partial z}\end{aligned} \tag{5-42}$$

即:

$$\frac{\partial u_x}{\partial z} = \frac{\partial u_z}{\partial x}$$

说明 x—z 平面的流动是有势的,因此可以应用平行板间的黏滞液流动模拟地下水的位势流动。很明显,式(5-42)的平均流速与达西定律:

$$\left.\begin{aligned} u_x &= -k\frac{\partial h}{\partial x} \\ u_z &= -k\frac{\partial h}{\partial z} \end{aligned}\right\} \tag{5-43}$$

完全相似,即模型渗透系数:

$$k_m = \frac{a^2 g}{3\nu}$$

若设原型的渗透系数为 k,则 $\lambda_k = \frac{k}{k_m} = \frac{3\nu k}{a^2 g}$。对于正态模型,比较式(5-42)及式(5-43)可知流速比尺:

$$\lambda_u = \lambda_k = \frac{3\nu k}{a^2 g} \tag{5-44}$$

由于两平行板间的距离 $2a$ 相当于天然的单位宽度 1,则可得流量的比尺关系:

$$\lambda_q = \frac{3\nu k\lambda_l}{2ga^3} \tag{5-45}$$

式(5-44)和式(5-45)的狭缝槽模型比尺关系,只有在 x、z 方向的流速梯度和惯性加速度可以忽略时成立。因此,两板间距离愈近,这种误差以及模型进口处受边界转变所影响的距离就愈小;同时,所用流体的黏度愈大,这种误差也将愈小。根据已有经验,在一般模型水头情况,甘油在 1 ~ 2 mm 的缝间流动或者水在宽 0.1 ~ 0.3 mm 的缝间流动是满足要求的。如果以雷诺数 $Re = \frac{u(2a)}{\nu}$来衡量,不能超过临界值 $Re = 1\ 000$,并宜在恒温条件下进行试验。

对于非均质土的模拟,如图 5-43 所示,采用不同缝宽 $2a_1$ 和 $2a_2$ 代表两种不同透水性 k_1 和 k_2,它们之间的关系可由流量关系式(5-45)得:

$$\frac{k_1}{k_2} = \left(\frac{a_1}{a_2}\right)^3$$

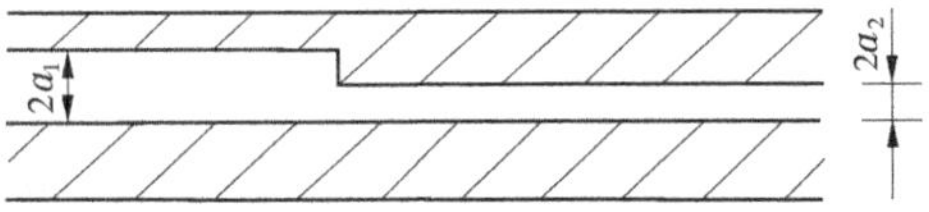

图 5-43　不同缝宽示意图

对于非稳定渗流模型,若考虑运动方程(5-40)中略去惯性项中的平方部分,以达西定律表示右边末项的摩阻力,并考虑到水质点的运动,而把 u 看成断面平均流速时,就可得到垂直平面的流动方程:

$$\left.\begin{aligned} \frac{1}{eg}\frac{\partial u_x}{\partial t} + \frac{\partial h}{\partial x} + \frac{u_x}{k} &= 0 \\ \frac{1}{eg}\frac{\partial u_z}{\partial t} + \frac{\partial h}{\partial z} + \frac{u_z}{k} &= 0 \end{aligned}\right\} \tag{5-46}$$

式中　e——土体的有效孔隙率。

由式(5-46)得到相关模型比尺:

$$\frac{\lambda_u}{\lambda_e \lambda_t} = \frac{\lambda_u}{\lambda_k} = 1$$

即：
$$\lambda_k = \lambda_u,\quad \lambda_t = \frac{\lambda_u}{\lambda_e}$$

根据上述各比尺的推导过程可知，原型须符合达西定律，黏滞流模型须是层流，并且在相同边界和初始条件下进行试验。

三、导电液模型简介

(一)基本模型律

用电拟试验研究渗流问题的基本原理，是基于水流在多孔介质中服从达西定律和电流在导电介质中服从欧姆定律的相似性，因为两种物理场可用同一形式的数学方程式来描述。

稳定渗流场拉氏方程式为：

$$\frac{\partial^2 h}{\partial x^2} + \frac{\partial^2 h}{\partial y^2} + \frac{\partial^2 h}{\partial z^2} = 0 \tag{5-47}$$

电场的拉氏方程为：

$$\frac{\partial^2 V}{\partial x^2} + \frac{\partial^2 V}{\partial y^2} + \frac{\partial^2 V}{\partial z^2} = 0 \tag{5-48}$$

式中　h——渗流场测压管水头；

V——电场电位。

比较式(5-47)和式(5-48)，可知其积分仅差一常数。若建立起两式中各物理量间的相似比尺，并满足几何形状和边界条件相似，则式(5-48)的解完全与式(5-47)的解相同。因而，可用导电介质电场模型来代替所要研究的渗流场，通过测量电场模型的要素，进而得到渗流场渗流要素。

设在三维空间坐标系中，分别沿流线取渗流场中一段长 L 和电场中一段长 L_m 的微小流束，根据达西定律和欧姆定律，分别写出渗流场通过截面面积 ω 的渗流量和电场通过截面面积 ω_e 的电流强度：

$$Q = \omega u = -\omega k \frac{\partial h}{\partial L} \tag{5-49}$$

$$I = \omega_e i = -\omega_e c \frac{\partial V}{\partial L_m} \tag{5-50}$$

式中　u——渗流速度；

k——渗透系数；

i——电流密度；

c——导电率，是电阻率 ρ 的倒数，即 $c = \frac{1}{\rho}$；

其他符号含义同前。

式(5-49)和式(5-50)表明，导电介质中电流和电压间的关系与渗流场多孔介质中渗流速度和水头间的关系完全相似。若在上述各物理量间引进相应的比尺，即：

$$\lambda_h = \frac{h}{V},\lambda_Q = \frac{Q}{I},\lambda_k = \frac{k}{c} = k\rho$$

并考虑到电模型的几何尺寸比渗流场缩小 λ_l 倍，即：

$$L_m = \frac{L}{\lambda_l}, \omega_e = \frac{\omega}{\lambda_l^2}$$

则可导得：

$$Q = -\left[\frac{\lambda_Q}{\lambda_l \lambda_h \lambda_k}\right]\omega k \frac{\partial h}{\partial L} \tag{5-51}$$

显然，欲使式(5-51)与式(5-49)相等，则：

$$\lambda_Q = \lambda_l \lambda_h \lambda_k \tag{5-52}$$

由式(5-52)可知，当模型长度比尺和电阻率确定后，在电压和电流两比例常数中只需任选一个，余者即可确定。

对均质渗流场，ρ 值可任选。对不同土层组成的非均质渗流场，其模型各区的 ρ 值应满足：

$$\lambda_k = \rho_1 k_1 = \rho_2 k_2 = \cdots = \text{常数}$$

只在计算渗流量时以任一成对的 $\rho_i k_i$ 代入相应公式。

（二）边界条件的相似性

第一类为狄里希利(Dirichlet)条件。当水头函数 $h = f(x, y, z)$ 已知时，要求电模型施以相应电压，以满足 $V = f(x, y, z)$ 也为已知。因此，在等水头面和相应的等电位面上，须分别满足 h = 常数和 V = 常数。在渗流自由面上和自由渗出段上，因 $h = \frac{p}{\gamma} + z$ 中的 $\frac{p}{\gamma} = 0$ 而得 $h = z$，故电模型中须使电位与位置高度成正比关系，即：

$$V = Az$$

其中 A 为任选常数。习惯上为便于测量，常用化引电位 V_p、化引水头 h_p 和化引高度 z_p 表示，此时应符合：

$$V_p = h_p = z_p$$

这里

$$h_p = \frac{h - h_2}{h_1 - h_2} = \frac{h - h_2}{H}, \quad V_p = \frac{V - V_2}{V_1 - V_2} = \frac{V - V_2}{U}$$

式中　h_1、h_2——上、下游水位；

V_1、V_2——相应于上、下游水位的模型极板电压。

第二类为诺依曼(Neumann)条件，即边界进出流量或水头函数的导数已知：

$$k_n \frac{\partial h}{\partial n} = -u_n$$

则要求给模型边界提供一定电流，以满足：

$$c_n \frac{\partial V}{\partial n} = -i \tag{5-53}$$

式中　n——边界面的外法线方向。

在不透水面和自由面上因 $\frac{\partial h}{\partial n} = 0$，故须把模型做成绝缘边界，以使 $\frac{\partial V}{\partial n} = 0$。

第三类为傅里叶(Fourier)条件，即含水层边界内外水头差和进出流量之间呈一定线性关系：

$$h + \alpha \frac{\partial h}{\partial n} = \beta$$

式中 α 为正常数，同 β 一起均为此类边界上的已知值。在模型中仍可按 V 相当于 h 和式(5-53)的关系，使穿过边界的电流密度 $i_n=(V-\beta)/(\alpha\rho)$（外法向为正），以满足：

$$V+\alpha\frac{\partial V}{\partial n}=\beta$$

综上所述，可将渗流场与模型电场的对应关系概括为：水头～电位，渗透系数～导电系数，渗流量～电流强度等，并示意于图5-44中。

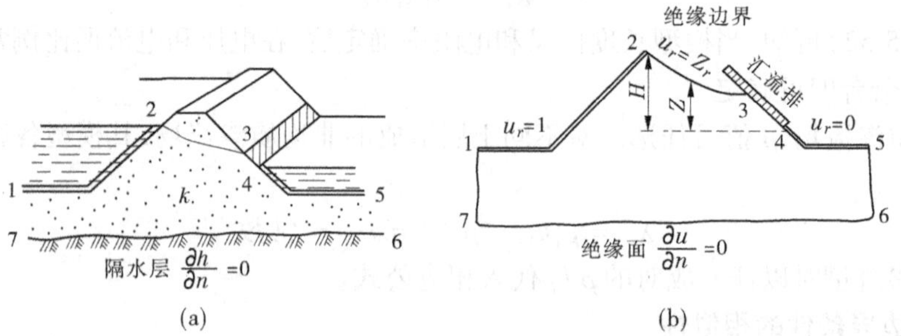

图5-44　土坝渗流电模拟对应关系示意图

应当指出，上述相似原理虽基于符合达西定律的多孔介质的稳定渗流，但对节理、裂隙不甚发育的岩石裂隙渗流仍可适用。对某些不稳定渗流问题，在补充某些适当条件后，也能用导电液模型进行试验研究。

复习思考题

1. 水利枢纽整体模型试验的基本任务有哪些？
2. 水利枢纽及其附近河段水流模型试验应满足哪些基本相似条件？
3. 为什么水利枢纽模型一般应设计为正态几何相似模型？
4. 泄水建筑物模型相似准则及限制条件有哪些？
5. 泄水建筑物下游局部冲刷试验，模型沙如何配置？
6. 描述空蚀的重要参数是什么？
7. 有压引水系统非恒定流模型试验的特点是什么？
8. 有压引水系统非恒定流模型试验的相似条件有哪些？
9. 水流压力脉动和结构物流激振动模型试验的内容有哪些？
10. 水工建筑物流激振动模型应同时满足哪几方面的相似条件？
11. 导截流模型试验主要研究哪些内容？
12. 截流材料的相似条件如何确定？
13. 溃坝模型试验主要有哪些方法？
14. 如何确定溃坝材料的相似比尺？
15. 船闸水力模型试验的主要内容有哪些？
16. 如何确定潮汐水流模型的相似比尺？
17. 波浪模型的相似准则是什么？
18. 地下水渗流模型试验研究方法有哪些？
19. 地下水渗流的砂槽模型应满足哪些相似条件？

第六章　模型设计制作与验证

模型试验成果的准确性、真实性以及试验成果实际应用的成败，在很大程度上取决于模型设计的合理性和科学性，整体制作及每个环节的精确性和相似性，甚至每个细节都对试验成果具有较大影响。所以，水工及河工模型除遵循严格的相似条件外，还需要精心制作，应达到模型所要求的精确度和光滑度，试验过程中模型不得发生变形和漏水，边界条件不得随意改变，控制条件需符合实际。随着我国水利工程建设和科学研究的迅速发展，模型试验的技术如模型材料、制造安装方法、量测仪器和手段等方面的水平也在不断的提高，现仅就模型规划设计、制作和验证等内容加以说明。

第一节　模型的规划设计

一、模型试验的主要步骤

水工及河工模型试验常用于进行基础理论研究，用以补充纯理论难以解决的问题或提供检验理论正确性的基础资料，但更多的是针对生产实际，对某个水利工程的某些方面进行具体研究，从项目委托到成果的实际应用，通常需经过以下主要过程：

(1)了解研究任务。详细了解项目的研究内容，认清委托单位委托的研究任务，分析研究的重点，有时委托单位对模型试验不了解，则需对研究内容进行必要的建议。

(2)收集资料。针对研究任务，全面收集地质地形、水文泥沙、设计方案、结构细部构造等模型设计、模型试验需要的基础性资料。

(3)模型设计。确定主要相似准则，判定动床、定床或正态、变态等模型类型，拟定模型比尺，划定试验范围，选择模型沙等。

(4)模型制作。河道模型的平面、断面控制及安装，河道地形的塑造，水工建筑物及桥梁等其他特殊建筑物的精细加工和安装。

(5)设备安装和准备。量水、尾水等控制设备的建造和安装，水位、流速、波浪、压力等量测仪器的检验和准备。

(6)模型验证试验。依据原型实测资料，检验几何、重力、阻力等模型相似性的试验，验证模型的流速分布、局部流态、水面线、河床变形等与原型的符合程度，必要时需做模型沙的起动流速、沉速等预备性试验。

(7)试验方案、工况的制定。以研究任务、研究内容为基础，考虑制定水文条件、工程方案的全面性和代表性，组合多种工况的符合实际又切实可行的试验方案，为试验有条不紊进行、按期完成打好基础。

(8)模型正式试验。针对制定好的试验工况，进行放水试验，详细施测各水力、变形等要素，获取系统的试验数据、图像等资料。

(9)成果分析和总结。依据试验成果资料进行分析、总结和提炼，绘制相关图表，提出结论性成果，编写试验报告。

(10)项目鉴定和验收。试验报告编写完成后，需要相关部门组织同行专家对试验成果进行鉴定、验收，以保证研究成果的可靠性、可信度以及适用性，再提交研究成果。

(11)应用反馈试验。对于试验成果马上需要实施的工程，在施工过程中可能遇到某些具体问题，方案需要改变或优化，则还需根据工程的反馈要求做进一步试验。

二、模型试验需要收集的资料

针对不同的研究任务、不同的模型类型，需要收集的具体资料有一定差异，但总体上主要有以下资料。

(一)河道制模资料

河道地形图是制作河道模型的主要资料。一般选用最近施测的河道地形图，为了保证制模精度，比例不宜过小，常在1∶5 000～1∶1 000范围内，如河床变化剧烈、形态复杂的测图比例可大些，河床变化平缓、形态简单的测图比例则可小一些，有时需要1∶500的测图以便准确模拟局部地形。地形测图的平面范围需满足试验要求，高程范围需保证试验最高水位不溢出。

跨、临河建筑物构造图是制作河道模型不可缺少的资料。模型试验河段如已建有跨河桥梁、过江管道、沿江公路、港口码头、丁顺坝等整治建筑物、取水口等，还需要收集其详细构造和施工图，因为地形图一般比例较小，难以准确反映其关键尺寸和细部构造以及平面位置，必要时需现场踏勘和施测。

(二)河床演变分析资料

历史河道地形图是河床演变分析的主要资料。我国的大江大河，通常测有近数十年来多套地形图，有些河段还有近数百年的河道概图。通过历史河道地形图的套绘等分析手段，可获得试验河段在此时期内的岸线变迁、洲滩演变、主泓摆动、河床冲淤、汊道发展、弯道演化等情况，为枢纽的电站、泄水建筑物、通航建筑物等的布置提供依据。在地形图的拼接和套绘时需注意，由于测图时间间隔较长，各测图的坐标系统、高程系统可能不一致，需要通过测量部门的一致性换算。有时，测图时间差异过大，可能难以定量换算，可采用长期基本不变的凸嘴、石梁、山包、整治建筑物等相同地物进行套绘。

另外，需要收集年内不同时期的河道地形，典型的是同年内枯水、洪水期各施测一次地形，通过等高线、深泓、横断面等比较，以分析河道年内演变规律、冲淤部位，为取水口、引水渠等的布置提供参考，同时也为动床模型河床变形验证提供资料。

(三)模型验证资料

模型相似性验证通常需要收集瞬时水面线、断面及垂向流速分布、表面浮标流速流向等资料，对于动床模型，还需要收集至少一套除初始制模地形外的地形图。

瞬时水面线需收集洪、中、枯三级流量的资料。测量时，在试验河段内左、右岸成对布设水尺，平面坐标、高程基点、水尺零点等控制量测完成后，待适当来流量时各水尺同步观读，同时收集控制水文站同步流量和水位。水尺布置密度可根据试验任务和要求而定，密者间隔 200 ~ 400 m 布置一对，稀者间隔 600 ~ 1 000 m 甚至更长布置一对，通常在试验河段内布置不少于 5 对水尺为宜。水位原型测量精度应不低于 1 cm。

断面及垂向流速分布也需要收集洪、中、枯三级流量的资料。测流断面通常与水尺断面布置在同一断面，可随时观读测流断面的水位变化，同时也可减少平面控制测量的工作量。每个断面测流垂线密度根据具体情况而定，要求可低于控制水文站断面，通常不宜少于 3 ~ 5 条，采用 3 点法或 5 点法施测垂线流速分布。各断面流速测定后，需进行流量闭合验算，闭合差宜控制在 ±10% 以内，如差异较大，则需要修正，必要时需重复测量。目前，原型流速观测记录可保留到 1 cm/s 甚至更小。

表面浮标流速流向测量通常采用浮筒等作为浮标，从试验河段上游施放浮标，采用交会法或 GPS 等定位设备，每隔 10 s 或 20 s 测读浮标位置，最后连接成为流迹线。浮标流速流向图标有各浮标点的位置及其表面流速，回流、横流等流态及其范围可明显看出。浮标流向资料仍需要洪、中、枯三级流量的资料，观测一般不小于 5 条，特殊情况可加密。以上三种资料通常在同期完成，可减少原型测量和模型试验的工作量。

河床变形验证主要需要的是河床地形图。初始制模地形常采用枯水期测图，而验证地形通常选用同年或后几年的洪水地形，因为有较多河流、河段年内冲淤基本平衡，仅是同年内洪、枯地形有一定冲淤变化，如验证地形选用同水期地形，即使相隔多年，有时差异也不大，难以体现真正的演变规律。如能收集到丰、中、少沙与丰、中、少水不同组合的多个特征年河床地形，则河床变形验证就更为可靠。

（四）来流来沙控制资料

来流来沙资料的来源主要是试验河段附近的水文站，主要包括多年流量变化过程、含沙量变化过程及其级配、推移质输沙量及推移质级配等。水文站常有数十年来日平均流量、水位、含沙量资料，重要的水文站还有典型时期的悬移质级配、推移质输沙量和级配等资料，这些都是动床模型必不可少的基础性资料。通过这些资料，可获得各频率流量、各保证率流量、平均流量等数据，为试验水流条件和工况的拟定提供依据。

当收集多年资料有困难时，可根据研究目的收集几个典型水文年的相关资料，然后循环组合成一个水文系列。当然，对于定床模型，也可只收集几个特征流量，如设计洪水流量、校核洪水流量、最高最低通航流量、多年平均流量、造床流量等。

（五）尾水控制资料

模型出口的水位过程是模型的下游边界条件，试验过程中需要与上游来流条件一一对应。通常是在试验研究河段下游，水流条件不受工程建设影响的河段，设置固定水尺（尾水水尺），每天 1 ~ 3 次连续观读 1 个甚至更多水文年的水位，从而建立与水文站流量之间的关系，以供试验过程中随时查用。当然，上述的模型验证需要的水文测验也需同步观测此水位。对于上游建有水电站等形成的不稳定流，在建立尾水水位与水文站流量关系时需注意不稳定流的传播特性，应分析其相位差从而准确确定二者的同步性。

不论是尾水水尺还是瞬时水位观测水尺，宜布置在河道相对顺直、无特殊流态的河段，最好不要布置在河道突宽突窄，凸嘴前后，存在回流、跌水、壅水、横流等水域，这样建立的水位流量关系难以单一，计算的河道糙率真实性差，给模型设计带来困难。

(六)水工建筑物制模资料

水工建筑物的精细制作不仅需要各方案(推荐、比较方案等)的平面布置图、断面剖面图、立面图等,还需要各细部的构造图,如闸门门槽大小及形状、底缘形态、止水方式、方圆渐变过渡型式、进水口体型、廊道连接方式、阀门结构、通气孔平压管位置、取水口型式、掺气装置的构造等,因为这些细部如模拟不准确,会影响到局部水位损失和局部流态,从而影响到泄流能力、压力、水面线的准确性等。

还有一个重要的资料是水工建筑物的建筑或衬砌材料和过水面的粗糙度,目的是收集原型糙率,这为模型确定几何比尺、达到阻力相似的设计提供依据。

(七)河床质资料

河床质资料用于动床模型、坝下闸下冲刷模型等铺设动床。通常在研究范围内河道的枯水水边、河槽、滩面等多处进行坑测、筛分,测量其密度和干容重等。不仅需了解河床质颗粒大小的纵、横分布,当覆盖层较厚时还需要了解垂向分布,模型河床需分区、分层铺设。河岸、洲面有植物覆盖的地方,需特别注意其抗冲性。

(八)其他相关资料

对于通航河流或通航建筑物模型,需要收集各种船型在洪、中、枯水期的习惯航线和规划航线,通航要求的水流条件和航道尺度等资料。对于截流模型,需要收集进占、合龙等截流材料的几何特性、重力特性以及截流方案、围堰布置等资料。对于溃坝模型,需要收集坝体材料的几何、重力、力学、渗流特性和抗冲能力,下游的城镇情况及规模等。对于有些需要数学模型提供边界条件、初始条件的模型,还需要收集相关资料。对于有异重流运动的水库和河道,还需收集异重流的发生位置、输移距离、相对深度、含沙量等资料。对于海工或近海模型,还需要收集潮位过程线、涨落潮时段、大小潮时刻等资料。有防洪要求的,需要收集上下游防洪标准、淹没损失等资料。对于取水口模型,需要收集取水流量、取水保证率、取水水质要求等资料。对于泄洪、消能等模型,需要了解下游河床、两岸的抗冲要求。对于水库枢纽模型等,需要收集水库调度方案、闸门开启方式等资料。收集多种模型沙资料,为模型沙设计提供选择。

由于受试验时间、经费等的限制,以上资料如要全部收集较为困难,在保证模型制作、验证、方案试验的基本资料基础上应尽量多收集资料,以提高试验成果的可靠性和可信度。对于有些资料收集确实困难,可针对模型研究的重点,对某些资料进行适当舍弃,如以研究防洪、淹没为主要任务的可放弃对枯水甚至中水的验证,以浅滩整治为主要研究任务的可放弃对洪水的验证等。

三、模型设计

模型设计的关键是确定合理的相似比尺,步骤主要包括选择模型类型、拟定模型范围、确定相似比尺和选配模型沙。

(一)模型类型的选择

选用定床模型还是动床模型,选用正态模型还是变态模型,如确定动床模型后是选用推移质模型或悬移质模型还是全沙模型,是做整体动床模型还是做局部动床模型,这主要根据具体的研究任务、重点研究内容、河道地质条件以及工程本身的要求等确定。

对于泄水建筑物泄流能力、体型优化、压力分布、消能工水力特性等常规试验，河床演变对其影响不大，可做定床模型。对于截流模型，如河床覆盖层较厚，需做动床模型；如覆盖层较薄，截流过程中河床变形对水流条件影响较小，则可做定床模型。河床较为稳定、年内冲淤变化较小的试验河段，或河床有一定变形，但对工程影响较小，或者工程规模不大，对河床变形影响较小等情况下，可做定床模型。可根据河道主要造床质确定是做推移质模型或悬移质模型还是全沙模型，研究水库的淤积过程问题，多需做全沙模型。一般情况下，水工建筑物不得采用变态模型。河工变态模型的变率也不宜过大，常在 2 ~ 5 范围内，宽深比小的河道取小值，大的河段取大值；对于河床窄深、地形复杂、水流湍急、流态紊乱等以及宽深比 $B/H<6$ 的河段宜做正态模型。

(二)模型范围的拟定

模型研究的范围短则几公里，长则达数百公里，主要根据研究的各方面具体情况而定。模型范围常规确定方法是：模型范围 = 进口段 + 试验段 + 出口段。进口段和出口段可称为非试验段，该段内无试验观测任务，其主要目的是将水流平顺导入或引出试验段，相似性要求可适当低于试验段。

确定试验段河道长度的原则总体上是包含工程建成后可能影响到水流条件的整个范围，如桥墩引起水位壅高、流速变化的范围，排、泄水建筑物引起主流改变、流场流态变化的范围，水库模型则需包含初期及后期回水影响到的范围等。一般在试验前不知道工程的具体影响范围，可根据已建工程或实践经验进行估计，并留有余地。

确定进出口段长度的原则为需保证其水流条件平顺过渡，在调整到试验段时达到相关相似要求。进口段长度通常需要 8 ~ 12 m，出口段长度需要 6 ~ 10 m，当进口段为弯道时，模型应延长至弯道以上，如有重要的支流汇入，则需包括 10 ~ 15 m 的河道地形。

(三)相似比尺的确定

确定模型相似比尺的主要步骤如下：

(1)初步确定平面比尺。对照模型研究范围和试验场地大小初步确定平面比尺 λ_l，在场地和经费允许的情况下尽量选择小的比尺，这样其他相似条件容易满足，精度也可提高。

(2)初步确定垂向比尺。根据原型河道断面最小平均水深和过流建筑物最小水深，按照表面张力的限制条件(一般要求河道模型最小水深不小于 1.5 cm，过流建筑物模型最小水深不小于 3 cm)初步确定垂向比尺 λ_h，再验算模型流态是否进入紊流区或阻力平方区，判断模型变率是否满足相关规范的要求。如 $\lambda_h>\lambda_l$，则可采用几何比尺为 λ_l 的正态模型；如 $\lambda_h<\lambda_l$，可做变态模型，变率常取 2 ~ 5 之间的整数。

(3)计算水流运动相似比尺。依据重力、阻力相似条件计算流速、流量、水流时间、糙率等比尺。

(4)验算供水能力能否满足。根据试验需要的最大流量、量测仪器的量测范围等，按照拟定的比尺验算供水条件是否能达到，量测仪器测量范围是否满足。如不满足，在保证各项限制条件下可做适当调整，否则需增设供水设备和量测仪器。

(5)验算糙率能否达到相似。通常情况下，天然河道糙率不会太小，通过加糙容易达到糙率相似；而水工建筑物材料常为混凝土，且过流面光滑，表面糙率均较小，模型缩小后可能采用最光滑的有机玻璃均难以达到,所以在满足其他条件下宜尽可能选择满足糙率相似的几何比尺。如实在难以全面顾及,则需采用糙率校正措施。

(6)模型沙选配及确定泥沙运动相似比尺。收集多种模型沙资料,全面分析模型沙特性,选配适当的模型沙。如有可能,尽量利用已有的模型沙,这样不仅可节约经费,还可省去模型沙起动、沉降等准备性试验,减少堆放场地,节约时间,减小环境污染。模型沙选配后,依据泥沙运动相似条件,计算出推移质或悬移质的粒径比尺、输沙率比尺、河床变形时间比尺等。

由于目前还没有一个能准确计算各种河流的输沙率公式,所以输沙率比尺不能完全准确反映原型与模型输沙率的实际相似比尺,此处确定的输沙率、河床变形时间等比尺还不是最终相似比尺,还需通过河床变形验证试验反复校正。

(7)计算其他相关比尺。对于截流、溃坝等典型水工模型,需要计算坝体、截流材料等的粒径比尺、冲刷率比尺;对于水流空化及掺气减蚀模型,需要计算空化数等。

(8)验算相似准则的偏离。有些平原河流,河道糙率随流量的变化而变化,即使通过河床、边滩、河岸等分区段加糙都难以满足各级流量的糙率相似,特别是需要施放流量过程的动床模型试验显得尤为突出。这种情况下,应使对工程最起作用、影响最大的那级流量的水面线达到相似,允许其他流量级的阻力相似有所偏离,但偏离值宜小于30%,并应保证与原型水流同为缓流或急流。

通过以上八个步骤的反复调整,可设计出最恰当的相似比尺。

第二节　模型制作与安装

模型设计工作完成以后,模型试验就进入了模型制作与设备安装阶段,必须按模型比尺进行精确缩制。水工及河工模型制作和安装过程主要包括河工模型制作、水工建筑物模型制作和设备仪器安装三大部分。

一、河工模型制作

河工模型的制作过程实际上就是如何将原型河道按设计的比尺塑造为几何、水流运动等相似的模型河道,针对不同的试验研究内容或不同的河段,制作过程可能有一定差异。下面就常用方法和主要过程进行介绍。

(一)地形图的拼接

实测地形测图通常是分幅绘制的,需将模型范围内的地形拼接在一起成为完整的地形图,才能进行以后的工作。目前,地形图通常是以电子测图提供的,采用常规的图像软件,如AutoCAD等均可轻松拼接。需要注意的,一是为了测取图形坐标、长度和辨别方位等的方便,为了保证各期测图的套绘以及工程方案的定位和布置等,拼图最好保持原有测图的坐标数值,图形比例保持1:1(图上常标有1:1 000、1:2 000、1:5 000或其他比例,只是表示测图精度和打印为纸质图形的比例),不要随意转动;二是保留测图日期、单位、坐标和高程系统等的注释,留作以后查用;三是对于缺乏近期测图,需要用以前地形图来补充模型进口、出口等非试验段地形时,由于测图间隔时间较长,拼接需注意坐标和高程系统的统一;四是对于纸质图形的拼接,由于温度和湿度的变化,图纸会发生一定的缩短或增长,拼接时有不完全重合的现象,但误差一般不大,此时常以同一坐标十字为主,兼顾地形的衔接。

(二)导线网的布置和控制计算

地形图拼接完成后,进行的工作是导线网的布置。导线网用于控制模型平面位置,主要由一条主导线和一条或多条左、右辅导线组成,见图6-1。

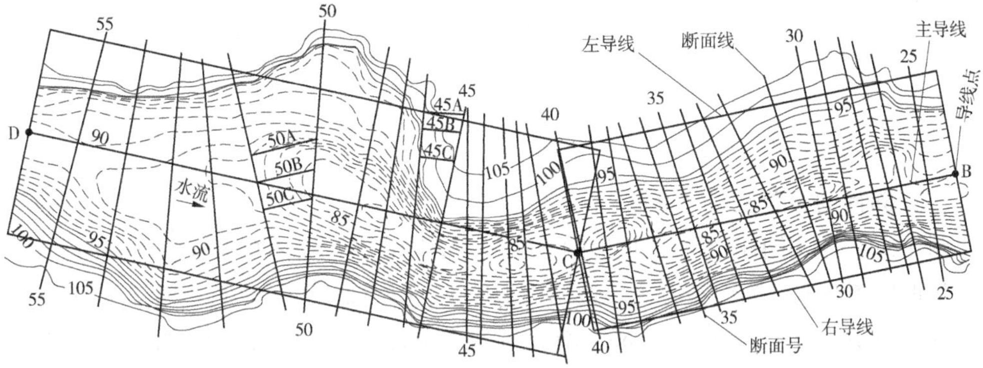

图6-1　模型导线及断面布置

主导线一般顺河势沿河道主河槽或河道地形中部布置,如图6-1中的BC、CD线,它不仅是模型平面的主要控制线,还是以后流速测量、水尺位置、方案放线等的主要基准线。由于天然河道常不规则,一条导线难以全面控制,所以主导线常为首尾相连的多段线组成(有支流情况下需单独布置导线),但为了减小累计误差,在能控制整个模型范围的情况下,应尽量少布置主导线。主导线两端点称为导线点,如图6-1中的B、C、D点,需要准确的x、y坐标以计算各段导线准确的长度,支流首端或末端的导线点常与干流的分流或汇流附近的导线点相同。纸质图纸常将导线点布置在坐标十字位置,为的是能准确获得坐标;对于电子测图,因任何一个位置均能测取准确坐标和长度,导线点能否在坐标十字关系不大,但如能设置在坐标十字位置更好。

辅导线为主导线在左侧和右侧的平行线,间距根据具体的河段而定,主要用于断面走向定位,如图6-1中的左导线、右导线。对于较宽的河道,在一侧或两侧需布置2条或更多的辅导线,导线间距常取模型上长度2~3 m,目的是更好地控制单张断面板(单张断面板长度约2.4 m)。主、辅导线两端需要用垂直于导线的直线连接,以保证量取断面位置在同一零点位。

导线网布置完成后,需进行平面控制计算,即计算控制网的主导线的长度、导线点之间组成的三角网各夹角,并进行模型、原型的换算,用以模型放线。用导线点坐标计算主导线的长度和角度,三角网的最小角度不宜小于30°,为了放线时使用经纬仪方便,角度宜采用度分秒表示,并精确到0.1″。最后将导线网绘制为施工放线样图,标注原型、模型尺寸,如图6-2所示(图中原型尺寸单位为m,括弧内为模型长度,单位为cm,模型几何比尺为75)。

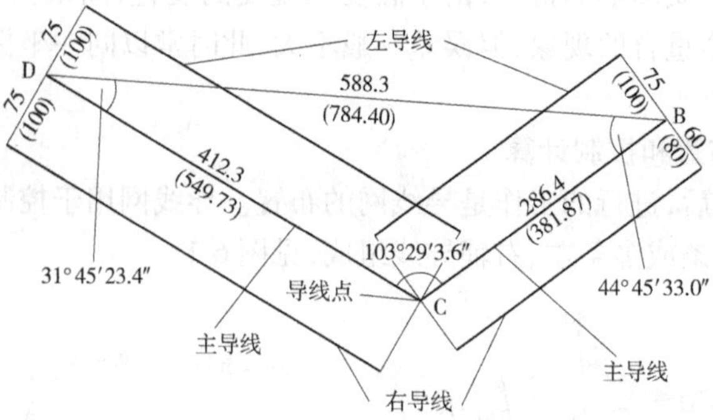

图 6-2　导线放样图

(三)断面的布置及地形读取

制作模型时,用来控制河道地形的方法很多,常用的方法是断面板法,断面位置和地形是从地形图获取。断面布置主要遵循以下原则:①断面应尽量垂直于河道主河槽,并与导线的交角不能太小,不宜小于60°,断面与等高线的交角也不能太小,如实在有困难,可增加辅助断面,如图 6-1 中的 45B、50B 等断面;②断面密度以保证准确模拟河道地形变化特征为标准,河道地形变化剧烈、等高线较密的河段,断面布置密一些,模型间距一般为 20 ~ 50 cm,如图 6-1 中的断面 45 附近的断面,地形变化平缓、等高线较稀的河段,断面布置可稀一些,模型间距可以取 50 ~ 80 cm,如图 6-1 中的 50 ~ 55 断面;③河道的深槽、浅滩、桥梁、弯顶、突嘴、岸线凹进以及出现突然扩宽或缩窄的地方,需有断面控制,如图 6-1 中的 30、46、50 等断面。

断面布置可先布置控制性断面,然后再于其间按上述原则布置其余断面。断面布置完成后,标上断面编号,逢 5 或 10 处可作醒目标记,如是纸质图形,可在最后确定断面前的调整过程中用铅笔作临时断面记号。此后就是量取断面在导线的位置数据,即沿各自导线量取断面线与主、辅导线的交点到导线起点的距离。纸质测图常用钢尺量取,可精读到图纸的 1 mm、估读到 0.1 mm;电子测图可结合捕捉方式采用测距命令量取,但更快的方法是人为绘制一个直尺,然后采用块插入的方式紧贴导线进行读取,一般精读到 1 m、估读到 0.1 m,测读记录可参见表 6-1。对于纸质测图,由于图纸热胀冷缩效应以及绘制精度的限制,测读距离常与计算距离不一致,此时需要采用式(6-1)进行平差;对于电子测图,则不存在平差问题,因为测读距离与理论距离可做到完全一致。

$$L_{断平} = \frac{L_{导计}}{L_{导读}} L_{断读} \tag{6-1}$$

式中　$L_{断平}$——平差后断面沿导线与导线起点的距离;

$L_{导计}$——由两导线点坐标值计算的导线理论长度;

$L_{导读}$——由钢直尺在图纸上测读的导线长度;

$L_{断读}$——由钢直尺在图纸上测读的断面沿导线与导线起点的距离。

表 6-1　断面导线测读记录

断面号	原型断面导线距离(m)			模型断面导线距离(cm)			备注
	左导线	主导线	右导线	左导线	主导线	右导线	
导线点 B	0.0	0.0	0.0	0.0	0.0	0.0	
25	19.3	21.9	23.8	25.73	29.20	31.76	
26	45.3	42.8	41.0	60.33	57.07	54.65	
…	…	…	…	…	…	…	
40	284.9	283.7	282.8	379.87	378.20	377.00	
导线点 C	286.4	286.4	286.4	381.87	381.87	381.87	
导线点 C	0.0	0.0	0.0	0.0	0.0	0.0	
41	52.9	22.8	7.3	70.48	30.36	9.76	
42	60.9	38.8	16.7	81.26	51.78	22.30	
…	…	…	…	…	…	…	
55	373.2	376.1	378.9	497.60	501.40	505.20	
导线点 D	412.3	412.3	412.3	549.73	549.73	549.73	

注：本表适用于电子测图，如是纸质测图，可加入一列图纸距离，再换算为原型距离。

断面导线读取和计算完成后，进入读取断面地形的工作（如果人员足够，可分一部分人去进行模型导线放样，这样可适当节省时间）。断面地形由平距和高程控制，平距以主导线为零点往左右读取，通常往左为负，往右为正。高程不仅要读取等高线，还需要读取通过断面或附近的实测高程点，以增加精度。读取时可采用鼠标跟踪读点来避免视线跳点或跳断面的现象，主、辅导线位置也需读出。断面地形记录可参见表 6-2。

表 6-2　断面地形记录

断面号:31				
原型		模型		备注
平距(m)	高程(m)	平距(cm)	高程(cm)	
-91.2	105.0	-121.53	60.00	左岸
-81.4	100.0	-108.53	53.33	
-75.6	97.2	-100.73	49.60	左导线
…	…	…	…	
-70.0	94.62	-93.33	46.16	左水边
…	…	…	…	
-4.6	84.2	-6.13	32.27	
5.5	86.0	7.27	34.67	右岸
…	…	…	…	
26.5	94.70	35.33	46.27	右水边
…	…	…	…	
36.7	105.0	48.93	60.00	
58.2	105.0	77.60	60.00	右导线(超出模型范围)

注：本表适用于电子测图；断面绘制基点高程为 60 m，模型为 1:75 正态模型。

河道图常有两种绘制方法，一种是等高线和高程值均是统一的高程，另一种是测时水面以上部分地形为等高线和高程值，水面以下则为等深线和水深值。如是后一种图纸，则需认真读取左、右岸水边水位，然后将水深换算为统一的高程，水面横比降差异大的，还需要从左到右内插水位进行换算。特别是拼接的各幅测图实测时间、测时水位不一致时，需注意其绘制水位的差异。

通常情况下，在读取数据时需两个人，一人读一人记录；当第一遍读取完成后，还需换人再校核一遍，校核时可将过程反过来，即先读记录数据再去验证测图，这样速度可快一些。断面读取和校核完成后，常将数据录入电脑，进行录入错误校核后，利用 Excel 等计算软件进行原型、模型换算，可避免按计算器过程出现的错误。有时候即使进行了校核，在断面绘制、安装时也常发现错误，所以每个环节认真反复校核是非常重要的。

在获取断面地形数据方面，也可不采用读取的方法。目前，大概有两种方法，其一是将电子测图输出为数据，获得各高程点或各等高线的坐标和高程值，然后以高程点为结点组成三角网格，应用插值函数将高程内插到断面等分点上，再换算为平距、高程组成一个完整的断面地形资料，整个过程需要编程计算；其二是用鼠标点击断面上需要获取的地形点，其坐标和高程会自动通过事先编好的程序存入指定文件，然后再换算为平距、高程的断面资料形式。不读取的方法避免了人工记录和录入的过程，消除了记录和录入的人为错误，但前一种方法如断面等分较密则数据太多，如等分较稀则容易漏掉特殊地形；后一种方法在点击错误时修改困难，且数据校核不便。所以，在物理模型方面很少使用，在数学模型方面有一定应用。

（四）断面板的绘制和裁切

河道模型的断面板常采用层板、白铁皮、胶合板等，采用较多的为层板。模型使用的断面板形式常见的有两种，即阳模断面和阴模断面。在一张层板上绘制一条河道横断面的河床线，必将其分为上、下两部分，如图 6-3 所示，其下部分为凹形模板，称阳模断面；其上部分为凸形模板，称阴模断面。阳模断面安装在模型地面，凹边朝上，可直接顺断面河床线敷设成模；阴模断面安装时悬挂在模型上方，凸边朝下，采用砖块、水泥浆或模型沙去迎合断面河床线而成模，其优点是制模完成后可移除断面板，动床模型常用。

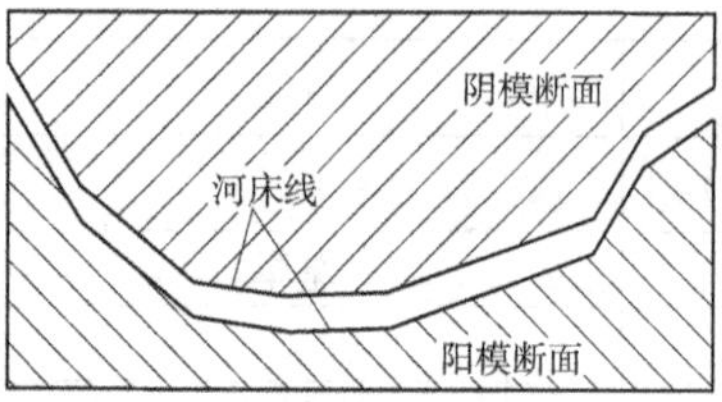

图 6-3　阳模断面与阴模断面

下面就层板为材料的阳模断面的绘制和裁切过程介绍如下。

1. 选购断面板材料

通常选用 3 ~ 5 mm 厚的层板，长宽为 2.4 m × 1.2 m，太薄易断易变形，太厚则裁剪不便且费用增高，要求一面平整整洁，易于绘制和书写文字。

2. 搭建绘制平台

平台长度和宽度根据模型断面大小确定，高度需考虑人员站立舒适度，台面需用木材等易于钉入和拔除的材料铺平。在平台下方固定一带斜面的木条，木条需要一定断面保持其刚性，其前沿需反复校核以保持为一直线，目的是保证三角板在同一基面上滑动；斜面用于粘贴量取距离的钢卷尺或其他尺子，其前沿的厚度最好与断面板和三角板的总厚度一致，主要是保证读取距离的准确性，如图6-4所示。

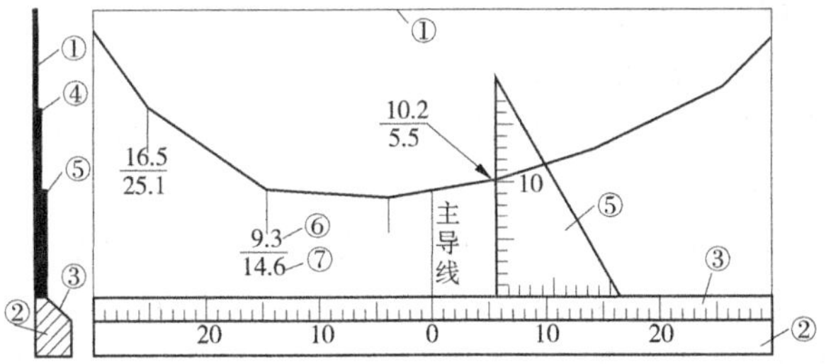

①台面板；②木条；③贴尺斜面；④断面板；⑤三角板；⑥模型高程值；⑦模型平距值

图6-4　断面绘制简图

3. 确定绘制基面高程

为了模型断面板不致折断和便于安装固定，断面最低点以下需保留10～15 cm，所以基面高程一般取河段最低高程以下保留模型10～15 cm处，如果整个河段最低高程的变化范围较大，可分段确定绘制高程。根据基面高程可算出模型绘制高程：

$$z_m = 100(z_p - z_0)/\lambda_h \tag{6-2}$$

式中　z_m——模型高程，cm；

z_p——原型高程，m；

z_0——绘制基面高程，m。

如表6-2的基面高程为60 m，原型高程105 m的模型高程为60 cm。

4. 地形点点绘

以上准备工作完成后，将层板平放绘制平台，下缘紧贴木条前沿，用小铁钉稍加固定，根据表6-2的计算资料，应用绘制平台和三角板可轻松点绘模型断面的各个地形点。每点绘一点，需作出醒目标记，标上高程和平距以及主、辅导线的位置，以留备断面安装和校核、检查用，如图6-4所示。绘制精度保证1 mm，估读到0.1 mm。

5. 断面地形校核和地形点连线

在地形点点绘完成后暂不连线，要认真地检查、校核点绘的位置和高程是否正确，导线等控制标记是否完整，校核和点绘人员最好不是同一人。校核完成后，用直尺紧靠地形点预留笔宽逐点连接成完整的河床线。断面较宽，需要多张层板拼接时，拼接处需画上拼接线。

6. 断面板的裁切

常用锯裁法和刀切法。锯裁法采用转动灵活、锯齿较小的钢锯，沿河床线裁掉不需要的部分，保留1/2河床线。该方法存在没有锯为直线的引导、转弯较急处难以控制的缺点。刀切法采用裁纸刀等刀类工具，将钢直尺紧贴河床线，然后沿直尺进行裁切，克服了锯裁法的缺点，裁切精度较高，但断面板较厚时裁切困难。

以上为断面绘制和裁切的常规方法，目前国内已有少数科研单位应用自动仪器进行断面绘制和裁切，称做制模机。将断面资料输入电脑后，制模机会在断面板上自动点绘地形点、标注位置高程并自动裁切，与绘图仪绘图的原理差不多，只是喷头换成了切刀。由于受地形变化的幅度和绘制范围的限制，断面板摆放的平整度要求高，制模机应用尚不广泛,但其制模精度高、速度快,将成为以后制模的发展方向。

(五)模型导线放样和断面定位

模型导线放样工作是将布置在图纸上的导线点、主辅导线、断面线等平面控制网全部准确地施放在模型场地上,为断面安装定位打好基础。主要有以下步骤。

1. 模型位置的摆放

由于已建模型、供回水系统、量水堰、棚柱等原因,剩余的模型场地常不规则,为了合理利用试验场地和工作的顺利进行,需要优选模型的布置,即如何将模型摆放在场地内,既满足研究工作的需要,又能使剩余的有效场地最大。优选方法是将同一比例的试验场平面图和模型平面图进行套绘,采用旋转、平移等手段确定最佳摆放方案,需注意的是应预留模型进、出口段的范围和安装其他仪器设备所需要的位置。

2. 场地的平整

将模型场地平整为高程差异不大,或根据断面绘制的基面高程各分段内高差不大的空旷场地,并进行夯实,不能出现较明显的沉降。同时需要了解最低、最高处的高差。

3. 导线点的初步定位

模型位置进行优化摆放后,已确定了模型各导线点与试验场地各个特征点(如棚柱的某棱边、量水堰的某角、房屋的某墙角等)的相对位置。以附近两个特征点为圆心,以各自特征点与导线点的距离为半径进行相交可获得导线点的初步位置,并打入木桩,桩顶钉入铁钉以缩小范围。为了减小系统误差,首先可从定位中间的导线点开始,如图 6-2 中的 C 点,然后用 C 点和试验场的某个特征点便可定位 B、D 点。导线点初步定位后,再对模型边界的主要转折点和突出点进行初步定位确定模型大致范围,看模型是否在计划的场地范围内,如不在则表明前面某个环节出现了问题,检查修正直到满足要求为止。初步定位的目的是为采用经纬仪精确定位大幅度缩小搜索范围,减少导线点反复调整时经纬仪整平、对中耽搁的时间。初步定位虽然精度不高,但能满足精确定位的一次成功。

4. 导线点的精确定位

首先可将初步定位的 C 点固定。固定的具体方法可在木桩架设三角架,架上悬垂球,调整垂球对准桩顶铁钉,然后移去木桩,砌砖模浇筑小石子混凝土,再将锯有十字丝的钢筋插入其中,使十字丝的交叉点对准垂球。为了导线点长期稳定,钢筋长度不宜过短,混凝土体积不宜过小。然后再固定 B 点,当钢筋十字交点对准垂球后,还需调整使其必须满足 B、C 点之间的距离准确。当然,首先确定的边只要距离准确,其走向有微小差异不会影响三角网的精度。最后再应用经纬仪和钢卷尺,根据导线放样图准确定位 D 点或其他导线点。需注意导线点的埋设高程,低了操作不便,高了阻挡水流,一般稍高出床面。

导线点是整个模型平面控制的基础,需要很高的精度,可通过经纬仪、三边距离等细致校核,三角网闭合差控制需在 ±20″范围内,导线长度误差控制在 ±5 mm 或 ±0.02% 范围内。

5. 水准点的埋设

模型平面由导线点组成的三角网控制,模型的高程则由埋设的水准点网控制。水准点需埋设在地面稳定不沉降、模型范围以外靠模型附近的地方,最好各方向能通视和模型居中部位。水准点埋设方法与导线点相同,仍可由小石子混凝土固定带十字丝的钢筋。

水准点的高程值是确定模型地形的基准，需考虑钢筋顶部与模型场地的最高、最低位置的高差以及模型断面绘制基面，如确定不当可能引起模型过高而使填方过大，也可能引起模型过低而增加挖方甚至量测设备无法安装。

对于模拟范围较大的模型，通常需要在不同部位埋设2个或多个水准点形成控制网，各水准点的高程值各不相同，但其闭合误差需控制在±0.3～±0.5 mm以内。在模型填筑塑造完成后，经过混凝土固定的钢筋几乎不沉降，也可将高程引至各导线点。

6. 主辅导线的施放和断面的定位

导线点放样完成后，在各导线点之间沿导线用沙、砖等表面比较平整的材料铺设窄条形导线面，顶面保持在同一水平面，高程略低于断面绘制基面高程1～3 mm，用墨斗线弹出主导线，根据表6-1中数据确定出各断面在主导线的位置，并标注十字线和断面编号。根据左、右导线与主导线的距离，采用同样方法也可确定出各断面在辅导线的位置，并作好标记。断面位置确定后，需细致校核，保证三点或更多点一线。辅导线的起点由架设在导线点处的经纬仪确定，与主导线是否平行可采用各点的最短距离相同且等于设计间距来确定和校核，有时可应用勾股定理复核。断面位置误差要求不大于±1.0 cm。

（六）断面的安装

1. 断面板的拼接

模型河道断面一般不只一张层板长度，安装之前需将各部分拼接成整体，可将多张断面铺放在绘制平台上，对齐拼接线，更重要的是校核地形点高程是否正确，保证各部分断面在同一基面上，然后再采用双面夹固对接缝等方式将两部分断面固定在一起。

2. 断面板的安装

将拼接好的断面板安装在模型上，保证各地形点的位置和高程正确。根据已经确定的模型各导线断面位置和断面板上各导线位置，可较准确地放置好模型断面，断面需成铅垂面，且需用拉线法调整为一直线断面。经过初步固定后，采用水准仪检验各地形点高程是否正确，采用式(6-3)的方法计算地形点高程的应读数。

根据几何关系有：

$$z_s + 0.01\lambda_h h_s = z_0 + 0.01\lambda_h z_m + 0.01\lambda_h h_x$$

则：

$$h_x = h_s + \frac{100}{\lambda_h}(z_s - z_0) - z_m \tag{6-3}$$

式中　z_s——水准点高程，m；

h_s——水准尺后视读数，cm；

h_x——各地形点的水准尺前视应读数，cm；

z_0——断面绘制基面高程，m；

z_m——标注在地形点附近的模型高程，cm。

在水准仪固定不变时，式(6-3)右边前两项为不变值，可存入计算器随时取用，需注意到高程越大，读数越小的特点，有助于确定高程的调整方向。当$z_s = z_0$时，有$h_x = h_s - z_m$，计算更为简单。由于导线面与绘制基面高程基本一致，所以断面放上后高程已差异不大，一般只需进行微小调整就能达到精度要求，然后全面固定断面。

3. 高程的反复校核

为了加快进度，安装时可只检验部分高程点，后面检验的点经过调整后，前面已检验的点可能发生变化，所以需要反复校核。校核的地形点与前面检验的地形点可不一致，其优点是检验更全面，且起到再次校核断面绘制正确性的作用。

断面安装平面精度要求不大于 ±1.0 cm，高程控制在 ±1.0 mm 内。

（七）地形的塑造

断面安装、固定、校核完成后，进入地形塑造工作，主要有边墙的砌筑、模型的填筑压实、微地形和特殊地形的塑造、模型河床面的形成等步骤。

1. 边墙的砌筑

边墙需包围模型边界，平面尽量采用折线，其高度不宜低于试验最高水位 10 cm，还可考虑跨河跳板等的挠度大小。边墙常用方砖砌筑，其厚度和砖柱间距需保证其稳定性。

2. 模型的填筑压实

将河沙、弃土等填料均匀铺入断面板之间，并用水浸湿后逐层压实，不宜选用容易使断面板扭曲变形的夯实方法。压实后填料与断面河床线之间需预留 5 ~ 8 cm 的高度，用于敷设模型表层。

3. 地形的再次校核

填压密实过程中可能会引起断面的升降，所以对断面地形需要再次校核，高程精度视具体情况可控制在 ±1 mm 或 ±2 mm 内。

4. 模型表层的敷设和地形的塑造

表层敷设常采用水泥砂浆，一般分两层抹制，第一层尽力压实，以达到能够承重和防渗的作用，厚 3 ~ 5 cm；第二层厚 2 ~ 3 cm，水泥砂浆需要有较好的和易性。在敷设第二层的同时，按断面板河床线为引导，采用刮制的方法准确塑造地形。高出模型以上的边墙内侧也需要用水泥砂浆抹面，防止渗漏。

5. 微地形的塑造

较小的孤石、礁石、石梁、突嘴等微地形在断面上难以体现，需参照地形图进行精细塑造，这对于满足河床阻力相似至关重要。

6. 特殊地形的塑造

特殊地形主要包括已建的丁顺坝、桥墩、码头等阻水、临河建筑物，地形图上一般无细部构造，一般需要施工图进行细致塑造。

7. 其他辅助工作

主要工作完成后，需在边墙顶部刻画断面位置、标上断面号，砌筑工作人员上、下模型的梯坎等辅助性工作。可在模型最低处设置排水管。

8. 动床模型、水工模型空间的预留

对于在试验过程中反复开挖河床的动床模型或水工模型，需在开挖范围内预留相应空间。模型分上、下两层制作，下层的范围和高程需满足最大开挖深度，其表面需抹 3 ~ 5 cm 的水泥砂浆与非开挖部分形成封闭的防渗和承重边界；上层的安装和塑造方法与前面的相同。

（八）水尺的埋设

模型水位的测读通常采用连通法，即采用连通管或连通槽等将模型水流与模型边墙外的量筒连通，测读量筒的水位便获得模型水位。连通管法是用内径约 1 cm 的铜管等将

模型内外连通，连通槽法是在模型上开挖2～3 cm宽的引水槽，将模型水流引到模型靠边墙处。连通管或连通槽的底板需低于试验最低水位，所以连通管需从模型底部穿出，其埋设一般在模型填筑过程中、模型敷面前进行。

连通管一般采用紫铜管，具有不锈蚀、柔软易弯折且不易折断等特点。埋设连通管时，将适当长度的紫铜管一端固定在需要测读水位的位置（水尺），可露出模型表面3～5 cm，待模型制作完成后裁切与河床齐平；另一端伸出模型边墙外，伸出长度不宜短于10 cm，以方便连接软管。连通槽常用浇筑法，即在2～3 cm厚的刚性板两侧和底部浇筑水泥砂浆，基本凝固后抽出刚性板即形成较为规则的槽，注意脱模黏结问题。

连通管法的优点是量筒水面稳定，读数变幅小，不易漏水；缺点是不易测读到水边水位，洪、中、枯水位无法采用同一把水尺，动床时易堵塞。连通槽法则相反，优点是洪、中、枯水位水尺可兼顾，能测读到水边水位，动床时不易堵塞；缺点是量筒水位受水面影响扰动大，水面不稳，读数变幅大，连通槽施工不好易漏水。连通槽法常用于动床模型。

由于连通管法中，量筒水位与模型水面的变化不同步，所以只能用于测定恒定流，而非恒定流则需自动跟踪水位计、超声水位仪等直接施测模型水面。

（九）模型的初步加糙

依据糙率相似计算的模型糙率，采用第四章介绍的方法加糙，注意密排加糙时应预留2～3倍加糙颗粒粒径的模型高度。加糙是否准确、合理，最终由水面线验证确定，所以这里只能是初步加糙。

二、水工建筑物模型的制作和安装

闸墩、隧洞、溢流坝、消能工、泄水闸、输水廊道等水工建筑物模型的制作和安装一般分两大步骤，第一步是制作整体建筑物或建筑物各组成部件的模型，第二步是将模型整体安装或各部件组装在河道模型上。

（一）水工建筑物模型的制作

1. 制作材料

水工建筑物制作的主要材料是有机玻璃，其优点是光滑、糙率小；透明便于观测；在加热情况下可塑性较好，便于造型；常温情况下有一定刚度，不致随意变形。如果研究重点不在水工建筑物，而只将其作为局部边界时也可用木材、水泥、塑料等材料。

2. 制作方式

如何将板状的有机玻璃塑造为各种体型的水工建筑物，目前主要有两种方式。一种是直拼法，就是按模型各部件的尺寸下料，如矩形引水渠的两边墙、底板等，然后将各部件直接黏结为模型整体。该方法属于直接法，只适合于方直形建筑物模型，如无圆角的矩形、梯形等。另一种是模具法，就是按照模型的形状、尺寸，采用木材、混凝土等制作为实体模型，然后以此模型为模具，将加热后的有机玻璃顺模具外缘面压制成模。图6-5是圆形隧洞、溢流堰顶部曲线段的制模示意图。该方法属于间接法，应用较广，可制作扭曲面、1/4椭圆、圆弧、平面转弯圆弧、圆变方或方变圆、WES堰、驼峰堰等复杂体型的水工建筑物模型。

应用模具法时，根据具体情况来确定模具是否需要预留有机玻璃的厚度。由图6-5

可见，对于溢流堰，模型需要的是非贴模面，如需非贴模面满足模型尺寸要求，则必须将模具表面沿法向缩回一个有机玻璃厚度，所以制作模具时需预留厚度；对于隧洞，模型需要的是贴模面，模具表面尺寸就是模型需要的尺寸，所以模具不需预留厚度。

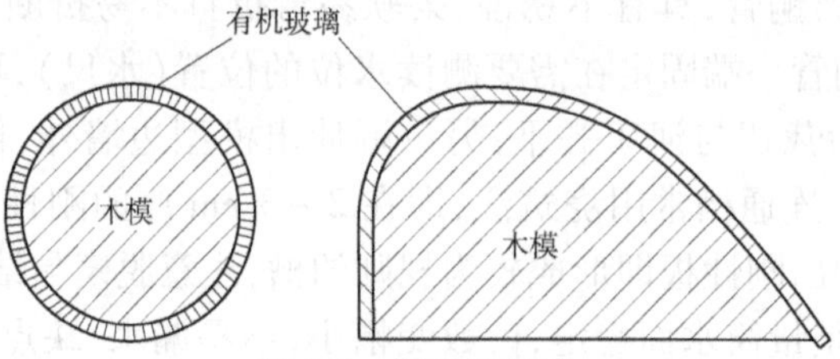

图 6-5　模具法示意

3. 模型的制作

模具的制作材料主要是木材，有时可用混凝土。模具木材的选用一般就地取材，但其硬度、加工容易性需满足试验要求。模具表面一定要光滑，尺寸要准确。

有机玻璃可用恒温干燥箱（如容积为 60 cm×60 cm×75 cm，鼓风机功率为 40 kW 的电热鼓风恒温干燥箱）加热，在加热过程中要控制好温度，温度过高、时间过长会导致有机玻璃变色、面积缩小、厚度增加。不同厚度的有机玻璃所需加热的时间不同，通常厚度 4.5 mm 的有机玻璃，持续升温时间控制在 5～10 min 内。

下面就两种典型的模型制作方法进行简要说明。

1）圆弧的制作

首先根据模型的半径和圆心角，制作如图 6-6 所示的木模。固定木条、活动木条的宽、高均 2～3 cm，预留槽深 2～3 cm，宽需满足有机玻璃能插入。图 6-6 为横断面，如属于逐渐收缩或扩展的非棱体，长度方向的断面形式应顺势而变。

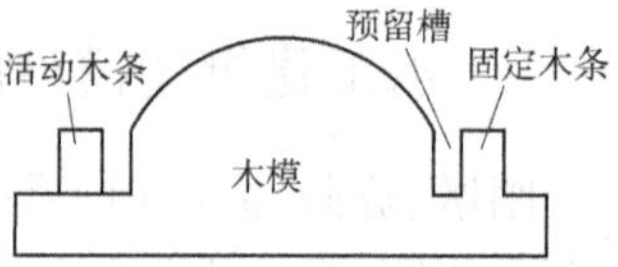

图 6-6　圆弧制作模具

模具制作完成后，进行有机玻璃的下料。下料的尺寸与恒温干燥箱的容积、模型的大小、施工的速度有关，一般长取 28～33 cm，宽取弧线长度加上 2～3 cm 为宜，如果太长，则还未来得及全部成型有机玻璃就冷却变硬了。

将下好料的有机玻璃放入恒温干燥箱加热 5～10 min，取出变软的有机玻璃，将其一端插入预留槽内，再将剩余部分沿木模形状弯曲，两人用手将有机玻璃抹平压紧，再用活动木条将有机玻璃挤紧，并用手压紧顶部，直至有机玻璃冷却。完全成型取出，修剪掉插入预留槽中的多余部分，至此圆弧模型就制作完成了。

2）WES 堰或驼峰堰面的制作

WES 堰或驼峰堰面的制作仅用单模难以制成，需要用木模、混凝土正模和负模，主要过程如下：①用层板制作两个尺寸、形状完全相同的溢流堰纵剖面木模，注意预留有机玻璃的厚度；②根据模型实际尺寸制作两个大小相同的正方形或长方形的无底木箱；③将层板木模固定在第一个箱的两内侧，保证不变形，且两木模保持完全对称；④将木箱置于平整的水泥地板上，用 C15 或 C20 混凝土浇筑，然后用水泥浆抹面，按两侧木模的形状塑造溢流面，保证表面光滑，通过 3～7 天的养护，便制成混凝土正模；⑤将另一个木箱置于混凝土正模之上，不可滑动，用 C15 或 C20 混凝土浇筑，过了养护期，启下后便制成了负模，用蜡进行处理表面，使其保持光滑，否则，制作出的有机玻璃的表面不平整；⑥将加热后的有机玻璃铺于混凝土正模上，进行适当平整后再将混凝土负模对齐置于上面，送入恒温干燥箱加热 15 ~ 20 min 启出即可成型。

模型制作完成后，需检验其制作精度，尺寸精度要求为 ±0.2 mm。

（二）水工建筑物模型的安装

模型制作和精度检验完成后，需将其准确安装在河道模型上。在安装之前，可在模型特征位置作一些标记，为安装定位和高程检验提供方便；同时根据研究的需要，在指定位置钻设测压孔，为了保证过流面顺滑，不影响水流条件，测压孔要求较为严格：内径小于 2 mm，孔口需垂直壁面，且与过流面齐平。水流通过测压孔、紫铜管、橡胶软管，到玻璃测压管进行测压，测压管内径宜大于 1 cm，且管径需均匀。模型有机玻璃厚度常为 5 mm 左右，从 2 mm 的测压孔连接到 1 cm 的紫铜管有一定困难，通常采用的方法是在测压孔外绑贴一小块钻有直径 1 cm 孔的有机玻璃，小孔位于大孔中央，然后再将紫铜管插入大孔并黏结固定。

模型定位仍以导线点和导线、水准点为基准，应用经纬仪、钢尺、水准仪等将模型平面位置、轴线走向、各处高程确定准确后，将模型固定。要求水工建筑物轴线走向误差控制在 ±0.1°内，高程误差控制在 ±0.3 mm 内。

水工建筑物模型安装完成后，需恢复被破坏了的河道地形，注意不要破坏河工模型制作时预留空间的防渗层。

三、控制及量测设备的安装

水工及河工模型固定式的控制及量测设备主要包括量水堰、尾门、测针、加沙机等，非固定仪器主要流速仪、含沙量仪等，关于这些设备将在第七章介绍，这里仅就安装方面进行简要说明。

（一）量水设备

量水设备用得较多的是矩形、三角、复式等薄壁堰，巴歇尔（Parshall）槽用得不多，有些动床模型和非恒定流模型，也用电磁流量计、超声流量计等。根据模型类型、适用范围、模型流量大小及其变化范围选择量水堰，一般情况下，试验流量均较小，宜选用三角堰，试验流量均较大则选用矩形堰，如流量变幅较大，可选择复式堰，也可建造两个量水堰，即用三角堰控制小流量、矩形堰控制大流量。

恒定流模型对量水堰与模型之间的距离要求不高，宜尽量利用原有的量水堰，这样可节约一定时间和经费。建造量水堰要注意以下事项：

（1）量水堰的关键部件之一是堰槽，堰槽必须保证底部水平、侧壁铅直和平顺。

（2）堰板是量水堰的另一关键部件，宜采用强度高、易打磨的铜板制作，有时也可采用较厚的塑料板或有机玻璃板。堰板顶面需制作成锐缘，锐缘厚度常为 1 ~ 2 mm，斜面与堰板壁面的夹角成 30°。堰板必须与堰槽垂直正交，与堰槽侧墙、底板均垂直，堰板顶部必须水平。

（3）堰槽必须等宽，槽两侧壁稍伸出堰板；为了避免负压，矩形堰堰下水舌（水帘）与堰板之间应设通气孔。

(4)堰不宜过高,也不宜过低。过高会减小平水塔的水头差,降低过流能力,过低易形成淹没出流,影响过流能力和流量精度。其高度一般由堰板顶部与水舌入水面之高差不小于 7 cm 来控制,这样可保证堰流为自由出流。

(5)堰的长度需满足堰槽内水流平稳,入流不应水平射入堰内,管口应朝下,还需在堰板上游 10 倍最大水头处设置消浪栅。

(6)堰上水头由连通管引至堰外测针读取,连通管应设置在堰板上游 6 倍最大堰顶水头处。对于浑水模型,还需经常清洗堰槽和连通管。

(7)堰宽、堰高、堰上水头范围等不应超出相应堰型的适用条件。

(二)引水槽和前池

模型进口水流需要稳定、平顺,所以量水堰的水舌不应直接跌入模型,需修筑一段引水槽,再连接到前池,最后由前池将水流平顺过渡到模型进口。前池越大、越深,水流越平稳,一般要求前池长度一般与模型进口河宽相同,深度可取模型最大水深的 2 ~ 3 倍。前池水面常抛掷木栅、木排或其他漂浮物以消浪,在模型进口需均匀排列小树条、埽枝等或砌筑几道透水花墙使模型进口水流均匀。

(三)尾水池和尾门

尾门的作用是控制模型出口水位,即尾水位,是模型试验中重要的下游边界。尾水池接模型出口,位于尾门上游,其长度与模型出口河宽、尾门长度相同,深度和宽度要求不高,可与模型高度一致,尾水池的作用是接纳模型水流均匀从尾门顶部下泄。尾门常用的有翻板门和百叶门,翻板门水流由顶部溢出,属于堰流,通过升降顶部高程达到调节水位的目的,要求顶部水平;百叶门与百叶窗类似,通过叶片的开度来调节水位,属于孔流。相对比较而言,翻板门调节方便,水面稳定。另外,常需在尾水池侧安装带阀门的排水管,称之为尾门微调,主要是对尾水位进行微小调节,可提高精度和方便性。

(四)测针

河道模型的水位测量基本都是由测针完成的,还包括量水堰的堰上水头、尾水位,其安装精确度对试验水位的真实性影响较大。测针主要由两部分组成,即测杆和测座,测杆带有针尖和精度 1 mm 的刻度,测座带有测杆槽、游标尺和用于固定的螺丝孔、微调手轮等,测杆可插入测杆槽自由上下移动。

测针的安装主要有以下步骤:

(1)选择测针量测范围。目前,测针量测范围有 0 ~ 40 cm 和 0 ~ 60 cm,可根据模型试验水位的最大变化范围进行选择。

(2)选择适当的位置。尽量选择与水尺较近的位置。

(3)选择恰当的安装高程。如测针安装过高,可能无法测读低水位,过低则可能不能测读高水位,其高程应保证能测读到模型最高、最低水位。

(4)架设固定基座。一般紧靠模型边墙砌筑两根砖柱,砖柱间架设刚度好不易变形的角钢或槽钢,用于固定测针,需注意其高程,且要求水平,其下放置测针筒。

(5)安装测针。将测杆套入测座,固定在角钢上,注意测杆必须保证铅直。

(6)测量测针零点。测针零点也有人称测针常数,表示测杆的零点与测座上游标尺的零点重合时测针尖的高程,量水堰的测针零点则表示杆、座零点重合时针尖与堰板顶之间的高差；测针零点需通过高精度水准仪反复测量 2～3 次，每次偏差不超过 ±0.3 mm，然后取其平均值。

(7)连通水尺：用橡胶软管将测针筒与埋设水尺时预留在边墙外的紫铜管连通。

设 z_c(m)为测针零点，h_c(cm)为测针读数，则测出的水位 z_p(m)按下式计算：

$$z_p = z_c + 0.01\lambda_h h_c \tag{6-4}$$

将读数范围 0～60 cm 代入式(6-4)，有 $z_c = z_{p\min} \sim (z_{p\max} - 0.06\lambda_h)$，$z_{p\min}$、$z_{p\max}$分别为试验的最低和最高原型水位，这说明测针零点在此范围内才能测读到所有试验水位，可供确定测针的安装高程时参考。

当某些山区河流水位变幅大，垂直比尺较小时，有可能出现试验水位变化范围超过 40 cm 或 60 cm，则需要在同一水尺位置安装测针零点一大一小的两根测针。

(五)其他设备

其他设备主要有流速仪、压力传感器、推移质加沙机、悬移质加沙系统、清浑水循环系统等，可参考有关章节和参考书。

第三节　模型的验证

模型建立的正确性由模型验证这个环节来检验，只有获得了验证的模型，其试验成果的可靠性才能得以保证。模型建成以后，应严格地检测模型的几何形状和尺寸的准确性，并以原型实测数据资料为依据验证模型中水流泥沙运动以及河床演变的相似程度。如有必要，可调整模型设计的有关比尺，以保证模型中能重演天然河道中的水沙运动现象以及冲淤变化。

一、几何相似性检验

从断面的布置、绘制、裁切、安装到模型河床地形、微地形的塑造，只要每个步骤均达到了精度的要求，模型的几何相似就基本能满足。另外还有一种方法，即采用围线法或其他方法测出模型地形，再将模型与原型河道地形图进行套绘比较，分析各等高线、深槽、浅滩等位置的符合程度，由此可检查模型制造的精度。

二、水面线验证

河床阻力相似是由水面线的相似性验证来体现的。天然河道的阻力通常随着水位的变化而改变，所以为了保证模型阻力的全面相似，一般需要进行洪、中、枯三级流量的水面线验证。其验证方法是根据原型实测的瞬时水面线资料，在模型中施放相应的模型流量，调整尾水位与原型相同，再测量沿程各水尺的水位。采用图、表进行模型所测水位与实测水位对比，如果水面线符合程度较好，各水尺偏差满足有关精度要求，则认为达到相似，否则须寻找原因，修正后再进行验证试验，直到满足要求为止。

水面线验证时，模型、原型水位允许最大偏差：山区河流为 ±0.10 m，平原河流为 ±0.05 m。这里所说的偏差有正差和负差，如果所有水尺的偏差均在 ±0.10 m 或 ±0.05 m 内，但均是正差或负差，则认为没有达到相似性要求，须修正模型后重新验证。

初次水面线验证如不能满足要求,则可根据沿程水位的偏差情况查找原因。从下游往上游,如模型水位高于原型水位且偏差逐渐增大(见图 6-7(a)),通常有流量或糙率偏大两种原因,需先检查量水堰测针零点是否正确,读数及计算是否有误,在排除放水流量出现错误的情况下,需对河床进行减糙;如模型水位低于原型水位且偏差逐渐增大,则有可能流量或糙率偏小,同样在排除放水流量出现错误的情况下,应对河床进行加糙;如出现某把水尺以上水位偏差基本相同,则问题可能出现在开始偏差的那把水尺(见图 6-7(b)中的·)以下河段,需要进行局部加、减糙,检查微地形;如出现某个别水尺偏差较大(见图 6-7(c)中的·),在排除了连通管内存在气泡或漏水,测针零点和读数、水尺位置等错误后,应检查该水尺是否处在回流区、泡漩水或横流等影响区,检查突嘴或石梁等局部地形模拟是否准确,检查水尺是否受到河床局部隆起的遮掩,检查水面线变化的趋势等。

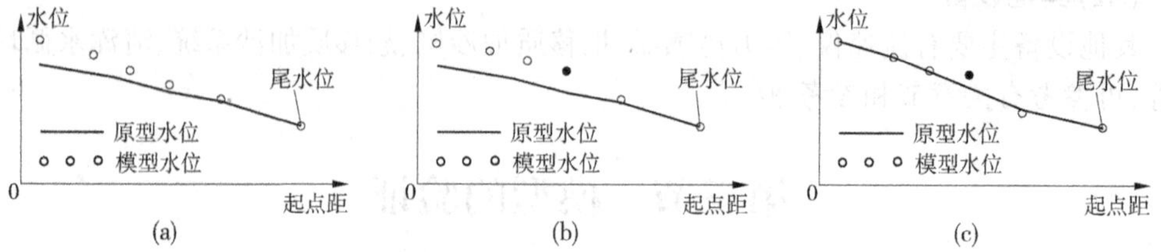

图 6-7　水面线偏差原因分析

三、流速验证

流速验证不仅需要检验流速的大小,还需要检验横向和垂线分布以及流向,流速的相似是模型水流运动相似的重要标志。流速分布决定了泥沙的运动特性,对于研究包含有泥沙运动的河工模型试验,水流运动的相似尤为重要。流速验证仍需进行洪、中、枯多个流量级的验证,在流量确定后,断面平均流速与水深关系密切,所以水面线也需要与原型基本一致,不过各断面原型测流难以做到同步,其水面线偏差没有水面线验证时严格。

流速验证试验时,模型流量、尾水位调整准确后,测读各水尺水位,再对测流断面进行横向及垂线流速分布测量。垂线布置除与原型相对应外,可适当加密,以免漏掉最大流速、主回流交界等特征位置。仍采用图表进行模型和原型对比分析,如果符合程度满足相关要求,则达到相似,否则需寻找原因做进一步验证试验。

流速验证精度一般要求最大流速相对误差不超过 ±5%,其他部分流速相对误差不得超过 ±10%,流向与断面线的夹角的相对误差不宜大于 15%。

图 6-8 为流速验证不相似的代表图形,下面分析其原因供参考。如模型各垂线流速分布形态基本一致,但其值均大于原型(见图 6-8(a)),可能是施放流量偏大或断面水位偏低较多,宜检查量水堰相关参数是否有误,断面水深是否低于原型过多;如模型流速均小于原型值,可能是施放流量偏小或断面水位偏高较多,也宜检查量水堰和断面水深;如出现最大流速的位置不同(见图 6-8(b)中的·),说明主流位置不对、流速分布不相似,产生这种情况的原因较复杂,可从模型进口水流是否存在强制性导流,是不是测流水期与制模测图水期不同而主槽位置不一致,上、下游附近是否有突嘴等局部挑流等方面分析;如发现个别测点偏差较大(见图 6-8(c)中的·),但分布形态正确,首先需排除流速仪旋桨

是否被苔丝缠绕、传感系统是否出现故障等人为因素，再检查是否有暗礁等局部地形变化剧烈的情况，因为在其附近流速梯度较大。

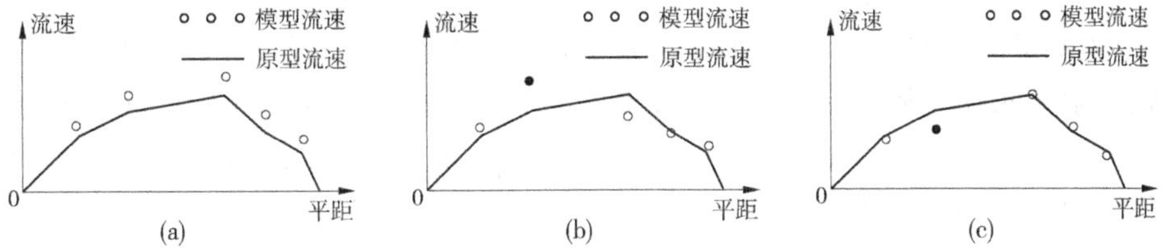

图6-8　流速偏差原因分析

四、流态验证

流态验证主要是采用目测、录像或施放浮标等手段，观测模型内的回流、泡漩、横流等流态，判断其出现的位置、强度、范围、方向等是否与原型一致。还需要根据原型实测的浮标流向资料进行模型浮标流向施放，浮标定位可采用断面、网格等方法控制，原型、模型的浮标流迹线也需要基本一致。流态验证没有定量的精度要求，但需保证位置、范围不出现大的差异。

五、分流比验证

对于分汊河道还需要分流比的验证。总流量由量水堰控制，能达到相似，分流比通常采用流速－面积计算法，如是只分流而不汇流的情况（汊道较长没模拟完、支流流出、分流建筑物或分洪区等），也可采用量水堰进行准确测量。施测流速的断面宜布置在断面较为规则、地形变化缓慢的河段，可在每汊布置多个断面以相互印证，且各汊流量应进行平差以闭合总流量。流量验证一般要求主汊流量的相对误差控制在±5%以内。

六、河床变形验证

河床变形验证是针对动床模型进行的，动床模型是否达到相似，是否能准确模拟原型水流条件和泥沙输移规律，是否能复演原型河道冲淤变化过程，是通过河床变形验证来判断的。所以，冲淤变形的相似是判断河工模型相似性的重要条件，也是试验研究工作成败的关键。由于动床模型河床已由动床模型的加糙床面变为模型沙，所以还需要进行水面线验证，以检验阻力是否相似，必要时需采取措施进行加减糙。

河床变形相似性主要由试验河段冲淤分布等值线、横断面冲淤分布图、冲淤量沿程分布、冲淤总量、泥沙颗粒级配等对比资料来体现。原型的这些资料是根据两次或多次不同时间的测图进行绘制和计算而得的，模型则是在铺设初地形的基础上，施放初地形到末地形期间内的流量过程、输沙量过程，然后根据初、末地形之差获得。

河床变形试验需要注意流量、输沙量、水位等变化过程概化的代表性和原型、模型的同步性；开始放水时需要关闭尾门，缓慢从设置在四周的进水管灌水至满，以免破坏初始地形；试验过程中调节尾门不宜剧烈；中途或结束后需要缓慢升高尾门和关闭量水堰，需放水量测地形时从设置在四周的排水管缓慢排水，如采用测深法测量地形，需封闭尾门，保持静水面，且整个测量过程水位不变。

河床变形验证首先要求模型和原型冲淤部位、冲淤量、冲淤过程等达到定性相似，即该冲的地方不应该淤，该淤的地方不应该冲，该涨水淤积则不应冲刷，该落水冲刷则不应淤积等。然后要求定量方面的相似，如冲淤的深度及其范围、涨落水期的冲淤量以及冲淤总量等，一般要求误差控制在±20%～±25%内。需要注意，冲淤总量相同有可能涨落水的冲淤过程不同，常需中途测1～2次地形；冲淤总量和冲淤过程相同，有可能冲淤部位不同，所以需要结合冲淤分布图分析。

如河床变形验证的各项内容满足要求，则认为达到相似，可结束验证试验进入正式试验，否则需调整相关比尺进行反复验证。主要是调整含沙量、输沙率和河床冲淤变形时间比尺，有时也可调整流量、输沙量概化过程。调整的基本方法多是增大输沙率比尺时，减小冲淤时间比尺，或者减小输沙率比尺时，增大冲淤时间比尺，保持输沙率与冲淤时间比尺的乘积相同，以满足冲淤量的变化保持不变。如模型试验的淤积总量偏大，则可增大输沙率比尺，即减小来沙量，否则应减小输沙率比尺；如模型试验的冲刷总量偏大，则可减小输沙率比尺，即增大来沙量，否则应增大输沙率比尺。

复习思考题

1. 简述模型试验的主要步骤及需要收集的资料。
2. 如何确定河道模型的范围？
3. 模型断面的布置遵循哪些原则？
4. 水工建筑物模型通常采用什么材料？有何特点？采用什么方法制模？
5. 量水堰的安装需要注意哪些问题？
6. 某几何比尺为60的正态模型，试验最低、最高水位分别为492 m和510 m，模型场地基本水平，水准点高于地面10 cm，模型高度保持在60～80 cm为宜，请选择合适的水准点高程，选择合适的测针类型，确定测针零点最恰当的范围。
7. 模型通常需验证哪些内容？
8. 图6-9是某模型的初次水面线和流速验证图，请分析出现偏差的可能原因，可采取什么措施达到相似？

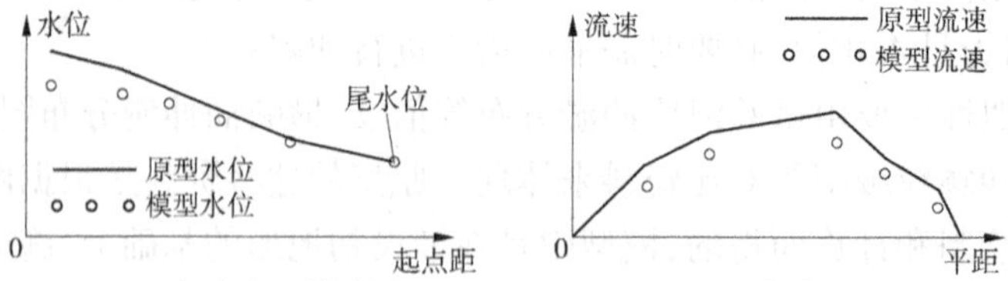

(a)初次水面线验证　　(b)流速验证

图6-9

第七章　试验设备与量测技术

本章主要介绍水工及河工模型试验基本物理量的测量原理和方法，以及相应的量测仪器设备和基本操作，同时介绍量测技术的发展状况和方向。

第一节　供水系统

一、供水系统的分类

供水系统是水工及河工模型试验设备中的重要组成部分。就水源及性质而言，可分为循环式水流系统和重力式水流系统；就水质而言，可分为清水系统和浑水系统；就配水方法而言，可分为单一式及综合式。一般试验场所都采用一种或一种以上的供水形式，视具体条件和需要而设置，目前国内采用循环式水流系统供水的比较多。

循环式水流系统主要由蓄水池、动力抽水设备、平水系统、配水管路和回水管槽等组成。其优点是水源可以重复利用，进行清水、浑水试验比较容易控制，试验不受时间的约束；其缺点是设备维持费用高，流量较小。重力式水流系统利用闸坝、瀑布或运渠跌水等所提供的水力条件，就地引水，经模型或专用设备试验后的尾水不再重复使用，直接导泄至下游河渠。其优点是设备平常维持费用低，可用流量大；其缺点是试验场所需有合适的水源。当利用灌溉渠道水源时，往往不可能常年供给，水源可能浑浊不易处理，一般不可能应用激光测速仪。国内外也有采用重力式水源的试验室，但数量不多。

控制水流系统设备布置最主要的因素为流量，其次为水头，两者均随试验任务而定。一般的水工及河工模型试验所需工作水头不高，而水力机械试验、高水头泄水建筑物水工试验及高速水流试验研究等则要求有较高的试验水头。以下重点介绍循环式水流系统。

二、循环式水流系统

（一）清水系统

清水系统一般包括蓄水池、水泵（包括吸水管、上水管及配套的动力电气设备）、平水塔、配水管、回水渠等。模型试验用水循环使用，这一过程主要借助水泵来完成。如图 7-1 和图 7-2 所示。

此系统主要设备分述如下。

1. 蓄水池

蓄水池常为圆形或矩形，一般为钢筋混凝土结构，小型蓄水池可用砖砌结构。蓄水池可建于室内或室外，前者加设盖板作为地坪，后者须注意不结冰，必要时可加设盖板。蓄水池与抽水池可分建或合建，须注意保持水质的清洁。

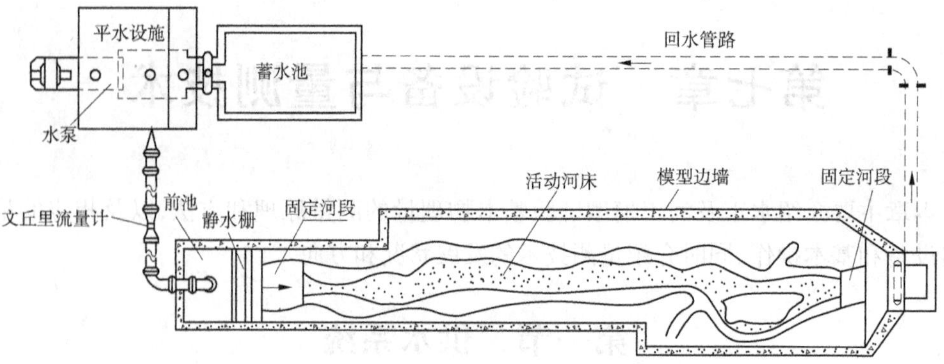

图 7-1 水流循环系统布置平面示意图

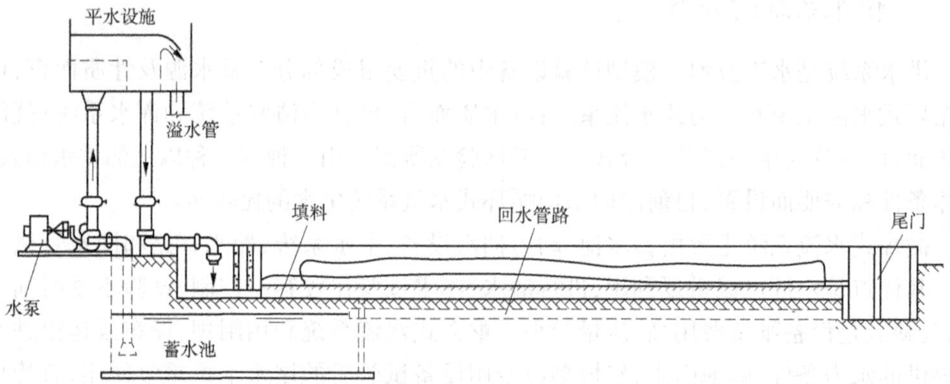

图 7-2 水流循环系统布置立面示意图

蓄水池的容量即为试验室的总水量，应能满足循环总流量的要求，并留一定的超高和余地。简便的计算方法有两种：①按试验室最大抽水量的时间估算，即蓄水池的蓄水有效库容按总供水流量乘以抽水时间 5 ~ 15 min 估算，例如，供水流量为 270 L/s，库容为 80 ~ 240 m^3，抽水时间按水流在试验室循环时间来估计；②按试验室面积乘以 10 ~ 30 cm 平均水深估计，例如，试验场地的面积为 800 m^2，估计蓄水池的有效库容为 80 ~ 240 m^3。对上述经验估计法的结果，宜为试验室内修建大型试验设备及可能的发展留余地。

除蓄水池的最高蓄水位须低于试验地坪一定深度（例如 1 ~ 1.5 m）外，有效库容还宜增加，以保证水泵吸水口应有一定的浸没深度和死库容，一般宜在吸水口范围将池底局部加深。

2. 平水系统

平水系统是循环式水流系统重要的组成部分，其功能是为保持固定供水水头，以达到稳流的目的，常用的是平水塔方式。近几年新建的试验大厅借鉴了高楼供水中的变频恒压技术，设置变频恒压系统取代平水塔。变频恒压系统不但操作方便，实时控制，还节约能源。下面分别介绍平水塔及变频恒压系统。

1) 平水塔

平水塔结构常见的有钢筋混凝土和钢结构两种，大型平水塔多为钢筋混凝土结构。

平水塔分进水仓、平水仓及回水仓。进水仓的作用是消减水流的多余能量，匀化流态。平水仓通过顶部所架设的多条溢水槽，引导多余水量经回水仓流回蓄水池，确保平水塔内水面恒定。回水仓的作用是集纳溢水槽下泄余水，经回水管下泄至蓄水池。在单一式水流循环系统中，一般不用平水塔，除采用稳定电压设备及性能良好的电动机水泵外，可直接在模型前池或试验水库内设置电动平水槽或其他稳流设施。具体设计要求分述如下：

(1)平水塔的高度。平水塔的高度是指平水仓水面离试验场所地坪的高度。平水塔须能按试验要求保证供应一定的总流量。平水塔的高度直接影响配水管的尺寸，通常低平水塔所需高度仅为 5 m 左右。对于在平水塔下布置泵房的常见情况，还需顾及泵房内有一定的净空高度，以便设备管路的起吊、安装及维修。有时水泵扬程较高而平水塔的高度较低，须增加消能设施或扩大进水仓的容积。鉴于此，一般低平水塔的高度不低于 5 m。对于水力机械、高速水流研究、高水槽内进行高大模型试验研究，除常要求较大的流量外，尚需有较高水头的高平水塔或专用高水箱。

(2)平水塔的容积。平水塔的平面面积应能布置所需溢水槽，平水塔的容积须能满足水流均匀分布、消除波浪、稳流的要求，使进水仓、平水仓、回水仓都能充分发挥作用。有时需在进水仓内设置辅助分流消能设施，如挡板、分流板和多孔出流格栅等。根据经验，一般平水塔的容积为最大供水流量乘 75 ~ 100 s，例如总流量为 270 L/s，则平水塔的容积为 $0.27\ m^3/s\times(75\sim100)s=20\sim27\ m^3$。

(3)溢水槽。平水塔溢水槽的作用是恒定水头和消除水面波动，以达到稳流的目的。在实际运用中，水泵的抽水量须略大于模型总需水量，溢水槽使余水均匀溢出，保持塔内水面变差始终控制在允许范围内。每条溢水槽的宽度一般为 10 ~ 15 cm，深度则根据最大溢流量估算，常用 15 ~ 20 cm，溢水槽的净间距应略大于 15 cm。

溢水槽的材料有金属和预应力钢筋混凝土两种。溢流总长度由试验总供水量及所控制的水面变差而定。若按简单的经验法估算，每 100 L/s 供水量需有 20 m 长的溢水槽。另一种计算方法，可根据所选用水泵容量的级差流量(即各个水泵的容量差，如表 7-1 中的级差为 30 L/s)加上试验中可能变动流量(假定为 50 L/s)作为总溢流量，即 80 L/s，再根据平水塔水面允许水面变差来计算溢流长度。

(4)回水管。平水塔的回水管尺寸以能顺利排泄总流量为准，一般用 1 根粗钢管即可满足要求，大平水塔必要时也可用 2 根。

2)变频恒压系统

变频恒压供水系统一般由 PLC 控制器、变频调速器、软启动器、触摸屏显示器、交流接触器、断路器、压力变送器、水位变送器以及水泵组成。

该系统在供水循环系统的蓄水池中安装水位变送器，在主管安装压力变送器，检测出水位、压力，转换成 4 ~ 20 mA 的模拟信号，输入到 PLC 的模拟量输入模块，PLC 将检测到的压力信号和通过触摸屏设置的压力经过 PID 运算后传送到模拟量输出模块用以控制变频器的给定频率值，通过控制变频器的输出频率来调整水泵电机的转速，从而改变主管的压力，以达到保持水压恒定的目的。同时通过水位变送器，实时监测蓄水池水位，并且在低于下限警告水位时发出声光警告，在低于极限水位时停止所有水泵，以防止干泵运行。同时，在触摸屏显示器上可以显示各个电机的电流、频率、水位、水压、工频和变频运行的时间以及各泵的运行状态。系统具有手动和自动两种运行方式：

(1)手动运行方式。选择手动运行方式时，根据需要，通过操作台上的设定压力值任意启动或停止各水泵；变频泵的速度调节仍然自动控制。这种方式只在系统出现故障时使用。

(2)自动运行方式。图 7-3 为某学校水利试验厅的供回水系统布置图。该试验厅采用了清、浑水系统，其平水系统利用变频恒压系统。下面以该试验室为例，介绍变频恒压系统自动运行方式。

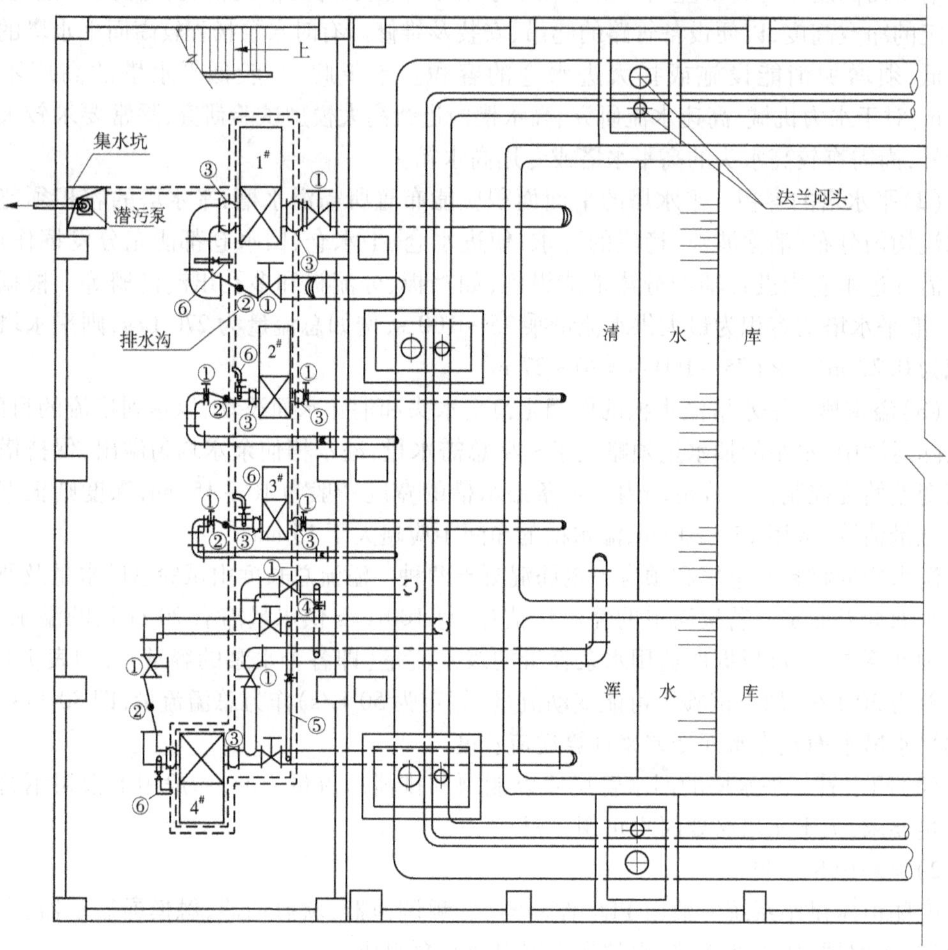

①手动弹性座封闸阀；②多功能水泵控制阀；③可挠曲橡胶接头；④清水干管排空管；⑤浑水干管排空管；⑥水泵排空管

图 7-3　某试验厅供回水系统布置

①启动程序：在自动运行时，首先检测各台泵是否有泵出现故障，其次检测蓄水池水位。如果 1#泵出现故障，则通过触摸屏在线修改该水泵的状态，把 1#泵设为故障状态，则系统启动时，自动不启动 1#泵，如果符合要求，则 1#泵变频启动，电机和变频器连通，通过检测压力的大小，PLC 经过 PID 运算，此时变频器的输出频率从 0 开始上升，如果压力不

够，则上升到 50 Hz，此时主管的压力仍然没有达到设定值，并超出允许的压力范围，这时系统将激活工频水泵的切入，经过切入延时后，通过软启动器，将 2#泵启动，依次类推，直到出水压力达到设定压力。

②水泵切换程序：根据压力传感器检测到的压力的大小，如果出水压力过大，则 PLC 控制变频器的输出频率，减少出水量来稳定出水压力。如果变频器的输出频率为 20 Hz，当超出允许的压力范围时，PLC 开始做工频泵停止计时，如果出水压力降低，则放弃计时。如果出水压力一直高于设定压力范围，到一定时间后，则根据先投先停的原则，PLC 将先关闭正在运行的投入时间最长的水泵，直到出水压力达到设定值。

当系统切入工频水泵以满足系统需求时，变频泵通常正在以最大速度运行。工频水泵会立即产生瞬时超压，直至变频泵减速。在大多情况下，这种现象是不希望出现的。要避免这种现象，可以设置变频器减速到切入频率，然后再启动工频水泵。在停止过程中会出现相反的过程，这时，可以设置变频器加速到切入停止频率。

③远程控制和故障诊断：该控制系统通过远程操作台控制各水泵。当在操作台上发现有故障，如蓄水池水位过低时，可以产生声光报警。人机界面上可以显示故障信息。当选用网络通讯组件时，可以通过 PLC 的通讯模块向远程监控的上位机发送信息，两者之间通讯采用 RS－485 方式，可以在线控制和故障处理。

采用基于 PLC 与触摸屏控制的变频恒压供水系统，可以根据实际需要水压的变化自动调节水泵的转速或加减速，实现恒压供水，降低能耗，还可以延长主泵电机的使用寿命。由于采用了变频器和软启动器，在水泵启动时，不会对电网造成冲击。

3. 动力抽水设备

从蓄水池抽水至平水塔或模型前池，抽水设备需具有一定的扬程，常选用离心式水泵作为抽水工具。对于水泵功能的选择和运用应依据以下几点：

（1）通过蓄水池最低水位，水泵轴心位置，平水塔水面高度，管路、弯头、闸门等沿程和局部水头损失，并附加 20% 的安全系数来确定扬程。

（2）通过试验室用水总量及用水情况，确定电动机的总功率及相应的水泵型号、配套台数。

在实际工作中，常采用几台容量不等的水泵组合在一起，一方面可以根据各项模型流量的需求灵活增减水泵运行的台数，起到调配灵活、节约用电的作用；另一方面，有利于水泵互换使用、维修和保养。

水泵功率选择的计算方法举例：设试验室用水总量为 270 L/s，总水头为 16 m（包括沿程损失和局部损失），所需功率可按下式计算：

$$P=9.81QH/\eta \tag{7-1}$$

式中 P——功率，kW；

Q——流量，m^3/s；

H——总水头，m；

η——电动机水泵综合效率，常取 0.70。

将相关参数代入式（7-1）得：

$$P=\frac{9.81\times 0.27\times 16}{0.70}=60.5(\mathrm{kW})$$

按 $P>61$ kW 的功率作进一步的经济效益比较，见表 7-1。

表 7-1　水泵台数、电机功率和输送流量选用效果比较

方案编号	电动功率(kW)		14	22	28	40	55	合计			效果
	流量(L/s)		60	90	120	160	210	功率(kW)	流量(L/s)	组合数	流量组合
1	选	3	1×60	1×90	1×120			64	270	7	60,90,120,150,180,210,270
2	用	4	3×60	1×90				64	270	7	60,90,120,150,180,210,270
3	水	3	2×60			1×160		68	280	5	60,120,160,220,280
4	泵	3		3×90				66	270	3	90,180,270
5	台	2	1×60				1×210	69	270	3	60,210,270
6	数	2			1×120	1×160		68	280	3	120,160,280

由表 7-1 可见，耗用功率和供应流量基本接近，但方案 1 与方案 2 的流量组合均优于其他方案，其中又以方案 1 为最优，选用 3 台水泵即可获得最佳效果。当然，在上述比较中尚需考虑水泵间尺寸的因素。平水塔的高低与配水管的尺寸有密切关系，如无特殊要求，选用低平水塔和低扬程、大流量的水泵方案，有时比较经济。水泵的安装高程，可高出蓄水池最高水位，也可低于蓄水池最低水位。前者须有底阀或真空充水，以利于离心泵的启动。设底阀时，泵的效率有损失。真空充水后启动，泵的效率较高，但需附设大容量的真空泵。后者可省去底阀，泵的效率可高一些，但泵房内较阴湿并易积水，水泵检修也较为不便。

4. *泵房*

动力泵房的面积应以容纳电机、水泵的套数为基础，电器补偿系统及其设备可以放在泵房内，也可另作安排。总之，应根据近期需要和远期补充的可能以及附设的管路闸门、电气设备等作出合理的规划设计。为便于工作人员进行现场检修和操作，泵房内应留有适量的面积。大泵与小泵间隔布置要适当，这样泵房面积可合理使用，也可避免大泵在吸水过程中的抢水现象。每台水泵吸水口的间距不宜少于邻近吸水管中较大管径的 3 倍，见图 7-4。

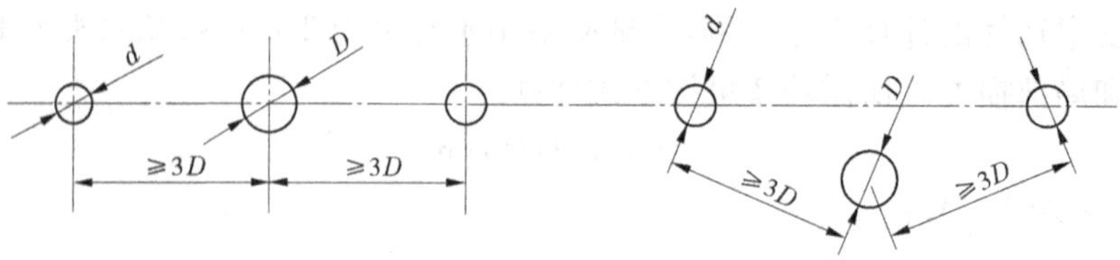

图 7-4　吸水口间距

此外，电机在运转中常因各种原因停机。水泵突然停止工作的瞬时因平水塔作用水头而产生的水击波直接传至水泵轴、轴承和底阀等部位，可能导致某些部件的损伤。因此，需在出水管上附设止回阀，在出口处设置蝶阀则更好，见图 7-5。

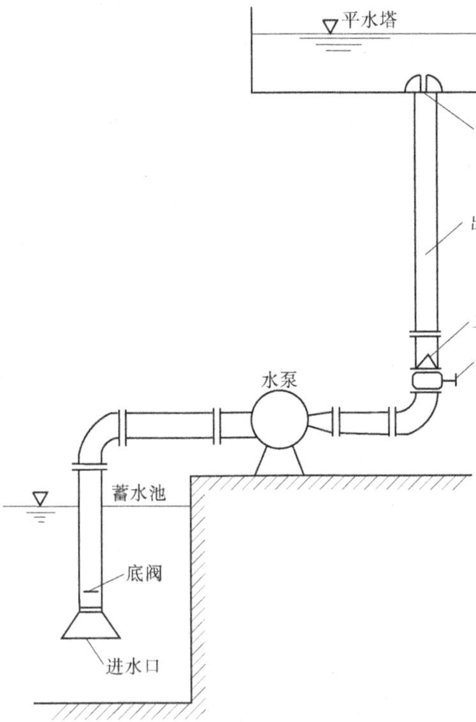

图 7-5　水泵管路布置示意图

水泵动力的管理可采取电气集中远控方式。采用电气集中控制,并设预警和电器保护装置,使值班人员能在安静的管理室内进行操作和监视,但仍需定时到泵房内检查,及时维护。

5. 配水管路

自平水塔至各个模型及水槽的配水管路也是试验室基本设备的重要组成部分。配水管总的配水量要能满足试验室总用水量的要求。根据模型和专用试验设备的位置,考虑到引水方便等因素,一般采用一根或数根引水总管,每根总管可连接几条支管,组成一个配水管道网络。配水总管一般埋设在地坪线以下的沟槽中,在地坪线以上的恰当位置,留有一定数量的三通或阀头,以便与配水支管连接。在支管上安装控制闸门,利用闸门来控制和调节模型流量。在总管和支管的最低处,应设置排水阀,以便于管路的检修。在形成虹吸管段的最高处,应设置排气阀。引水管路一般采用钢筋混凝土管或金属管,要注意金属管道的防锈,露天管路要注意冬季防冻裂。

6. 回水管槽

模型下泄水流主要经回水管槽或回水井导入蓄水池,完成水流的循环。回水管槽的布置应考虑试验室内基本固定设备及不同位置的模型退水回流入蓄水池的方便。一般是环行与栅状相结合的方式布置。其断面尺寸按顺利排泄试验室总流量计算确定。当计算的结果比较小时,要适当扩大计算断面的尺寸,且槽底坡度应大于1∶200。在回水管槽的适当位置应加设集水井,用来沉积污物。有时回水主槽兼有一部分蓄水功能,其断面及长度的设计应考虑满足这方面的要求。

回水明槽均为砖砌或钢筋混凝土结构，槽顶铺置钢筋混凝土盖板，盖板可做成部分固定或部分活动的，在盖板上的适当位置应预留一些小孔便于排水。深埋回水管可用预制钢筋混凝土管或铸铁管。另外，铸铁管和钢筋混凝土管接头处容易产生裂缝漏水，应予注意。

进行动床模型试验研究中，为使模型沙（人工沙或天然沙）不沉于回水槽、蓄水池，模型尾端与回水槽的连接处应设置沉沙池，用以沉积从模型内流出的模型沙。沉沙池的要求与回水槽有所不同，沉沙池所需断面和长度，需根据模型沙粒径及其不冲流速、沉降速度和试验中最大流量估算。沉沙池的进口和出口处，应注意水流情况，使之能满足沉积模型沙的要求。

（二）浑水系统简介

浑水系统专门用来做挟沙水流试验，一般采用两种形式。一种称为全循环浑水系统，这种系统中水流的含沙量在蓄水池配制，使其在进入模型时满足要求。另一种形式是水沙分离系统，模型的含沙量不是在蓄水池中配制，而是在模型首部加入模型沙，模型沙与水流混合后在水流的挟带下进入模型的试验河段，在模型尾部和蓄水池之间设置有足够长度和深度的沉沙池，将多余的模型沙收集起来再重复使用。

一般浑水系统由储水池、调节水池、水泵、供水管、冲沙管、量水设备、回水沟、沉沙池等组成，如图 7-6 所示。

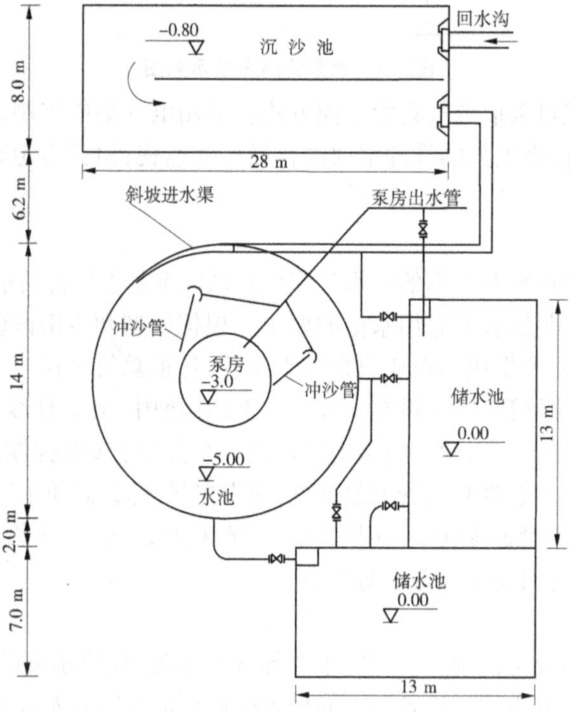

图 7-6　浑水系统示意图

在进行悬移质动床模型试验中，当考虑泥沙在试验过程中循环使用时，因水流在运转过程中始终含有大量泥沙，应采用单独的浑水循环系统。其基本设备与清水循环系统大体相同，主要区别在于避免泥沙在系统中落淤。水沙分离系统中，除加沙机和沉沙池以外，其他部分均与清水系统完全一样。下面重点介绍浑水系统中与清水系统不同的设备情况。

1. 搅拌池

搅拌池用来拌匀和储存具有一定含沙量的浑水。一般采用钢筋混凝土或砖砌的圆形结构，直径不宜过大，底部以呈漏斗形为宜，进水管莲蓬头应位于漏斗底部。

为使泥沙不至于在蓄水池落淤，最简单的办法是直接用回水槽的回水以及平水塔的余水，在圆形蓄水池相对应的两侧，从彼此相反的接近切线的方向，向下冲入蓄水池，以带动蓄水池的水不停地旋转。比较复杂的办法是在蓄水池内安装机械搅拌设备，或在蓄水池相对应的两侧，从彼此相反的接近切线的方向，安装高压水枪，进行搅拌。因此，搅拌池采用的搅拌方式有机械搅拌和水力搅拌两种。机械搅拌是利用机械的动力带动叶片进行搅拌，水力搅拌则是利用水力沿切向或直接冲击搅拌池进行搅拌。图 7-7 为机械搅拌和水力搅拌方式的示意图。

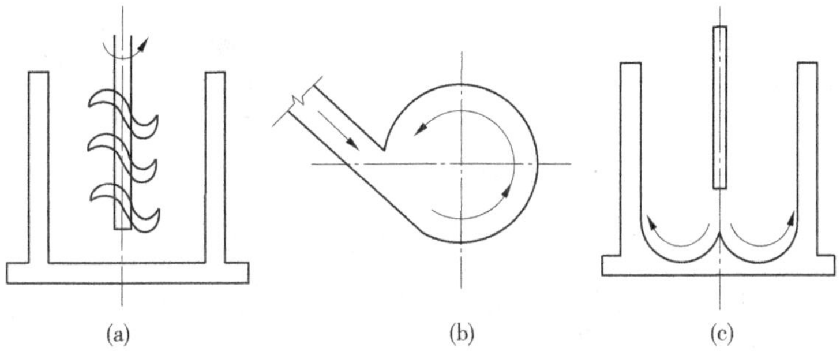

图 7-7　机械搅拌和水力搅拌方式示意图

2. 加沙设备

在考虑用模型进行推移质模型试验，模拟底沙运动时，一般不使用浑水系统，而只需在模型进口利用加沙机加沙，在模型尾部修沉沙池收集泥沙即可。为此，可在进口设置加沙机，以保证加沙速度均匀，并能控制加沙量。

加沙设备主要有皮带式加沙机和漏斗式加沙机。皮带式加沙机是在匀速转动的皮带机上，均匀地堆放模型沙，随皮带的均匀转动，模型沙连续地加入模型中。漏斗式加沙机则利用机械的振动使模型沙沿齿条缝隙流入模型。

第二节　固定及控制设备

一、玻璃水槽

水工模型试验中，为研究某些二元水流问题，需建置常规的玻璃水槽。在玻璃水槽中研究水工建筑物某些局部水流的断面模型试验有如下好处：①模型比尺较小，尺寸较大，可以相对减少缩尺影响；②借助于水槽两侧透明的玻璃可以较清楚地观察水流流态；③断面模型修改较容易，可以较快地获得研究成果；④在断面模型上容易进行脉动压力、掺气等特定的研究，容易对试验中各种水流现象进行描绘或摄像。一般水槽有固定和活动两种，其中固定玻璃水槽使用较多。

(一)固定水槽

固定水槽由进水段、工作段、退水段三部分组成(见图 7-8)。在工作段范围内通常用型钢支撑透明的厚玻璃(或有机玻璃)作为槽壁,进水段和退水段为砖结构或钢筋混凝土结构。玻璃水槽宽应根据断面模型常用的闸坝宽度及模型比尺选定。常用玻璃水槽宽以 40～80 cm、高以 1～2 m 为宜,流量范围 50～200 L/s。宽玻璃水槽的宽度可选用 80～100 cm,甚至可达 200 cm。这两种水槽的常用长度为 20～30 m。其中进水段为 3～5 m,工作段为 10～15 m,退水段为 2～4 m,一般须附设固定量水堰,长 3～5 m,可以位于工作段的上游或下游,位于上游时对流量的控制较方便。对于较少用的高水槽,尺寸可根据任务专门选定。

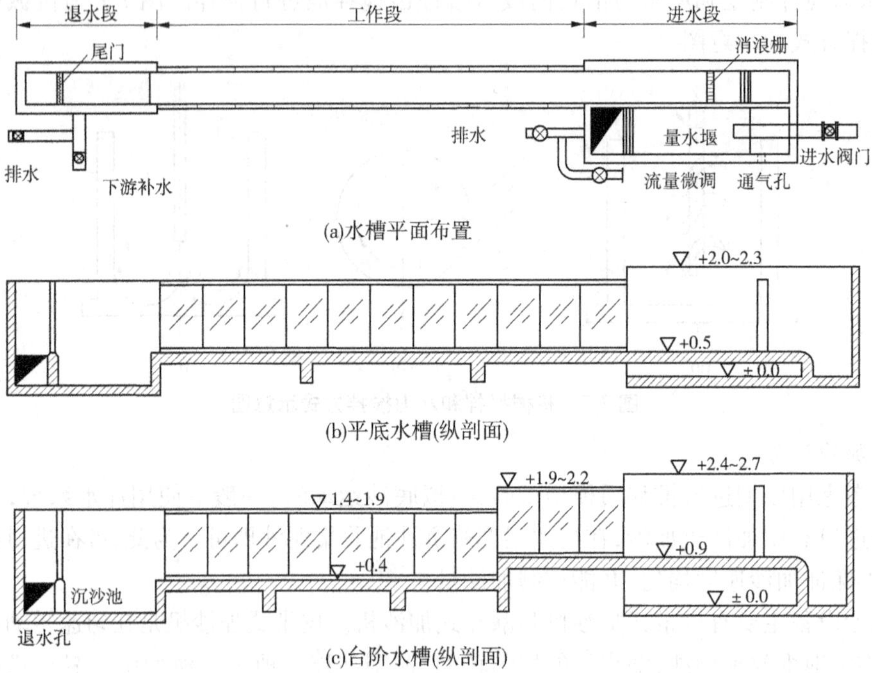

图 7-8　水槽布置形式简图

(二)活动水槽

活动水槽的槽底坡可在一定范围内改变,用以进行推移质试验、糙率试验及水力学基本试验。底坡变化范围 -10% ～ +10%。活动水槽支承传动方式多用蜗轮蜗杆与丝杆同步联动或差动式滑轮移动,必要时也可采用液压传动。槽宽多取 0.4～0.5 m,深 0.4～0.55 m,长 8～25 m,流量 10～100 L/s。

二、波浪水槽及港池(波浪池)

(一)波浪水槽

波浪水槽一般由造波机、消浪器(坡)以及给排水设备等组成。波浪水槽大都用来做波浪试验,也可以将其设计成可以通过水流的水槽,这样既可在其上做波浪试验、波加流试验,也可用来做其他的水流试验,图 7-9 是大连理工大学国家重点试验室的多功能水槽。小型波浪水槽其宽度一般为 0.3 ~0.6 m,大型波浪水槽的宽度可达 4 ~6 m ,波浪水槽的长度应按试验要求而定,对只做规则波试验的水槽的长度一般为波长的 10 ~20 倍,为 30 ~70 m 或更长。槽中水深一般为 0.3 ~1 m。如要研究深水波,则槽中水深需有半个波长以上。

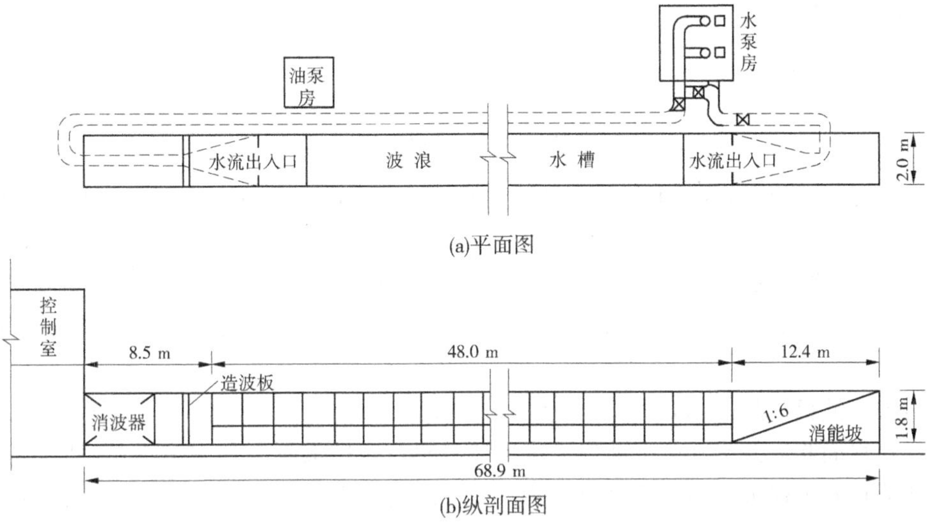

图 7-9　多功能波浪水槽

(二)港池(波浪池)

港池(波浪池)的宽度一般为 10 ~40 m,长度一般为 30 ~70 m 或更长。港池(波浪池)可以附加如图 7-10 所示的加流系统,以便同时模拟海流和波浪。也可在港池(波浪池)一端附设潮汐仪,模拟潮汐,以便在港池(波浪池)内同时产生波浪、水流以及潮汐等多种动力作用。

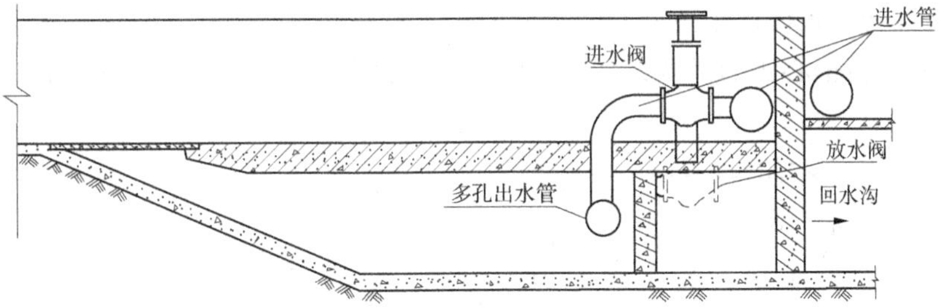

图 7-10　港池(波浪池)加流系统局部图

(三)造波机

为了研究海岸和近海波浪的运动规律以及波浪与海工建筑物的相互作用,常须进行波浪模型试验,模拟海浪运动。因此,在波浪水槽及港池(波浪池)中必须配置相应的造波机。

1. 造波机的分类

在试验室内产生波浪的方法很多,相应的造波机也有若干类型。按其生成波浪的方法可分为气压式造波机、风浪造波机以及机械式造波机等(见图 7-11)。

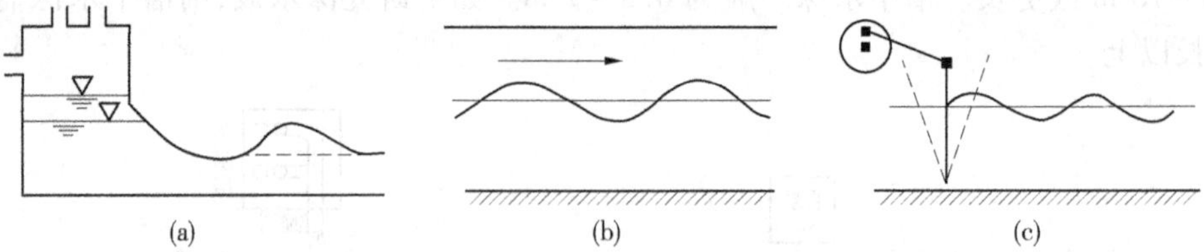

图 7-11 造波机类型

气压式造波机(见图 7-11(a)),其原理是利用气压产生波浪。在波浪水槽或港池(波浪池)的一端设置一气室用气泵将空气压入或抽出,以改变气室内的气压,使气室内外的水面上升、下降,从而产生波浪,这种造波机能够产生长周期波。如配以自动控制系统可产生如潮波、海啸等波形。这种造波机能产生的波浪周期有较大的局限性,目前已较少采用。

风浪造波机(见图 7-11(b)),在水槽上面设置风管或把水槽加盖使之形成风槽,利用鼓风机在水面吹风并使其产生波浪。这种造波机产生的波形与风浪较近似,所以利用这种方法能较好地模拟风浪。这种方法能产生的波高较小,要求水槽较长,且不易对形成的波况进行控制,目前也已较少使用。

机械式造波机(见图 7-11(c)),利用机械扰动水体并使其产生波浪,机械式造波机生波效率高,产生的波高大,波周期变化范围广,能对波要素和波谱等方面进行较精确的模拟,且调节方便。机械式造波机既能产生规则波也可产生不规则波,因而得到广泛应用。

2. 常用机械式造波机简介

1)电动机驱动偏心轮式造波机

该种造波机的动力为变速电动机,由于电动机转速较高,故应按照模拟波的周期用减速器进行减速。减速器输出轴带动偏心轮或曲柄,偏心轮上联一推杆,用它推动推板或其他扰水器,以扰动水体产生波浪。

为了能进行偏心距的微调,经常在造波机上使用如图 7-12 所示的可调的缩放尺。

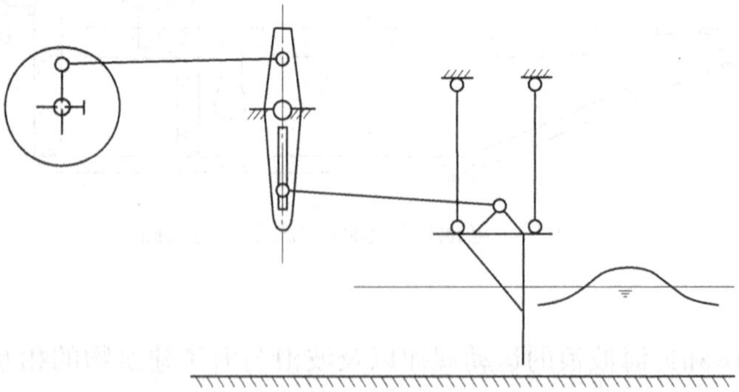

图 7-12 带缩放尺的电动机驱动偏心轮式造波机示意图

2）复合式液压不规则波造波机

不规则波造波机，均有数据采集系统和闭环控制回路，并通过计算机控制造波机，使之产生期望的不规则波。该系统由造波机、液压源、计算机控制系统、模控系统、数据采集系统以及计算机外围设备等组成，该类型造波机组成及工作原理见图 7-13。

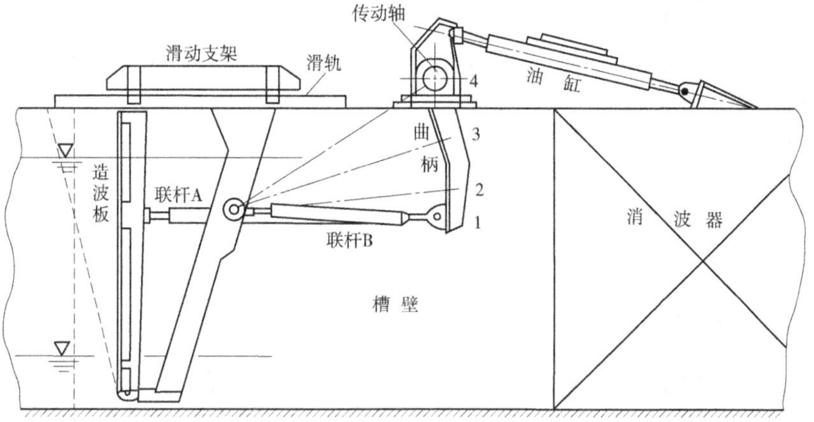

图 7-13　复合式液压不规则波造波机组成及工作原理示意图

（四）潮汐仪

为了研究潮汐河口、海岸以及有关工程问题，常需模拟潮汐现象，即所谓潮汐模型。模拟潮汐的主要设备为潮汐发生仪。按其工作原理，潮汐仪可分为压缩空气式和水泵尾门式两类。

1. 压缩空气式

其工作原理如图 7-14 所示。由空气压缩机压出的高压气体，进入潮汐箱内，由于箱内气压大于大气压，故箱内水体被压出，从而使模型中的水面抬高，压力越高压出水体越多，模型水面抬高得越多；反之，若箱内气压降低，则模型内水体反向流入箱内，从而使模型水面下降。用控制箱内压力变化即可达到模拟潮汐的目的。在选用压缩空气机时，应能满足产生气压变化的需要。

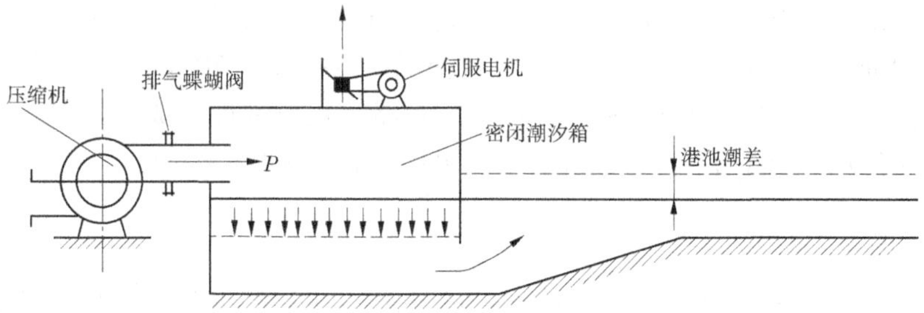

图 7-14　压缩空气式潮汐仪原理示意图

2. 水泵尾门式

水泵尾门式潮汐仪原理如图 7-15 所示。由水泵从蓄水池中抽出的水体，经过水管、出水廊道进入模型，再经尾门返回蓄水池中，通过调整进出水量和尾门高度，即可达到模拟潮汐的目的。

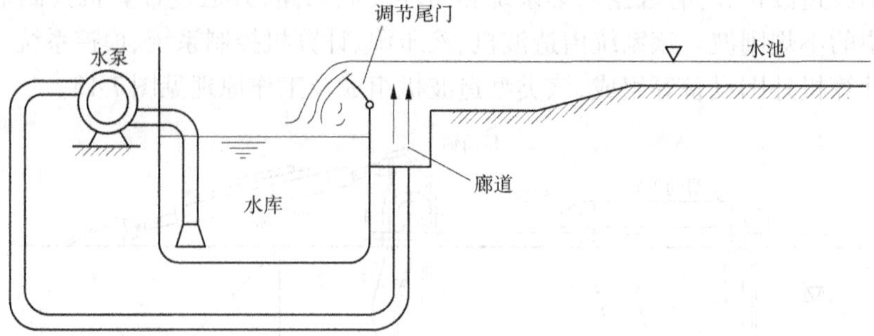

图 7-15　水泵尾门式潮汐仪原理示意图

三、高水箱和高压水箱

水工泄水建筑物中,如泄洪洞、泄水底孔、中孔、深水闸门的水力特性、振动、掺气减蚀等项目,均可采用局部模型进行试验研究。通常建置容积较大的高水箱以代表天然水库。常见的水箱有砖砌、钢筋混凝土、钢结构等三种,可根据试验任务的情况选择水箱的尺寸。当试验水头超过 3 m 时宜采用钢水箱,且最大箱体变形不超过 5 mm。

高水箱的实际容积、预留出水孔口宽度和设计供水流量有关。常用的箱宽 B 与孔宽 b 的关系为 $B/b \geqslant 7 \sim 8$,水箱过窄,边界对模型进流有影响。

水箱实际容积 $V(m^3)$ 与设计供水量 $Q(m^3/s)$ 的关系为 $V \geqslant (300 \sim 350)Q$。有时须在水箱内修建一部分地形,使出流条件符合实际情况。为使模型试验有良好的稳流条件,还须在水箱供水管进口设置消能和分流设施,箱内设置平水设备。平水设备的面积不宜小于水箱水面的 1/7 ~ 1/5。

当架空式高水箱的实有容积不富裕时,须在箱体外附设进水仓或稳流箱。预留孔口的底缘到箱底的距离不宜太近,以免受箱底模型进口水流的影响。

当高坝泄水管道等模型试验需要更高水头时,一般高平水塔及高水箱已不能满足要求,则可考虑采用高压水箱。用于水工模型试验的高压水箱,其箱体宜采用平卧圆筒形,直径 1.5 ~ 2 m,长 3 ~ 4 m,最大设计压力一般不超过 196 kPa(20 m 水头),供水量不小于 100 L/s,配水自成系统,由水泵、闸门、压力箱、管路等主要部件组成。其中,压力箱除提供所需压力水头外,还具有稳流的功能,使临出口处的流场基本均匀。

四、陡槽

陡槽是研究水流掺气现象的主要设备,还可用来研究多种水力学专题,如陡坡边界层、空化、急流压力脉动、急流波动以及标定高速水流各种测试仪器等。

陡槽按其能否变坡分为固定式与活动式两种,后者有广泛的用途。陡槽长度不宜小于 10 m,以获得形成均匀掺气流的条件。室内陡槽长度多采用 15 m 左右。陡槽的宽度均在 0.5 m 以上,以满足槽宽与水深比为 4∶1 ~ 5∶1的要求,能形成二元水流,供水能力大的陡槽,槽宽可大些。

陡槽要求供水首部来流平稳，流速分布均匀，紊动度低。开敞式首部都有较长的稳流段，成都科技大学的固定陡槽稳流段长达 6 m。压力出流的供水首部可用闸门控制槽首的出流条件，缩短槽中流态过渡区长度，更有效地利用槽长。利用压力箱出口收缩段的束水效应使闸下出流流速分布均匀，但要注意优化压力首部的体型，以减小对水流的干扰。

活动陡槽一般可连续、灵活地在 0° ~65°范围内变坡，基本上覆盖了各型式泄水建筑物的实用底坡。变坡方式有上铰点托挂式和上下两支座滑动式两种。陡槽的壁面可以用玻璃制作，这样观测方便。底板有的部分可动，有的全部可动，便于装设各种传感器和改变底板糙度。图 7-16 为安徽水科所梅山试验室活动陡槽图示。

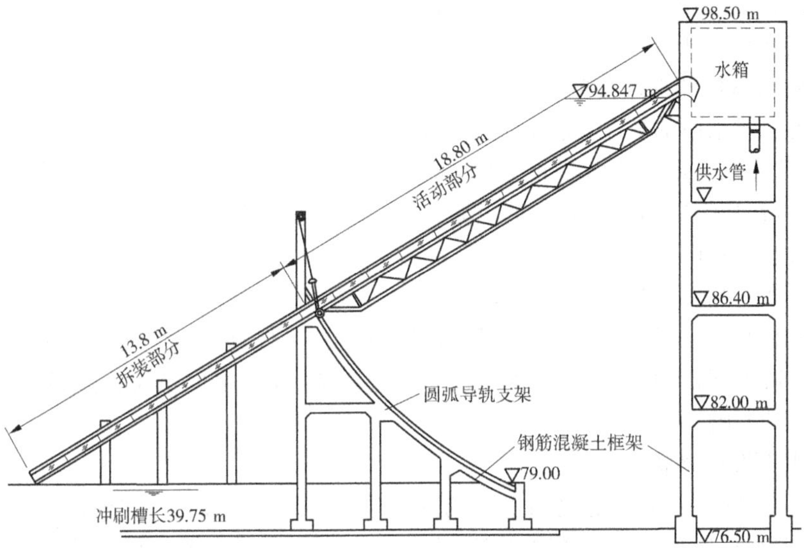

图 7-16　安徽水科所梅山试验室活动陡槽

五、减压箱

减压箱（或称减压试验设备）是一种闭合式循环流道，可使箱体内部和箱体外的大气隔断，箱体内的气压用抽气的办法进行减压控制，能使模型的水流空化数按要求任意改变，为研究泄水建筑物的空化问题创造必要的条件。

我国应用减压箱来进行研究的项目已涉及各类泄水建筑物的空化问题，诸如溢洪道、溢流坝、虹吸溢洪道、压力管道的进口及洞身体型、泄洪洞的体型、底孔、泄水闸门、门槽、消力墩（齿或槛）、消力戽坎、挑流鼻坎、船闸输水系统、泄流表面不平整度等。

减压试验设备包括水流循环系统和抽气系统两大主干和一些附属设备。要求两大主干系统在组装完成之后能达到气密性好、真空度高且能在较长时间内保持稳定，抽真空时工作段变形要微小，连续抽气能达到的真空度应不低于 98.5%，每次抽气达到相似真空度后，维持恒定真空度（真空度变化小于 -0.5%）的时间应不小于 2 h。箱体内壁平整，自身初生空化数小，箱内外要有足够的光源，清晰度高，观察方便，箱体的高度、宽度及长度能满足多种试验任务的要求，便于安装模型和试验操作，活动口门启闭灵活，调节控制应能实行集中控制或自动控制，运转中水流稳定、噪声低、温升小，工作段附近的环境噪声宜小于70 dB。在适当部位要设置引接装置,以便布置常规仪器、电测仪器等。

(一)减压箱的规模及体型

减压箱工作段的宽度一般为0.4~1.5 m,以采用0.8 m者居多,当宽度小于0.6 m时,人在其中工作就感到很不方便。减压箱的箱体高度,多数布置成高低两级,少数布置成高、中、低三级,净高度为0.7~4.0 m。箱体的底部,根据实践经验,平底有利于安装模型及模拟上游来流流态。

(二)总体高差

这里的总体高差是指工作段底部到水泵轴心线之间的高差,一般为10 m左右。采用这一高差,是考虑在减压情况下,水泵本身的绝对压力仍保持为正压或零压,并防止吸入空气以避免叶片空蚀或性能下降。

(三)对进水段和退水段的要求

为了改善进水段的流态,使水面平稳,要求进水段的流速尽可能小一些,并使流速分布均匀,这就要求进水段的横断面具有足够大的尺寸,与进水管的连接处要采取导流稳流措施,必要时在稳流段内设置几道消浪栅,以保证水流平稳地进入试验段,有的采用蜂窝式整流栅,效果较好。

退水段要有足够的长度,以便气水混合流中的气泡逸出,要避免水流直接跌落进入退水管,以免引起水流掺气,影响试验质量,也影响水泵工作性能的稳定。较好的办法是使水流在退水段上下折回流动,在退水管口处形成满流,同时采取消旋措施,这样可以避免掺气及旋涡的影响。

(四)水泵及电动机

减压模型试验中,上下游之间水流的落差及沿程阻力比较大,水流的能量损失比较大,因而要求水泵具有一定的扬程,宜采用离心式水泵,泵的台数可根据试验流量来选定,如果流量及其变幅都很大,则宜采用两台或多台水泵,以便于按需要组合运转,可节约动力。流量的调节方法,过去多采用分流岔管及控制闸门开度来实现,近几年来随着电动机的发展,可采用变频或变极调速异步电动机作为动力,可以在阀门全开状态下通过改变电动机转速来改变试验流量,这种方法运行方便,节约能源,水流平稳,试验中水温温升小。

(五)抽气减压系统及气密问题

利用真空泵抽气可以改变减压箱内的气压,选择真空泵要考虑以下几点:

(1)真空泵的额定真空度要大于减压试验所需真空度。

(2)真空泵的抽气量要大于整个系统的漏气量。

(3)选择允许抽水汽的泵。

(4)泵的噪声宜小,否则要采取隔音或消声措施。

采用H型(也称J型)滑阀式真空泵作为主泵,这种泵配有气水分离器,在运转中能排除大部分水汽,基本上能符合要求,但是还存在真空油与水掺混的问题,运转一段时间后需要更换真空油方能使高真空度得到保障。掺混了水的真空油,静放一段时间,待油与水分离后,油可以再用。旋张式真空泵没有气水分离器,油中积水及泵的振动和噪声都比较大。水环式真空泵最适合于抽水汽,抽气量也相当大,能较好地满足试验要求。

在抽气系统中需要设置两个真空罐,第一个装在减压试验段附近,第二个装在真空泵旁，其作用是防止水被直接抽入真空泵中，同时使一部分水汽在罐中凝集成水（在常压下排掉），可以减少进入真空泵的水汽流量。

抽气主管道的管径不宜太小，以 100～150 mm 为宜。如果管径太小，气流流速过大，在管道沿程会出现较大的压力坡降，影响到工作段的真空度。

真空泵运转噪声较大，排出的气体混有油烟，为了使试验室免受污染，真空泵房宜与试验室隔离开。

要获得持久而稳定的高真空度，除要求真空泵的性能良好外，整个系统的气密问题也是个关键。影响气密性的部位很多，例如活动门、进人孔、观察窗、法兰接头、水泵转轴、管道上的闸门、测量引出孔以及箱体焊缝等，都是容易漏气的部位，但只要采取适当的措施，气密性的要求是不难达到的，如对观测窗、进人孔、吊物孔等构件的密封，以环形真空橡胶圈效果为佳。

（六）设备控制方法

对于水泵、真空泵的启动和停机，闸门的启闭操作等，采用集中控制的办法，运用比较方便，可以提高工作效率，提高试验精度。

六、循环水洞

循环水洞是研究水流空化特性的试验设备之一。通用循环水洞的洞体构成一条闭合流道，定量的水体由水泵驱动，来回循环运转，在工作段中产生较大或很大的流速，试验中流速和压力可以独立调节控制，通过改变水泵的转速来控制流速，通过加压或抽气减压装置来调节压力，当水洞配备有专门的附属设备时，还可以进一步进行控制，以便于研究各种因素对水流空化特性的影响，这是水洞的一大特点。循环水洞在运转中水流的大部分能量可以回收，水泵只提供水流循环运转过程中所损失的那部分能量。因此，一般来讲所需输入的功率远小于工作段水流的功率，大部分能量可以继续再循环。与非循环水洞相比，在产生同一流速时，循环水洞所需输入的功率要小得多，这是它的另一特点。循环水洞整个流道系统中，以工作段的断面为最小，流速为最大，水流具有足够大的雷诺数，试验中可控制水流的空化现象（只在工作段中发生），这对于试验研究工作是很有利的。

在水利工程方面，循环水洞可用于研究泄水建筑物过水表面不平整凸体与凹槽、进水口、闸阀、闸墩、消力齿（槛）等部位的体型与空化特性，水轮机、水泵的流道与水翼、翼栅等的体型与空化特性，空化水流模型试验的比尺影响和空化与空蚀机理等课题。

循环水洞工作性能的良好程度主要取决于初生空化数、能量比、工作段的流速分布等几个方面。

（1）工作段前后应有良好的收缩曲线和扩散曲线，以保证工作段内流速分布均匀、水流来流紊动度宜小于 4‰。

（2）洞身内壁必须经防锈处理，边壁表面平整光滑，其自身初生空化数应小于试验体的初生空化数。

（3）洞身密封性要好，加压或减压之后维持恒定压力的时间应不小于 2 h。

（4）工作段附近的环境噪声宜小于 70 dB。

（5）工作段侧壁需有足够面积的透明观察窗。

七、尾门

尾门的作用主要是控制尾水流量，调节尾水水位。底流式的衔接形式与下游河道中的水深有关，由收缩水深与共轭水深的关系，水跃形态可分下列三种：

（1）当 $h_c''=h_t$ 时，下泄水流的收缩水深的共轭水深 h_c'' 恰好等于下游水深 h_t，此时，在收缩断面开始发生水跃并与下游水流衔接，称为临界式水跃。

（2）当 $h_c''>h_t$ 时，下游水深 h_t 不足以在收缩断面发生水跃，而是下泄水流将水跃推向下游，形成远离式水跃。

（3）当 $h_c''<h_t$ 时，收缩水深要求的跃后水深比下游实际水深小，于是下游水深将水跃压向建筑物，淹没了收缩断面水深，形成淹没式水跃。

可见，水跃形态与下游水深 h_t 有着密切的关系。因此，在水工模型试验中常需要控制尾水的深度。尾门就是这样的一种装置，通过改变尾门的开度控制通过尾门的流量，从而达到调节尾水水位的目的。

尾门控制机构的主要技术参数为水位控制精度和水位可控变化范围，水位控制精度分为静态和动态两种情况。常用的参数范围为：水位控制精度：静态 ±0.5 mm，动态 ±1 mm；水位变化范围：0～240 mm。

第三节　水位与波面测量

一、水位测针

水位测针是目前最常用的水位测量仪器。图 7-17 为一种国产测针的结构图，图中套筒牢固地安装在支座上，测杆可在套筒中上下抽动。另有一套微动机构，借微动轮使其作微量移动。测杆上附有游标，精度可达 0.1 mm。

使用时，以测针尖直接量测水位，或用测针筒将水引出，在筒内进行测读。前者测读简捷，惟水面波动对读数的影响较大；后者水面平静，测量精度较高。还可采用钩形针尖，能避免表面吸附影响，使读数更准确。但要注意连通管内不得存留空气泡。当需测量水面线时，可将测针安装在活动测针架上，使其沿着校平导轨前后左右滑动，以便测得任意断面处的水深或水位。如果使用自动控制三向坐标仪，则测量精度和速度将大大提高。使用测针时，应注意下列各点：

（1）测针尖端勿过于尖锐，以半径为 0.25 mm 的圆尖为宜。

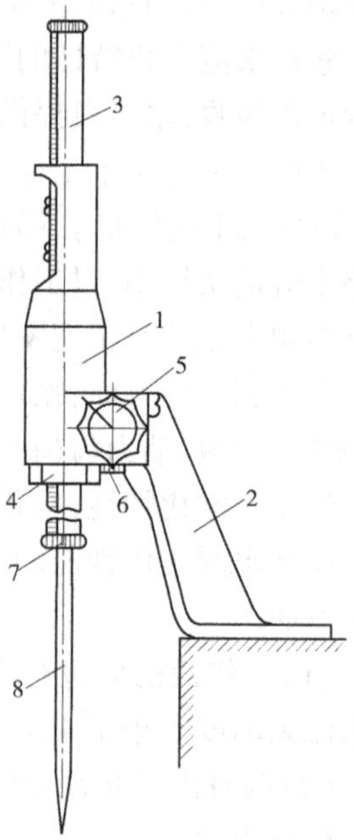

1—套筒；2—支座；3—测杆；4—微动机构；5—微动轮；6—制动螺丝；7—测针紧固帽；8—测针

图 7-17　测针结构示意图

（2）测量时，测针尖应自上向下逐渐逼近水面，直至针尖与其倒影刚好吻合，水面微有跳起时观测读数。钩形测针则先将针尖浸入水面，然后徐徐向上移动，直至针尖触及水面。

(3)当水位略有波动时，应测量最高与最低水位多次，然后取其平均水位。

(4)经常检查测针有无松动，零点有无变动。

二、超声波水位计

超声波水位计是一种把声学和电子技术相结合的水位测量仪器。按照声波传播介质的区别可分为液介式和气介式两大类。

(一)超声波水位计测量原理

超声波测量水位是利用超声波的回波反射原理来量测水位的。超声波水位计通过超声换能器，将具有一定频率、功能和宽度的电脉冲信号转换成同频率的声脉冲波，定向朝水面发射，此声波束到达水面后被反射回来，其中部分超声能量被换能器接收又将其转换成微弱的电信号。这组发射与接收脉冲经专门电路放大处理后，可形成一组与声波传播时间直接关联的发、收信号。量测超声波脉冲从发射至接收所经的时间，并根据水中的声速，通过计算便可以确定水位。

(二)超声波水位计的结构与组成

超声波水位计一般由换能器、超声发收控制部分、数据显示记录部分和电源组成。换能器安装在水中的称为液介式超声波水位计，而换能器安装在空气中的称为气介式超声波水位计，后者为非接触式测量。

对于液介式仪器，一般把后三部分组合在一起；对于气介式仪器一般把超声发收控制部分和数据处理部分的一部分与换能器组合在一起形成超声传感器，而把其余部分组合在一起形成显示记录仪。

1. 换能器

液介式超声波水位计一般采用压电陶瓷型超声换能器，其频率一般为 40～200 Hz。功能均是作为水位感应器件，完成声能和电能之间的转换。为了简化机械结构设计和电路设计并减小换能器部件的体积，通常发射与接收共用一只超声换能器。

2. 超声发收控制部分

超声发收控制部分与换能器相结合，发射并接收超声波，从而形成一组与水位直接关联的发收信号。

该部分可以采用分立元件、专用超声发收集成电路或专用超声发收模块组成。其发射部分主要功能应包括：产生一定脉宽的发射脉冲，从而控制超声频率信号发生器输出信号；经放大器、升压变压后，实现将一定频率、一定持续时间的大能量正弦波信号加至换能器。接收部分主要功能应包括：从换能器两端获取回波信号，将微弱的回波信号放大再进行检波、滤波，从而实现把回波信号处理成一定幅度的脉冲信号。由于发收共用一只换能器，因此发射信号也进入接收电路，为此接收电路的输入端需要加安全措施以保护接收电路。

高性能的超声发收控制部分应具备自动增益控制电路(AGC)，使近、远程回波信号经处理后能取得较为一致的幅度。

3. 超声传感器

超声传感器是将换能器、超声发收控制部分和数据处理部分组合在一起的部件。它既可以作为超声波水位计的传感器部件，与该水位计的显示记录相连，又可以作为一种传感器与通用型数传（有线或无线）设备相连。

三、跟踪式水位仪

跟踪式水位仪主要由水位传感器等组成。水位传感器一般由步进电机、探针、地电缆和控制装置（即单片机系统）四部分组成。探针上接有上拉电阻，同时和单片机的中断信号管脚连接。步进电机带动探针上下运动，探针接触水面后，水作为导体将探针和数字地相连通，探针的电位会降低，这样就产生一个中断信号。单片机接收到中断信号后通过步进电机的转动方向和步进数计算出水位，并使电机反转，提起探针并进行第二次测量，两次测量的差值即为水位的差值。这样，通过对步进电机步进数的计数得到水位信息。随着水面的起伏，探针会上下运动，跟踪水面的起伏。

由于步进电机步进角度小，而且不会造成累积误差，所以测量精度较高。而且这种水位仪不是传统的利用水的浮力、压力或水的反射等，而是利用水产生中断信号，并通过开环控制来测量水位，这种方式速度快，且不受水温、水质等的影响。

四、波高仪

波高和水位在水工及河工模型试验中是必不可少的测量要素，二者在测量要求上有所不同，水位对于测量的精度要求较高，而波高需要能敏捷可靠地反映瞬时的波浪幅度变化（波浪要素有波高、周期和波长）。测量波高的仪器和传感器应具有频率响应快、灵敏度高、体积小、防水性能好等特点。目前测量波高的仪器较多，通常有电阻式波高仪、电容式波高仪、压力式水位计、超声水位计和计算机波高测量系统等。

电阻式波高传感器由于受水温、水质的影响，以及率定系数的非线性等，测量误差较大。计算机波高测量系统应用了电容式波高传感器，电容式波高传感器由钽丝、氧化膜、水组成，其精度取决于绝缘膜的均匀性和耐久性，当水面沿钽丝上下移动时，电容量线性地变化。传感器入水深度 h 与电容量 C 的关系为：

$$C = \frac{2\pi\varepsilon h}{\ln(r/R)}$$

式中　ε——极板间绝缘质的介电常数；

r——钽丝半径；

R——氧化膜半径。

由于氧化膜涂得很薄，故传感器的灵敏度很高。实际上，传感器钽丝的直径和氧化膜半径都是固定不变的常数，因此电容量只与传感器在水中的深度成正比。

如果传感器的位置固定不变，那么水位变化将引起电容量的变化和相应电压的变化，同样这个电压与传感器在水中的深度成正比。电容量的检出电路和放大电路由恒流源、惠斯登测量电桥和高集成运算放大器等组成，当传感器在水中的深度发生变化，引起电路中的阻抗变化，桥路失去平衡时，则产生相应的电压输出。放大电路的输出经 A/D 转换电路转化后由计算机采集和处理。系统工作框图如图7-18所示。

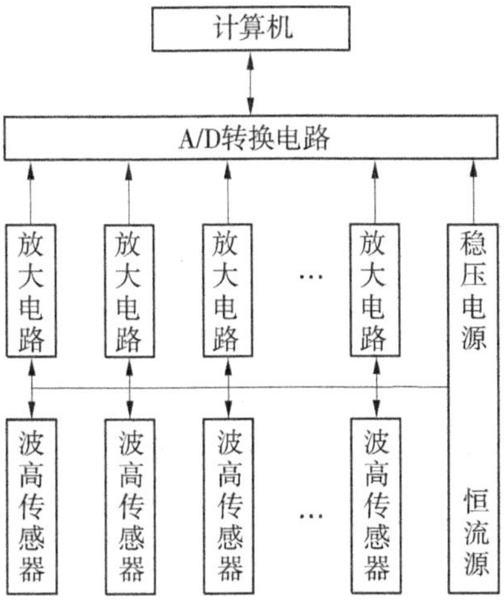

图7-18　波高测量工作框图

第四节　流速和流量测量

一、流速的测量

流速测量方法可分为接触式和非接触式，接触式有毕托管流速仪、旋桨流速仪、热线流速仪、电磁流速仪和超声多普勒流速仪等，非接触式有激光多普勒流速仪和粒子图像测速系统(PIV/PTV)等。毕托管流速仪是一种古典的测速仪器，适宜测量稳定流，且流速宜大于0.15 m/s，现在试验室及科研单位已经很少使用毕托管流速仪测流速了。

(一)旋桨流速仪

流速的测量最常用的仪器是旋桨流速仪。旋桨流速仪按传感器的结构分为电阻式、电感式和光电式三种，目前采用较多的是光电式旋桨流速仪和旋桨式流速流向仪。这类流速仪各试验室和厂家出品的型号甚多，其构造大同小异。旋桨叶轮是光电式传感器的关键部件，旋桨叶轮的材料、螺旋角、直径、螺距与起动流速、率定关系式、均方差等均有直接关系。南京水利科学研究院研制的一种新型的流速旋桨传感器和LGY-Ⅲ型多功能智能流速仪，旋桨叶轮直径分别为12 mm和15 mm(可以适用于不同的水深和不同的流速)，叶轮的螺旋角和螺距也做了改进，旋桨反光面采用了先进的电镀工艺，耐磨损、信号强，新型的流速旋桨传感器的起动流速、测速范围、线性度、率定系数和均方差等指标均有较大的改进和提高。

光电式旋桨流速仪的工作原理是，旋桨叶片边缘上电镀了反光镜片，传感器上端安装一发光源，经光导纤维传至旋桨处，旋桨转动时，反光镜片产生反射光，经另一组导光纤维传送至光敏三极管，转换成电脉冲信号，转换后的电脉冲信号经放大整形，由计数器计数。通过计数器，记录单位时间转动次数，换算成流速值，流速计算公式为：

$$u = \lambda_u (kN/T + C)$$

式中　u——流速,cm/s;

λ_u——流速比尺;

k——旋桨率定系数;

C——旋桨率定常数;

T——设定的采样时间,s;

N——采样时间内的旋桨转数。

(二)其他流速测量仪器

热线流速仪的工作原理是利用热电阻传感器的热损失来测量流速,测量时将传感器置于流场中,流体使其冷却,利用传感器的瞬时热损失来测出流场的瞬时速度。热线流速仪对水质有较高的要求,必须清洁无杂质,否则由于杂质沉淀在传感器表面,改变了热耗散率,将造成误差。

电磁流速仪是根据法拉第电磁感应定律,把水作为导体来测量水流速度的流速仪。电磁流速仪具有很好的频率响应特性,可用来测瞬变流速和流向,也可测往复流的流速和流向。由于电磁流速仪没有任何转动部分,可以不受水质中的纤维杂质或沙质的影响,也可在浑水中测量,对流态的影响不大,其缺点是易受附近电磁场的干扰。如日本 KENEK CORPORATION 公司制造的 VM-801HA 型电磁流速仪和传感器。

超声波流速仪是利用超声多普勒(Doppler)效应测量水流速度,其工作原理为应用压电晶体的逆压电效应做成超声发射探头,向水中发射超声波,利用压电晶体的压电效应制作接收探头,接收水中微粒散射回来的超声波,利用超声多普勒效应测量水流的速度。ADV(Acoustic Doppler Velocimeter)等声学多普勒流速仪现已广泛应用于水力及海洋试验室的流速测量。

激光流速仪是利用激光多普勒效应测量水流速度,已在水工、河工、港工试验研究中得到应用。激光流速仪可以用于气体或透明液体速度的测量,测速范围最高可超过 1 000 m/s,最低已达 0.5 mm/s 量级。激光测速仪为非接触式流速仪,不影响流速场分布,动态响应快,测量精度高,近年来得到迅速发展。但由于其结构复杂,价格昂贵,大部分用于基础研究。

(三)粒子图像测速系统(PIV)

计算机技术与图像处理技术的快速发展,使得流场测试技术得以迅速发展与提高。PIV(Particle Image Velocimetry)技术克服了以往流场测试中单点测量的局限性,能够进行二维(三维)流场的测试,是一种非常有发展前景的无扰动流场测量技术。

PIV 技术是利用速度的基本定义,通过测量水质点在已知时间间隔内的位移实现水质点运动速度的测量。图 7-19 为 PIV 原理示意图。对二维平面上的多个水质点进行跟踪、测量,就能够实现整个二维流场的测量。如果在流场中散播跟随性好且比重适当的示踪粒子,水质点的运动就可以通过相应示踪粒子的运动反映出来。图 7-20 为某一测量区域内的示踪粒子示意图,图中的实线圆表示 t_1 时刻示踪粒子簇的位置,虚线圆表示 t_2($t_2 = t_1 + \Delta t$)时刻示踪粒子簇的位置,箭头表示各示踪粒子在 Δt 间隔内的位移。

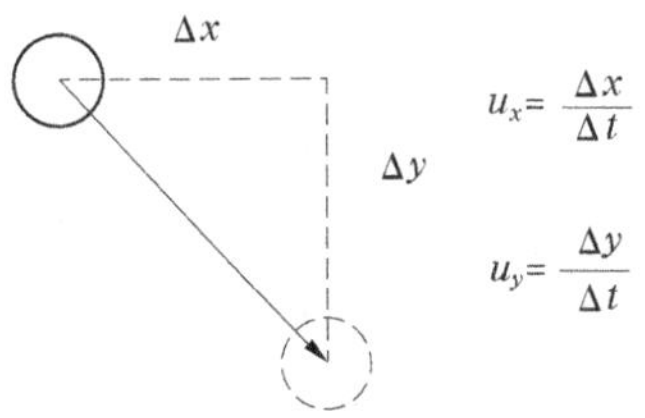

图 7-19　PIV 原理示意图

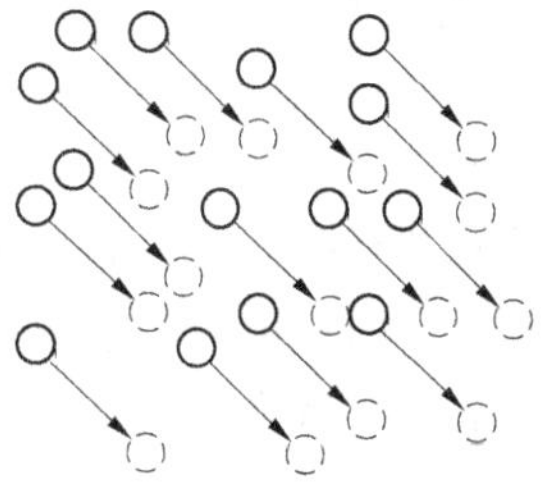

图 7-20　示踪粒子示意图

流场中某一示踪粒子在二维平面上运动，其在 x、y 两个方向上的位移随时间的变化为 $x(t)$、$y(t)$，是时间 t 的函数。那么，该示踪粒子所在处的水质点的二维流速可以表示为：

$$\left.\begin{aligned} u_x &= \frac{dx(t)}{dt} = \lim_{\Delta t \to 0} \frac{x(t+\Delta t) - x(t)}{\Delta t} \approx \frac{x(t+\Delta t) - x(t)}{\Delta t} = \overline{u_x} \\ u_y &= \frac{dy(t)}{dt} = \lim_{\Delta t \to 0} \frac{y(t+\Delta t) - y(t)}{\Delta t} \approx \frac{y(t+\Delta t) - y(t)}{\Delta t} = \overline{u_y} \end{aligned}\right\} \tag{7-2}$$

式中　u_x——水质点沿 x 方向的瞬时速度；

u_y——水质点沿 y 方向的瞬时速度；

$\overline{u_x}$——水质点沿 x 方向的平均速度；

$\overline{u_y}$——水质点沿 y 方向的平均速度；

Δt——测量时间间隔。

在式(7-2)中，当 Δt 足够小时，$\overline{u_x}$与$\overline{u_y}$的大小可以精确地反映 u_x 与 u_y。PIV 技术就是通过测量示踪粒子的瞬时平均速度实现对二维流场的测量的。

利用 PIV 技术测量流场，不仅可以在模型水面撒入示踪粒子，测量模型水面的表面流场，而且可以在水体内部加入示踪粒子，应用激光（片形光束）照射流场中的任意一个要求测试的剖面（见图 7-21），用成像的方法（照相或摄像）记录下两次或多次曝光的粒子位置，用图像分析技术得到各点粒子的位移，由此位移和曝光的时间间隔便可得到流场中各点的流速矢量，并计算出其他运动参量（包括流场速度矢量图、速度分量图、流线图、漩度图等）。

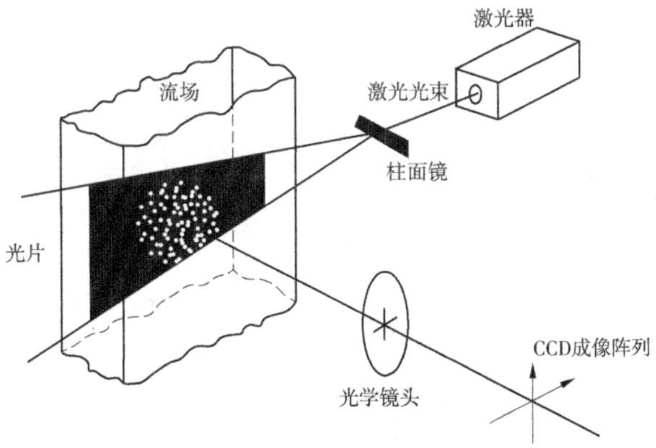

图 7-21　PIV 试验示意图

PIV 系统的实现过程一般分为三步:通过硬件设备采集流场图像;应用图像处理算法提取速度信息;显示流场的速度矢量分布。影响 PIV 测量的因素众多并相互作用、相互牵制,需综合考虑。

表面流场实时测量系统 VDMS 是由清华大学河流海洋研究所研制开发的基于颗粒示踪,图像采集、处理和分析的流场测速系统。VDMS 运用数字摄像与粒子跟踪测速技术(PTV),同时系统配备强大的后处理分析模块。该系统已被广泛应用于水工模型、河工模型、港工模型及水槽试验中。系统支持多个摄像终端(通道)并可实现多系统联网同步测量,其摄像终端的变形误差小于 0.4 像素,系统的测量误差小于 5%。可以执行单路、多路采样和自动周期采样,能够自动识别模型中的外轮廓或岛屿等实体。具备了多种高效率、高精度的插值功能。能够生成固定点的流速矢量过程。采样结果可直接嵌入其他软件或编程应用。

二、流向测量

水工及河工模型试验除测量流速大小外,有时还要求测量流速的方向(简称流向),以便获得流场的图形。测量流向的方法甚多,从最简单的用丝线或高锰酸钾溶液目测流向,直至近代光电式流向仪。一般水工及河工模型试验多选用合适的指示剂或浮子来指示流向。常用的流向指示剂有下列几种。

(一)测定水面流向

纸花、干锯木屑、发光浮子(烛光、铝粉)等。聚乙烯薄膜(厚 0.1 cm,直径 1 cm)是理想的流向指示剂。

水面流向摄影也是一种较好的方法,将干燥的白色纸花撒在水面上,纸花的移动轨迹即为水面质点色线。摄影曝光时间取决于流速大小,流速愈低,曝光时间宜愈长,通常取 2 ~ 8 s。光圈指数多在 16 以上。拍摄时照度不需很大,但亮度要均匀,并使用软线快门,将摄像机固定在三脚架上,位于拍摄面的上方或侧向较高位置。当纸花进入取景范围时,立即打开 B 门,按选定的曝光时间拍摄。当拍摄回流区流向时,曝光时间不一定等于纸花旋转一周的时间。只要纸花散布均匀,采用半周的时间即可(见图 7-22)。

图 7-22　回流区流向测量结果

（二）测定水中流向

短羊毛细线，高锰酸钾溶液及用苯、白漆和四氯化碳调制的混合液滴。

（三）测定水底流向

湿木屑、高锰酸钾颗粒以及石蜡和煤屑等制成的小球。

南京水利科学研究院研制的 CSY－Ⅲ型流速流向仪是一种多功能智能流速流向仪，它采用了先进的电子技术、传感技术和计算机硬软件技术，内置 CPU 微处理器、存储器等，功能丰富，使用简单方便。CSY－Ⅲ型流速流向仪现已广泛应用于水工、河工和港工模型试验的流速流向测量。仪器可直接应用于模型试验中流速流向测量、垂线上流向变化过程的测量以及大面积流速流向多点同步测量，其最小工作水深 3 cm，流向最大跟踪速度 30～400 cm/s，流向跟踪的最小流速≤3 cm/s。

三、流量测量

随着工业生产的发展，对流量测量的准确度和范围的要求越来越高，流量测量技术日新月异。为了适应各种用途，各种类型的流量计相继问世。目前已投入使用的流量计已超过 100 种。

（一）量水堰

量水堰属于堰槽类的量水仪器，水工及河工模型试验常用它测量流量。其基本原理是基于堰顶水头与流量存在一定关系，故可通过水深测量而算出流量。

量水堰的形式很多，如矩形堰、三角堰、抛物线形堰以及复式堰等。流量公式一般可写为：

$$Q = CBH^n$$

式中　Q——流量；

B——堰宽；

H——堰顶水头；

C——流量系数，由率定试验确定；

n——指数，随堰的形式而变，矩形堰 $n=3/2$，三角堰 $n=5/2$，抛物线形堰 $n=2$ 等。

下面介绍水工及河工模型试验常用的两种量水堰。

1. 矩形堰

当流量量程 $Q>50$ L/s 时，宜选用矩形堰。凡自行设计、制造的量水堰，安装后最好先做校正试验再交付使用。若试验室缺乏校正设备，则可仿照标准量水堰的设计要求，引用雷白克（T. Rehbock）堰流公式计算流量。

$$Q = \left(1.782 + 0.24\frac{h}{P}\right)BH^{3/2}$$

式中　P——堰高；

B——堰宽；

h——堰上水深；

$H = h + 0.0011$（m）。

2. 三角堰

当流量量程 $Q<30$ L/s 时，宜选用堰口为 90°的三角堰。堰槽宽度应为堰顶最大水头

的3~4倍,其他设计要求与矩形堰相同。其流量计算公式为:

$$Q = CBH^{5/2}$$

式中 B——堰板上游水槽宽度;

C——流量系数,其值随堰高、堰宽和水头的变化而有所不同。根据日本沼知-黑川-渊泽经验公式:

$$C = 1.354 + \frac{0.004}{H} + \left(0.14 + \frac{0.2}{\sqrt{P}}\right)\left(\frac{H}{B} - 0.09\right) \tag{7-3}$$

式(7-3)的适用范围:$P = 0.01 \sim 0.75$ m,$B = 0.44 \sim 1.18$ m,$H = 0.07 \sim 0.25$ m。

(二)流量计

从不同的角度出发,流量计有不同的分类方法。常用的分类方法有两种,一是按流量计采用的测量原理进行归纳分类,二是按流量计的结构原理进行分类。

1.流量计的分类

1)按测量原理分类

(1)力学原理。属于此类原理的仪表有利用伯努利定理的差压式、转子式;利用动量定理的冲量式、可动管式;利用牛顿第二定律的直接质量式;利用流体动量原理的靶式;利用角动量定理的涡轮式;利用流体振荡原理的旋涡式、涡街式;利用总静压力差的毕托管式以及容积式和堰(槽)式等。

(2)电学原理。属于此类原理的仪表有电磁式、差动电容式、电感式、应变电阻式等。

(3)声学原理。利用声学原理进行流量测量的有超声波式、声学式(冲击波式)等。

(4)热学原理。利用热学原理测量流量的有热量式、直接量热式、间接量热式等。

(5)光学原理。激光式、光电式等是属于此类原理的仪表。

(6)原子物理原理。核磁共振式、核幅射式等是属于此类原理的仪表。

2)按流量计结构原理分类

根据流量计的结构原理,大致上可归纳为以下几种类型:

(1)容积式流量计。容积式流量计相当于一个标准容积的容器,它连续不断地对流动介质进行度量。流量越大,度量的次数越多,输出的频率越高。容积式流量计的原理比较简单,适于测量高黏度、低雷诺数的流体。

(2)叶轮式流量计。叶轮式流量计的工作原理是将叶轮置于被测流体中,受流体流动的冲击而旋转,以叶轮旋转的快慢来反映流量的大小。典型的叶轮式流量计是水表和涡轮流量计,其结构可以是机械传动输出式或电脉冲输出式。

(3)差压式流量计(变压降式流量计)。差压式流量计由一次装置和二次装置组成。一次装置称流量测量元件,它安装在被测流体的管道中,产生与流量(流速)成比例的压力差,供二次装置进行流量显示。二次装置称显示仪表,它接收测量元件产生的差压信号,并将其转换为相应的流量进行显示。

(4)变面积式流量计(等压降式流量计)。放在上大下小的锥形流道中的浮子受到自下而上流动的流体的作用力而移动。当此作用力与浮子的"显示重量"(浮子本身的重量减去它所受流体的浮力)相平衡时,浮子即静止。浮子静止的高度可作为流量大小的量度。

(5)动量式流量计。利用测量流体的动量来反映流量大小的流量计称为动量式流量计。这种流量计的典型仪表是靶式和转动翼板式流量计。

(6)冲量式流量计。利用冲量定理测量流量的流量计称冲量式流量计,其测量原理是当被测介质从一定高度 h 自由下落到有倾斜角的检测板上产生一个冲力,冲力的水平分力与质量流量成正比,故测量这个水平分力即可反映质量流量的大小。

(7)电磁流量计。电磁流量计是应用导电体在磁场中运动产生感应电动势,而感应电动势又和流量大小成正比,通过测电动势来反映管道流量的原理而制成的。其测量精度和灵敏度都较高。

(8)超声波流量计。超声波流量计是基于超声波在流动介质中传播的速度等于被测介质的平均流速和声波本身速度的几何和的原理而设计的。

(9)流体振荡式流量计。流体振荡式流量计是利用流体在特定流道条件下流动时将产生振荡,且振荡的频率与流速成比例这一原理设计的。

2. 电磁流量计简介

1)测量原理

电磁流量计是基于法拉第电磁感应原理而设计的。当一导体在磁场中运动切割磁力线时,在导体的两端即产生感生电势 e,其方向由右手定则确定,其大小与磁场的磁感应强度 B、导体在磁场内的长度 l 及导体的运动速度 u 成正比。如果 B、l、u 三者互相垂直,则:

$$e = Blu$$

与此相仿,在磁感应强度为 B 的均匀磁场中,垂直于磁场方向放一个内径为 D 的不导磁管道,当导电液体在管道中以流速 u 流动时,导电流体就切割磁力线。如果在管道截面上垂直于磁场的直径两端安装一对电极(见图 7-23),则可以证明,只要管道内流速分布为轴对称分布,两电极之间也将产生感应电动势。

$$e = BD\bar{u}$$

式中　$\bar{u}$——管道截面上的平均流速。

由此可得管道的体积流量为:

$$q_V = \frac{\pi D^2}{4}\bar{u} = \frac{\pi De}{4B} \tag{7-4}$$

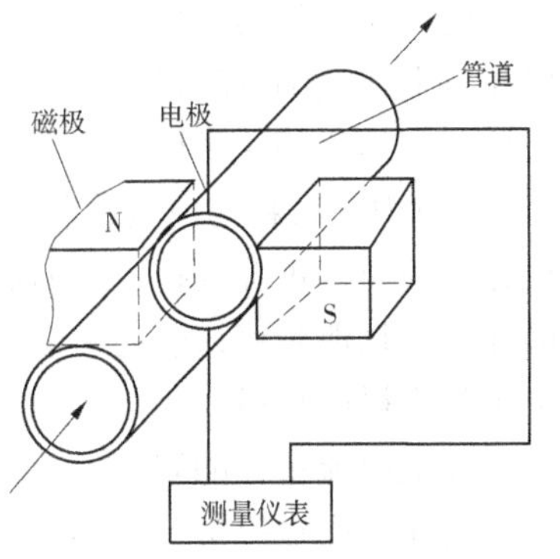

图 7-23　电磁流量计原理简图

由式(7-4)可知,体积流量 q_V 与感应电动势 e 和测量管内径 D 成线性关系,与磁场的磁感应强度 B 成反比,与其他物理参数无关,这就是电磁流量计的测量原理。

需要说明的是,要使式(7-4)严格成立,必须使测量条件满足下列假定:

(1)磁场是均匀分布的恒定磁场;

(2)被测流体的流速为轴对称分布;

(3)被测液体是非磁性的;

(4)被测液体的电导率均匀且各向同性。

2)电磁流量计的选用与安装

a. 电磁流量计的选用

电磁流量计的选用,主要是变送器的正确选用,而转换器只需要与之配套就可以了。

(1)口径与量程的选择。变送器口径通常选用与管道系统相同的口径。如果管道系统有待设计,则可根据流量范围和流速来选择口径。对于电磁流量计来说,流速以2 ~4 m/s较为适宜。在特殊情况下,如液体中带有固体颗粒,考虑到磨损的情况,可选用流速≤3 m/s;对于黏稠的流体,可选用流速≥2 m/s。

在量程 Q 已确定的条件下,即可根据上述流速 u 的范围确定流量计口径 D 的大小,其值由下式计算:

$$Q = \frac{\pi D^2 u}{4}$$

式中　Q——流量;

D——流量计口径;

u——流速。

变送器的量程可以根据两条原则来选择:一是仪表满量程大于预计的最大流量值;二是正常流量大于仪表满量程的50%,以保证一定的测量精度。

(2)温度和压力的选择。电磁流量计能测量的流体压力与温度是有一定限制的。选用时,使用压力必须低于该流量计规定的工作压力。目前,国内生产的电磁流量计的工作压力规格为:小于50 mm 口径,工作压力为1.6 MPa;900 mm 口径,工作压力为1 MPa;大于1 000 mm 口径,工作压力为0.6 MPa。

电磁流量计的工作温度取决于所用的内衬材料,一般为5 ~70 ℃。如作特殊处理,可以超过上述范围,如天津自动化仪表三厂生产的耐磨耐腐蚀电磁流量计,变送器允许被测介质温度为 -40 ~ +130 ℃。

(3)内衬材料与电极材料的选择。变送器的内衬材料与电极材料必须根据介质的物理化学性质来正确选择,否则仪表会由于衬里和电极的腐蚀而很快损坏,而且腐蚀性很强的介质一旦泄漏容易引起事故。因此,必须根据生产过程中的具体测量介质,慎重地选择电极与内衬的材料。

b. 电磁流量计的安装

要保证电磁流量计的测量精度,正确的安装是很重要的。

(1)变送器应安装在室内干燥通风处。避免安装在环境温度过高的地方,不应受强烈振动,尽量避开具有强烈磁场的设备,如大电机、变压器等。避免安装在有腐蚀性气体的场合。安装地点便于检修。这是保证变送器正常运行的环境条件。

(2)为了保证变送器测量管内充满被测介质,变送器最好垂直安装,流向自下而上。尤其是对于液固两相流,必须垂直安装。若现场只允许水平安装,则必须保证两电极在同一水平面上。

(3)变送器两端应装阀门和旁路。

(4)变送器外壳与金属管两端应有良好的接地,转换器外壳也应接地。接地电阻不能大于10 Ω,不能与其他电器设备的接地线共用。如果不能保证变送器外壳与金属管道良好接触,应用金属导线将它们连接起来,再可靠接地。

(5)为了避免干扰信号,变送器和转换器之间的信号必须用屏蔽导线传输。不允许把信号电缆和电源线平行放在同一电缆钢管内。信号电缆长度一般不得超过30 m。

(6)转换器安装地点应避免交、直流强磁场和振动，环境温度为 $-20\sim50$ ℃，不含有腐蚀性气体，相对湿度不大于80%。

(7)为了避免对测量的影响，流量调节阀应设置在变送器下游。对于小口径的变送器来说，因为从电极中心到流量计进口端的距离已相当于好几倍直径 D 的长度，所以对上游直管可以不作规定。但对口径较大的流量计，一般上游应有5D以上的直管段。

第五节　含沙量与地形测量

一、含沙量的测量

(一)光电测沙仪

动床模型试验的含沙量测量包括烘干称重、比重瓶称重及光电测沙几种方法。烘干称重法及比重瓶称重法是传统的测量方法，其测量精度在很大程度上取决于所取样品的代表性，而且测量周期长、操作过程烦琐、劳动强度大，不能很好地进行实时监测水流的动态过程。

光电测沙仪的工作原理是浑水消光定律。一束平行光通过均匀分布的含沙水体后，透射光的强度就会减弱，一部分光被水体中的悬沙吸收，另一部分光被散射到其他方向，透射光只是入射光的一部分，由比尔定律可得：

$$\Phi=\Phi_0 e^{-KSL/d}$$

式中　Φ_0——入射光通量；

Φ——透射光通量；

L——光穿透浑水层的厚度；

K——吸收系数；

S——含沙量；

d——泥沙粒径。

光电测沙原理的应用就是采用光电转换器件用相对测量的方法，将上式经过一系列转换，使通过清水的光通量转换为电信号 V_0，通过含沙水体的光通量转换为电信号 V_i，再经转换后得出含沙量与电信号的关系式：

$$V_2=V_1 e^{-KS/d}$$

式中　V_2——通过含沙水体的电信号；

V_1——通过清水的电信号；

K——系数；

S——含沙量，kg/m^3；

d——泥沙粒径，mm，在泥沙有级配情况下，取级配曲线上 d_{50} 数值。

由此可见，应用光电测沙原理测量含沙量，为了确保测量精度，必须要有不随时间变化的稳定的入射光强。

南京水利科学研究院研制的光电式智能测沙颗分仪由稳压电源、传感器、放大器、A/D转换器和单片机测量控制电路组成，其工作原理如图7-24所示。智能测沙颗分仪是一种多功能智能仪器，内置CPU微处理器、存储器等，具有自动存储和记忆功能，仪器配置了放大器、稳压器、A/D转换器和通讯接口电路等。测沙传感器的光电转换选用了硅光电池，为防止电场、磁场的干扰，A/D转换电路与单片机系统的信号传输采用了光电耦合隔离。

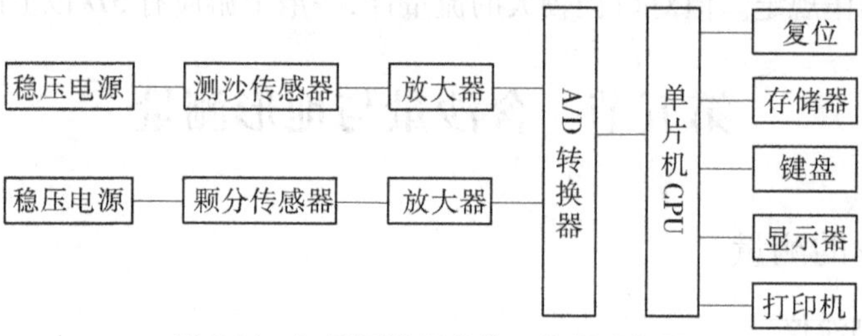

图7-24　智能测沙颗分仪工作原理框图

智能测沙颗分仪开机后，按下"Time"键，即可显示当前的年、月、日和时、分、秒，作时钟显示。由键盘输入需要实时打印含沙量的间隔时间 T 和常系数 K 值等，可连续采集、计算、显示模型进口的含沙量，并按设定的间隔时间打印出测量时刻、测量信号和含沙量。其中常系数 K 可按下式计算：

$$K=\frac{S}{\ln(V_1/V_2)}$$

式中　S——含沙量，kg/m^3；

V_1——在清水中的电信号；

V_2——在浑水中的电信号；

K——系数。

上式经过变换，含沙量 S 的公式为：

$$S=K\ln(V_1/V_2)$$

智能测沙颗分仪除可以测量含沙量外，还具有颗分仪功能，可以实时采集、显示、打印全颗分时段内的采样值。智能测沙颗分仪含沙量测量适用于低含沙水体（$S<12$ kg/m^3），并需定期冲洗积聚在传感器探头上的泥垢。有的光电测沙仪将接收光电池和发光源设置在同一处，称为后向反射式光电测沙仪，根据发光源的不同又可分为可见光的光电测沙仪和红外光的光电测沙仪等。

（二）其他的测沙仪器

测量含沙量的仪器还有很多，如同位素测沙仪、振动管测沙仪、超声波测沙仪等，下面简要介绍这些仪器的原理。

同位素测沙仪是利用 γ 射线穿过水样时，强度将发生衰减的原理而制成的，其衰减程度与水样中含沙量的大小有关，从而可利用 γ 射线衰减的强度反求含沙量。同位素测沙仪可以在现场测得瞬时含沙量，省去水样的采取及处理工作，操作简单，测量迅速。其缺点是放射性同位素衰变的随机性对仪器的稳定性有一定影响，探头的效应、水质及泥沙矿物质对施测含沙量会产生一定误差。另外，要求的技术水平和设备条件较高。

振动测沙仪利用物体（或单位体积的物质）的固有频率与其质量（或密度）有确定的

关系这一原理测定金属传感器的振动频率，从而确定流经金属棒体内水体的悬移质泥沙含沙量。

超声波测沙仪根据超声波在含沙水流中传播时，其衰减规律与浑水中悬浮颗粒浓度有关这一原理实现对水体含沙量的测量。

二、冲淤地形的测量

地形测量仪器是用来测量动床模型中冲淤地形的仪器。在河工模型试验中，常常要掌握动床模型河床的变化过程，为了能够及时了解模型放水过程中床面的冲淤变化，要求在试验过程中测得水下河床地形。此外，当动床模型试验结束后，若水全部放空，可能导致地形的破坏，所以要在水下进行地形的测量。下面介绍超声波式、电阻式和光电式地形仪。

（一）超声波式地形仪

利用超声波反射的原理，可以精确地测定河床面的高程。

安置在水中的脉冲换能器向河床发射超声波，超声波到达河床表面后反射回来，被换能器所接收。由于超声波速度是已知的（约 1 500 m/s，随水温而改变），因此用电子线路测出声波往返所需时间，即可确定水深。

超声波换能器通常采用锆钛酸铅 PZT 材料制成。测量精度与发射频率有密切关系，用 1 ~2.5 MHz 的频率可在 1 m 的水深范围内测量，误差为 ±1 mm。

超声波地形仪具有不接触河床表面的优点，但对于床面变化较骤的情形，由于超声波被散射，测量精度降低，尤其不适用于颗粒河床质的床面测量。此外，这类仪器有一盲区，其大小随发射频率而异，在选择仪器型号时，应考虑这一问题。

（二）电阻式地形仪

这种地形仪由传感器和仪表两部分组成，其原理框图如图 7-25 所示。传感器由两根不锈钢针构成。钢针间的电阻随介质而变化，因此当传感器由水进入河床沙面时，钢针间的电阻发生明显变化，利用这一原理即可探测河床面的高程。使用时，把传感器装在测针上，先把它插入水中，调节仪表，使振荡器停振，这时无音响输出；当传感器下降到靠近沙面时，钢针间电阻陡增，促使文氏振荡器起振，此时，扬声器发出声音，针尖位置即为床面高程。电阻式地形仪的传感器也可制成电极上、下布置的。

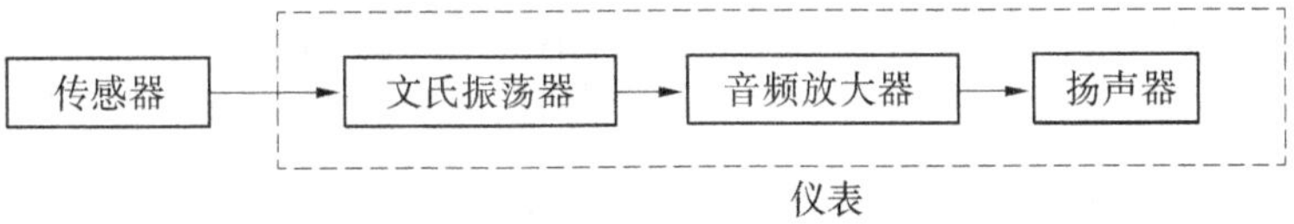

图 7-25　电阻式地形仪的原理框图

利用上述原理，还可以制成自动跟踪式地形仪。这种仪器的测杆由一伺服传动系统带动，传感器的电阻作为测量桥路的一臂。先将传感器插入水中，调节桥路使之平衡，然后开动传动系统，它使测杆带着传感器下降，直到沙面时，由于阻值骤变，电桥失去平衡，电桥输出的不平衡电压推动伺服系统，带动测杆反向运动，当针尖略离开沙面时，阻值恢复，桥路重新获得平衡，测杆停止运动。这样，可使针尖始终保持在沙面上一定距离。将测杆安装在测车上并带动一精密电位器，沿着河床横断面移动测杆，用 X－Y 记录仪的 X 轴记录水平移动，Y 轴记录电位器的电位改变，可直接绘制成河床断面图。

电阻式地形仪在浑水试验中，由于到界面时电阻变化不明显，不易分辨出沙面来，效果略差。

（三）光电式地形仪

由导光纤维束 A 传导的光，通过弯月状的传感器头部，穿过间隙，被导光纤维束 B 所接收，并由光敏三极管转换成电信号传到仪表。当传感器头部接触河床面时，间隙中的光路被阻隔。这一变化被检测出来，由仪表显示，从而辨别沙面。光电式地形仪在浑水试验中，分辨界面的能力优于电阻式。

第六节　压力测量

水工模型试验中的压力测量分静态压力测量和动态压力测量。静态压力一般理解为不随时间变化的压力，或者是随时间变化较缓慢的压力，即在流体中不受流速影响而测得的压力值。动态压力和静态压力相对应，是指随时间快速变化的压力。

水工试验室常用各种压力计来测量流体的压强。在需要测压强的边壁部位上开测压孔，然后用不锈钢管或紫铜管、橡皮管等将测压孔连通至测压管或其他测量压力的仪器中进行测读。当压强极大时可以选用压力表进行测量，当压强极小时可选用测微比压计进行测量，当需要测量两点之间的压差时可选用压差计。下面介绍几种压力测量仪器。

一、测压管

测压管是水工模型试验中常用的测量静态水压力的仪器，其直接用水柱高度表示压强（或称测压管水头），也可以用其他液体表示压强，如图 7-26 所示。测读时，水柱高度读尺最好用不锈钢尺或铜尺，读数可用滑动式水平金属丝，事先要校正好零点。当测量的压强较大时，可以选用比水比重大的液体表示压强；当测量的压强较小时，为了读数准确，增加精度，可以选用比水比重小的液体表示压强。对于不同比重的液体，需要换算成测压管水柱高度。

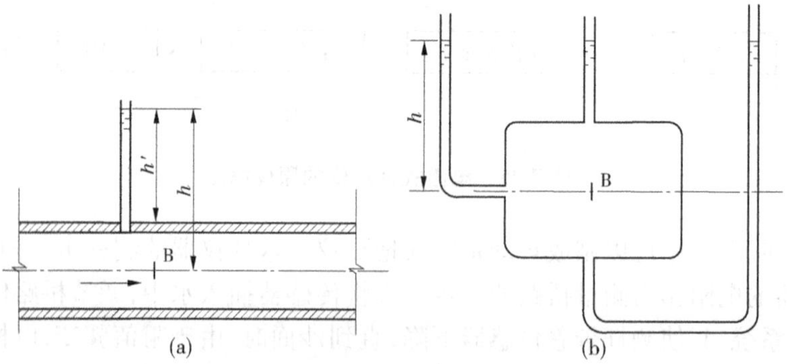

图 7-26　测压管压强表示方法示意图（$p_B=\gamma h$）

对测压管主要有以下几点要求：

(1)测压孔内径应小于 2 mm；

(2)测压管内径宜大于 1 cm，管径均匀；

(3)孔口应垂直边壁，且与过流面齐平；

(4)管身保持直立，管内无气泡，零点高程由水准仪校正。

当选用其他液体表示压强时，对液体的选择应满足以下几点要求：

(1)与被测液体不融合；

(2)不黏管壁，不腐蚀管壁；

(3)化学性能稳定，不挥发；

(4)稳定性好，温度变化对比重影响小。

二、压力传感器

压力传感器是工业实践中最为常用的一种传感器，其广泛应用于各种工业自控环境，涉及水利水电、铁路交通、智能建筑、生产自控、航空航天、军工、石化、油井、电力、船舶、机床、管道等众多行业，下面就简单介绍一下压力传感器的工作原理及其应用。

力学传感器的种类繁多，如电阻应变片压力传感器、半导体应变片压力传感器、压阻式压力传感器、电感式压力传感器、电容式压力传感器、谐振式压力传感器及电容式加速度传感器等。但应用最为广泛的是压阻式压力传感器，它具有极低的价格和较高的精度以及较好的线性特性。下面主要介绍这类传感器。

电阻应变片是一种将被测件上的应变变化转换成电信号的敏感器件。它是压阻式应变传感器的主要组成部分之一。电阻应变片应用最多的是金属电阻应变片和半导体应变片两种。金属电阻应变片又有丝状应变片和金属箔状应变片两种。通常是将应变片通过特殊的黏合剂紧密地黏合在产生力学应变基体上，当基体受力发生应力变化时，电阻应变片也一起产生形变，使应变片的阻值发生改变，从而使加在电阻上的电压发生变化。这种应变片在受力时产生的阻值变化通常较小，一般这种应变片都组成应变电桥，并通过后续的仪表放大器进行放大，再传输给处理电路(通常是 A/D 转换和 CPU)显示或执行机构。

金属电阻应变片的工作原理是电阻应变效应，即金属丝在受到应力作用时，其电阻随着所发生机械变形(拉伸或压缩)的大小而发生相应的变化。电阻应变效应的理论公式如下：

$$R = \rho L/S$$

式中　ρ——电阻率，$\Omega \cdot mm^2/m$；

　　L——金属丝的长度，m；

　　S——金属丝的截面面积，mm^2。

由上式可知，金属丝在承受应力而发生机械变形的过程中，ρ、L、S 三者都要发生变化，从而必然会引起金属丝电阻值的变化。当受外力伸张时，长度增加，截面面积减小，电阻值增加；当受压力缩短时，长度减小，截面面积增大，电阻值减小。因此，只要能测出电阻值的变化，便可知金属丝的应变情况。这种转换关系为：

$$\Delta R/R = K_0\varepsilon$$

式中　ΔR——金属丝电阻值的变化量；

K_0——金属材料的应变灵敏系数，它主要由试验方法确定，且在弹性极限内基本为常数值；

ε——金属材料的轴向应变值，即 $\varepsilon = \Delta L/L$，因此又称 ε 为长度应变值，对金属丝而言，其值在 0.24 ~0.4。

在实际应用中，将金属电阻应变片粘贴在传感器弹性元件或被测机械零件的表面。当传感器中的弹性元件或被测机械零件受作用力产生应变时，粘贴在其上的应变片也随之发生相同的机械变形，从而引起应变片电阻发生相应的变化。这时，电阻应变片便将力学量转换为电阻的变化量输出。

三、数据采集系统

智能仪器的数据采集系统简称 DAS(Data Acquisition System)，是指将温度、压力、流量、位移等模拟量进行采集、量化转换成数字量后，以便由计算机进行存储、处理、显示或打印的装置。数据采集系统是智能仪器中被测对象与微机之间的联系通道，因为微机只能接收数字信号，而被测对象常常是一些非电量，所以数据采集系统的前一道环节是感受被测对象，并把被测非电量转换为可用电信号的传感器，后一道环节是将模拟电信号转换为数字电信号的数据采集电路。除数字传感器外，大多数传感器都是将模拟非电量转换为模拟电量，而且这些模拟电量通常不宜直接用数据采集电路进行数字转换，还需进行适当的信号调理。

(一)数据采集的基本概念

通常从传感器或其他方式得到的模拟信号，经过必要的处理后转换成数字信号，以供存储、传输、处理和显示之用。我们把从模拟域到数字域之间的接口，称为数据采集系统。

在现实世界中被控对象或测量对象的有关参数如温度、压力、流量、速度等往往都是一些连续的模拟量。人们要认识它、使用它又常常首先要把各种物理量转换成电的模拟信号，然后进行处理。随着数据信号处理的广泛应用，如语音信号处理、图像信号处理、生物信号处理、雷达信号处理等，都必须将这些模拟量转换成数字量，然后利用计算机实现各种信息处理。这种由模拟量转换成数字量的过程称为 A/D 转换。而将计算机加工处理的数字量转换成模拟量，以便对被控对象进行控制，这个过程称为 D/A 转换。

(二)数据采集系统的组成结构

一般说来，数据采集系统由传感器、信号调理电路、数据采集电路三部分组成，如图 7-27 所示。

图 7-27　数据采集系统的基本组成

实际的数据采集系统往往需要同时测量多种物理量(多参数测量)或同一种物理量的多个测量点(多点巡回测量)。因此，多路模拟输入通道更具有普遍性。按照系统中数据采集电路是各路共用一个还是每路各用一个，多路模拟输入通道可分为集中采集式

（简称集中式）和分散采集式（简称分布式）两大类型。

1. 集中采集式（集中式）

集中采集式多路模拟输入通道的典型结构有分时采集型和同步采集型两种，如图7-28所示。

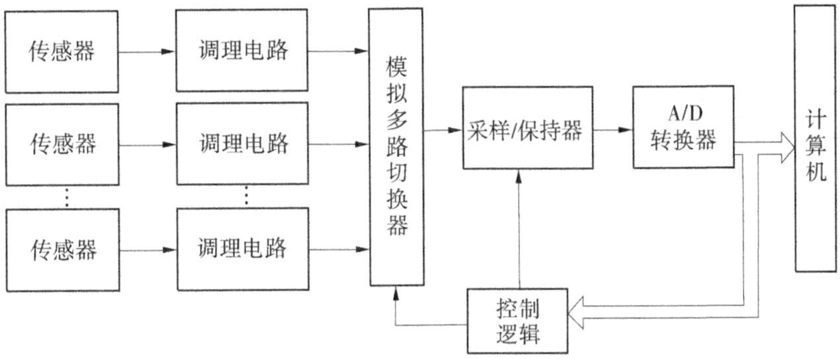

(a)多路分时采集分时输入结构

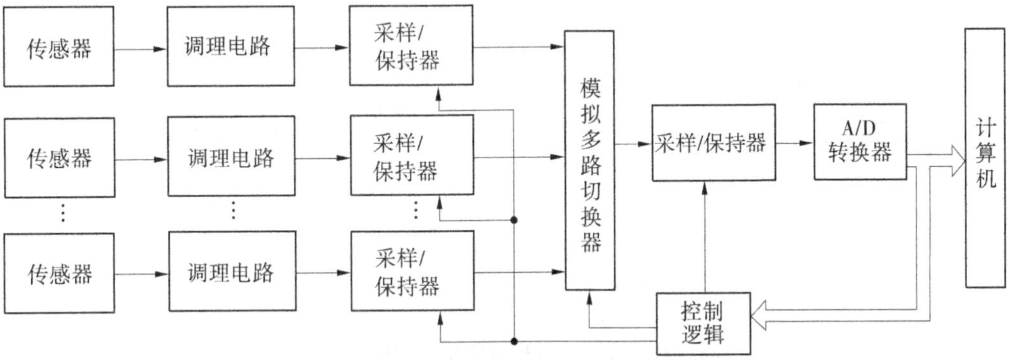

(b)多路同步采集分时输入结构

图7-28　集中式数据采集系统的典型结构

2. 分散采集式（分布式）

分散采集式的特点是每一路信号一般都有一个S/H和A/D，因而也不再需要模拟多路切换器MUX。每一个S/H和A/D只对本路模拟信号进行数字转换即数据采集，采集的数据按一定顺序或随机地输入计算机。根据采集系统中计算机控制结构的差异可以分为单机采集系统和网络式采集系统，如图7-29所示。

（三）数据采集系统各个组成部分简介

1. 传感器

把各种物理量如温度、压力等转换成电信号的器件称为传感器。如测量温度的传感器有热电偶、热敏电阻；测量机械力的有压力传感器、应变片等；测量机械位移的有感应式位移传感器等。

2. 多路模拟开关

如果有多个独立的或相关的模拟信号源需要转换成数字形式，为使采样/保持器、

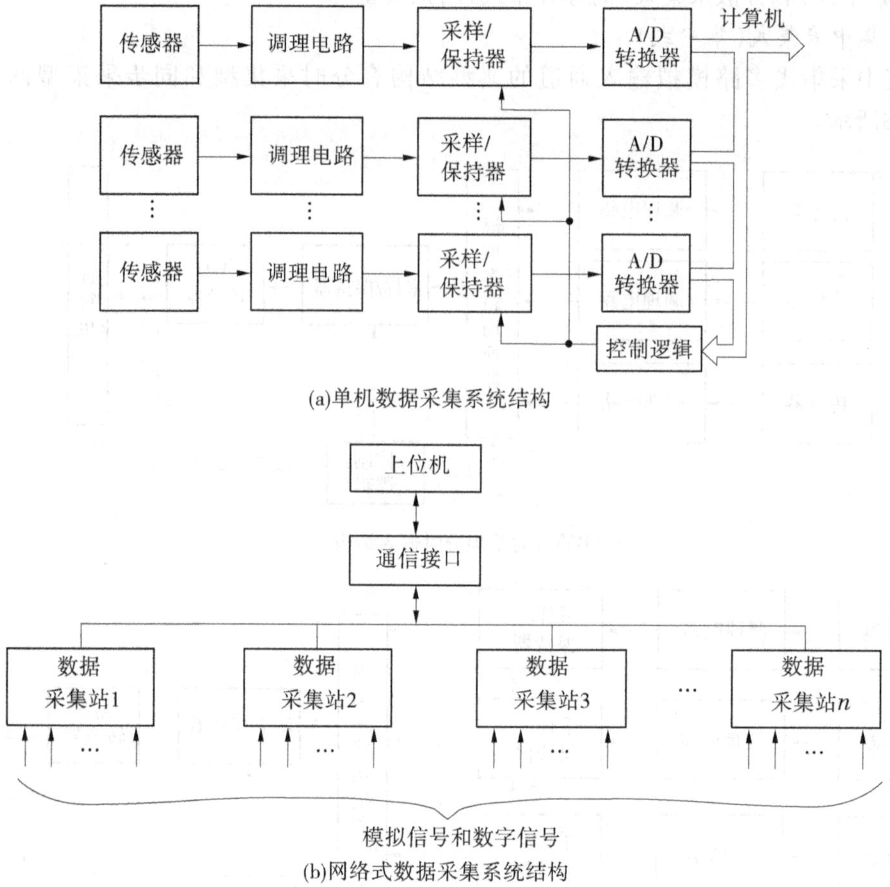

图 7-29　分布式数据采集系统的典型结构

A/D 等后续电路可以公用,可通过多路模拟开关按序切换来实现。

3. 信号调理器

信号调理器的作用如下:

(1)完成信号的电平、极性等转换,以便与 A/D 变换器所需的电平极性匹配,充分利用 A/D 精度。从传感器得到的输出信号小至毫伏级、微伏级,必须放大到足够的电平,才能精确测量。有的信号是双极性,需要进行极性转换变成单极性。信号调理器还应起阻抗变换作用,隔离后面的负载对传感器的影响。

(2)抑制干扰,提高信噪比,特别是传感器通过较长电缆与计算机相联,共模干扰及高频干扰明显,信号常被淹没。信号调理器应尽量抑制干扰和噪声,不使信号污染。

(3)防止混叠现象,即对信号预先进行防混叠波。

4. 采样保持电路

在 A/D 进行转换时间内,保持输入信号不变的电路称采样保持电路。A/D 转换中采样保持电路对系统的精度起着决定性的影响。

一般采样保持电路有两种运行模式,即采样模式和保持模式,它由数字控制输入端来选择。在采样模式中输出随输入变化,通常增益为1;在保持模式中,采样保持电路的输出将保持命令发出时的输出值,直到数字控制输入端输入了下一个采样命令为止。

复习思考题

1. 简述供水系统的分类及循环式水流系统的优缺点。
2. 简述高水箱及高压水箱的使用要求。
3. 简述水位测针的使用要求及注意事项。
4. 简述电容式波高仪的测量原理。
5. 简述旋桨流速仪的工作原理及使用要求。
6. 简述电磁流量计的测量原理。
7. 简述压力测量仪器的测量原理及使用要求。
8. 简述数据采集系统的组成。

第八章　试验数据整理与分析

试验数据的整理和分析，是水工与河工模型试验研究非常重要的环节。通过试验数据的整理和理论分析，找出规律性的认识，回答工程上的问题，提出改进和完善工程措施意见。在试验资料整理和分析的基础上，编写相应的模型试验研究报告。

第一节　概　述

试验资料的整理和分析，包括单项因素整理分析和综合因素整理分析。单项因素整理分析是指对某一因素参数的测验结果的整理，这些资料的整理要能反映该因素的特性及变化的过程，如该因素有多点同时测验的结果，要能找出它们之间的关系。当使用自动观测仪器获得大量信息资料时，可以根据试验的要求编制必要的程序，进行资料的整理和分析。综合因素整理分析包括整个试验过程现象的描述和各种因素参数的测验结果的分析，这些资料的整理和分析，要能反映试验研究问题的特性及其发展变化过程，能够说明各参数之间的相互关系。每一项试验成果均应分析，必要时要做数理分析，把试验资料数据的整理和理论分析结合起来，力求从资料的分析中找出规律性的认识，回答工程上提出的问题，并进一步提出改进和完善工程措施意见。

一、原始记录资料

试验过程中，要按照试验大纲的要求注意观测试验现象，认真地进行描述。对于试验的现象和过程应进行照相和录像，记录某一时刻的流场及流动现象的变化过程，并及时测验各种水流和泥沙运动的参数。记录资料应做到以下几点：

(1)原始记录数据出现错误时，只许划掉重写，不得涂改。

(2)原始资料应及时整理，计算者和校对者均应签名。

(3)数字的有效位数应与精度和谐一致。

(4)试验结束后，应将原始资料整理归档。

二、成果表达方式

试验成果的表达要力求简单明了，除必要的文字说明外，要充分利用表格、曲线及变量之间的函数关系。图表中要有编号、名称、必要的注释和所用符号的意义与计量单位。成果表达方式一般有以下几种：

(1)当同一试验内容有多组试验资料或一组试验资料有几个参数时，可列表表示。

(2)当一组试验资料中的两个变量互为函数关系时可绘图表示。

(3)当试验组次较多时，可用经验公式表达变量之间的函数关系。

(4)重要工程或重要研究项目应有录像。

三、成果整理分析

水工与河工模型试验成果的整理分析，根据不同内容采用不同的方法，也可多种方法并用。

(1)水位与水面线应按试验组次，绘制成相应的图表。

(2)泄流能力用流量系数表示，绘制成相应的流量系数曲线或建立相关的经验公式。

(3)流速分布按试验组次绘制相应的图表。

(4)流态流向应绘制平面图，标明水边线、静水区、回流范围和主流方向。

(5)时均压力按试验组次，绘制各部位相应的压力分布图表。

(6)脉动压力试验数据经分析处理后，应以压力脉动均方根值、功率谱、概率密度和相关函数等特征来描述，并绘制相应图表。

(7)冲刷应根据试验结果，绘制冲淤平面图以及冲坑的纵剖面和横剖面图。

(8)波浪应以波高、周期和频谱特性等参数来描述，并绘制相应图表。

第二节　试验数据的整理

将试验数据合理地表示出来是试验工作中很重要的工作，这样将便于分析、比较和应用试验数据。试验数据的整理包括数据的记录与计算处理、异常数据的发现与剔除、试验数据的表达。其中常用的试验数据表达方法有列表法、图形表示法和方程表达法三种。

一、数据的记录与计算处理

在试验中对测量得到的数据进行处理时，对所记录的数据以及根据这些数据计算所获得的值用几位数字来表示，是一件值得重视的事情。那种认为在一个数值中小数点后面的位数愈多就愈准确的看法是不全面的。小数点后面的位数仅与所采用的单位大小有关，小数点的位置并不是决定准确度的标准。在我们测量与计算的实践中，关于数字位数的取法应根据仪器的精度以及有效数字的运算法则来决定。

从仪器上读取数值时，在最小刻度值之间还应估读一位数字，估读的是欠准值。在估读的欠准值之前的数是准确数，是由仪表刻度指示的数字或数字仪表上稳定的数字。准确数和欠准值合在一起构成有效数字的位数。例如，一般测压计分度值为 1 mm，估读的欠准值可达 0.1 mm。因此，若测压计的读数是 163.4 mm，则有 4 位有效数字；如果压力不太大，也可能只有 3 位有效数字或 2 位有效数字，例如 73.6 mm 或 8.9 mm，但是无论如何也读不出小数点后的第二位数字。因而如有读数 73.64 mm，则末位读数是无意义的，就仪器本身的精度而言只能得到读数 73.6 mm；同时，也不能丢掉有效数字的位数，例如欠准值正好是零时，应记为 73.0 mm，而不能记为 73 mm，否则就丢掉了一位有效数字。

有效数字有着明确的意义。如水银温度计读数正停在 13 ℃上时，应记为 13.0 ℃，意即此时的温度可能是 12.9 ℃，也可能是 13.1 ℃，当然也可能是 13.0 ℃，如果将此时的温度只记为 13 ℃，那就意味着此时的温度可能是 12 ℃，也可能是 14 ℃。可见这两种表示方法的意义是完全不同的。也有另外一种情况，如某构件的长度为 0.004 50 m，它的实际意义是 4.50 mm，有效数字是 3 位，如必须以 m 为度量单位，则应写成 4.50×10^{-3} m，有效数字仍为 3 位。

在 0.004 50 m 的表示中，小数点后面增加了两个“0”，并不能改变有效数字的位数。通常在这种情况下，采用 4.50 mm 或 4.50×10^{-3} m 两种写法。

由上可知，有效位数和误差是两个不同的概念，虽然它们之间在数量上往往是有关的，但不应将其等同。因此，记录试验数据时，应根据有效数字的取舍法则来决定。

（一）记录

（1）记录测量数值时，只保留一位欠准值数字。

（2）一般在表示欠准值数字的末位上有 ±1 或 ±2 单位的误差（视测量仪器的最小读数而定）。

（3）书写不带误差的任一数字时，由左起第一个不为零的数一直到最后一个数为止都是有效数字，如常数 π、e 以及 $\sqrt{2}$ 等的有效数字，需要几位就可以写几位。

（二）计算

不同位数的有效数字经过运算后应取多少位？从直接测量取得读数以后，还需进行各种运算，特别在用计算器计算所得的数据位数很多时，应如何取舍？对于进行运算后的结果的整理，其有效数字的取舍需遵循下列原则。

1. 加减法

在进行加减运算时，应将各数的小数点对齐，以小数位数最少的数为准，其余各数小数位数均凑成比该数多一位，例如，63.4 + 345.002 + 43.231 4 + 0.05，应写成为 63.4 + 345.00 + 43.23 + 0.05 = 451.68。

但在做减法时，当相减的数非常接近时，则应尽量多保留有效数字，或从计算方法或测量方法上加以改进，使之不出现两个接近的数相减的情况。

2. 乘除法

以有效数字位数最少的为准，在运算过程中，其余数据可经四舍五入后比该数多保留一位有效数字，所得积或商的有效数字应与有效数字位数最少的数据相同。例如，$23.465\times0.023\,4\times1.5$ 可化成 $23.5\times0.023\,4\times1.5$，计算结果为 0.824 85，结果应取为 0.82。

3. 对多余数字的取舍

有效数字位数确定以后，其余数字一律采用“四舍五入”的法则舍弃。当末位有效数字后面的一位数正好等于 5 时，如前一位是奇数，则应进一位；如前一位为偶数，则可直接舍去，即“奇升偶舍”法。例如 25.024 9，如取 4 位有效数字应写为 25.02，如取 5 位有效数字则为 25.025，但将 25.025 与 25.035 分别取 4 位有效数字时，则应写为 25.02 和 27.04。

4. 大位数或特小位数可用 10 的方次来表示

例如 $Re=3.830\times10^5$，有效数字为 4 位，如写成 Re = 383 000 则有效数字就成了 6 位，与试验的精度不合。

5. 对数运算

在对数运算时，所取对数位数应与真数的有效位数相等。例如，lg3.474＝0.5408。

6. 平均值的计算

在计算平均值时，若为4个或超过4个数相平均，则平均值的有效数字位数可增加一位。

7. 乘方与开方运算

在做乘方与开方运算时，运算结果要比原数据多保留一位有效数字。

8. 精确度的表示

在表示精确度时，有时也称为误差，一般只取1～2位有效数字。

由于上述法则而引起的误差称为舍入误差，也叫凑整误差。上述第三条法则使末位成为偶数，不只便于进一步计算，而且可使凑整误差成为随机误差。

二、异常数据的发现与剔除

在模型试验进程中，由于人为的差错（如测错、读错、记错）或试验条件突然改变而未被发现等原因，会有个别异常数据混入。一旦发现异常数据，一般应认真找出原因，加以解释和消除，最好多增加几次等精度的测量。只有当难以发现其原因时，才依靠数理统计的准则加以判断和剔除。为了保证数理统计的正确性，必须经异常数据检验后才能对数据进行其他处理。

数理统计中，发现异常数据的方法，主要是针对小子样情况。在正态分布情况下，发现异常数据的准则，主要有格拉布斯准则、拉依达准则和肖维勒准则等。

拉依达准则简单方便，不需要查表，但偏于保守，当样本容量较小（如$n<10$）时，即使混有异常数据，也无法舍弃。肖维勒准则的情况与拉依达准则相反，当样本容量较大时，异常数据无法舍弃。上述两种方法均与置信水平无明显联系，已逐渐被格拉布斯准则所取代，下面就主要介绍格拉布斯准则，其他准则可参考相关文献。

令$x_1,x_2,\cdots,x_n$是来自正态总体$N(\mu,\sigma^2)$的一批子样测试数据。为了检验这批数据中是否有异常数据，应先将测量值按大小排列，其中最大值或最小值是最可疑的。

$$x_1\leqslant x_2\leqslant\cdots\leqslant x_n$$

格拉布斯导出了最大值和最小值的标准化顺序统计量g_n：

$$\left.\begin{aligned}g_n&=(x_n-\bar{x})/S\\g_1&=(\bar{x}-x_1)/S\end{aligned}\right\}$$

式中　$\bar{x}$——算术平均值；

$$S=\sqrt{\frac{\sum_{i=1}^{n}(x_i-\bar{x})^2}{n-1}}。$$

g的分布密度为$f(g)$。选取置信水平a（一般取5%或1%），于是可由分布密度$f(g)$求出一个临界值$g_0(N,a)$，见表8-1。

表 8-1　格拉布斯标准 $g_0(N,a)$ 值

N	a		N	a	
	0.05	0.01		0.05	0.01
3	1.153	1.155	17	2.475	2.785
4	1.463	1.492	18	2.504	2.821
5	1.672	1.749	19	2.532	2.854
6	1.822	1.944	20	2.557	2.884
7	1.938	2.097	21	2.580	2.912
8	2.032	2.221	22	2.603	2.939
9	2.110	2.323	23	2.624	2.963
10	2.176	2.410	24	2.644	2.987
11	2.234	2.485	25	2.663	3.009
12	2.285	2.550	30	2.745	3.103
13	2.331	2.607	35	2.811	3.178
14	2.371	2.659	40	2.866	3.240
15	2.409	2.705	45	2.914	3.292
16	2.443	2.747	50	2.956	3.336

格拉布斯认为，当$|\bar{x}_1|$或$|\bar{x}_n|$大于$g_0(N,a)$时，则x_1或x_n为异常数据，应予剔除。

在应用过程中，由于每次只能舍弃一个可疑值，因此首先比较g_n和g_1的大小，先判断g大的一个数据是否可疑，如果可疑则舍弃。舍弃后应重新计算样本容量为$n-1$情况下的S，再来判断其他数据是否可疑。

三、试验数据的表示方法

（一）列表法

列表法是表达试验结果的一种常用方法，与曲线表示相比具有数据准确、便于查用的优点，在同一表内还可以同时表示几个变量间的变化，以利对照使用。列表时应注意以下问题。

1. 表的名称及说明

表的名称应简明扼要，一看即可知其内容。如遇过简不足以说明意愿时，则应在名称下面或表的下面附以说明，并注出数据来源及试验条件。

2. 表的项目

表的项目应包括名称及单位，一般在不加说明即可了解的情况下，应尽量用符号表示。表内主项习惯上代表自变量，副项代表因变量。至于自变量的选择，一般以试验中能够直接测量的物理量作自变量。

3. 数值的写法

数值的写法应注意整齐统一，有效数字位数应取舍适当。同项内的数值小数点位置上下应对齐。如有效数字位数相同，但各数值间的变化为数量的变化，则用 10 的方次表示较为方便。

4. 自变量间距的选择

列表时，自变量常取整数或其他方便值，按增加或减少的顺序排列。

列表法有许多优点，但缺点也是显然的，尽管人们的测量次数和试验数据非常多，然而并不能完全给出所有的函数值；其次，只能大致上估计出函数是递增的、递减的或是周期性的，而不易看出自变量变动时函数的变动规律，要进行深入一步的研究分析，表格法就无法胜任了。

（二）图线表示法

用图线来表示试验结果时简明直观，而且容易研究其变化规律和发展趋势。如把几条曲线放在一起，还便于分析比较。所以，这种方法也是科学研究和工程应用中常用的方法。另外，如果图形画得准确，还可以在曲线上量取数值，定出斜率等参数。在绘图时应注意以下几个方面的问题。

1. 图纸的选择

图纸的种类（普通方格纸、半对数纸、对数纸等）是首选的。选定后还要考虑其大小，大小要适当，坐标纸太小会影响原数据的有效数字，坐标纸太大会夸大原数据的精确度。

2. 坐标的分度

首先，应仔细考虑坐标轴的分度，坐标分度最好和试验值的有效倍数一致。其次，纵轴和横轴之间的比例不一定取得一样，应合理选择，力求使曲线大部分点的几何斜率接近 1。另外，坐标原点也不一定为零，应选用稍低于试验数据中某一组最低值的某一对整数作为坐标原点。高于最高值的某一整数作终点，以便所得图线能占满全幅坐标纸为合适。坐标分度主线的间距以用 1、2、4、5 等数字标定为宜，而忌用 3、6、7、9 等数字。在图上不宜把数值标得过密，只须标出主分度线上的读数。

3. 试验曲线的绘制

在坐标纸上根据实测数据标出试验点来，并用不同符号区别清楚不同的试验条件和工况。由试验点作曲线时应尽可能使曲线光滑，尽可能使曲线通过试验点的平均位置，且不能任意外延曲线。

当试验点较多时，可将试验点分为适当大小的几组，则每组内位于曲线两侧的点数大致相等，两侧试验点至曲线的垂距的总和也应大致相等。

曲线不必一定通过图上各试验点。一般来讲，两个端点由于仪表和方法的关系，测量精度一般较差，因此绘制曲线时应占较小的比重。

在绘制试验曲线时，由于各种误差的影响，试验数据将呈离散现象，此时的试验曲线不会是一条光滑曲线，而表现出波动或折线状。这时出现的波动变化规律并不与自变量和因变量的客观特性有关，而是反映了误差的某些规律。

图线表示法与列表法都有共同的缺点，即比较难以进行深入一步的数学分析。由于图形尺寸有限,作图精度一般没有试验精度高,在图形上由自变量求对应的因变量值常会出现较大的误差。

第三节　试验数据的误差分析

一、测量方法分类

各类水工及河工模型试验,总离不开各种物理参数的测量。按测量方式,测量可分为直接测量、间接测量和组合测量三类。

如用直尺直接测量长度、用测针测量水位、用测压管测量压强等,也就是说,凡是用仪表直接测量出被测物理量的数值,都是属于直接测量。

凡是基于直接测量得出的数据,再按一定的函数关系,通过计算才能确定的物理量的测量方式为间接测量。例如,用毕托管测量压差来计算流速;用文丘里管测量直段和收缩断面的压差,来计算管道的流量等。间接测量在测量工作中是非常普遍的,当遇到直接测量很不方便,或缺乏直接测量的仪器时,一般都需要进行间接测量。

凡是需要由一种数值或几种同类数值的多次测量,然后把测得的数值组合起来,以得出最后结果的测量方式称为组合测量。

按被测量的量在测量过程中是否随时间而变化,可把测量工作分为静态测量和动态测量。静态测量是指在测量过程中,被测物理量不随时间而变化,或者变化很慢,所以又称稳态测量。在静态测量中,通常对同一物理量进行重复测量,取其多次测量值的平均值作为测量结果,从而可提高测量结果的精确度,因而静态测量又可称为重复测量。而动态测量是指在测量过程中,被测物理量随时间作不规则变化或周期性变化,因而又称为过程测量或瞬态测量。在水工及河工模型试验技术中,动态测量技术是研究非恒定流动和高速流动过程的重要手段。

在水工及河工模型试验中,不管选用何种测量方式所测得的数据都会含有误差,误差无论大小都会影响试验成果的精确度,故需要对误差做一些讨论。

二、误差及误差分类

在任何一种测量中,无论所用仪器多么精密,方法多么完善,试验者多么细心,所得结果往往仍不能完全一致,而有一定的偏差。这种测量所得的结果与被测量的真实值之间的偏差称为误差。严格来讲,所测得的数值与被测量的真实值之间的差,是测量仪器本身的误差以及测量的辅助设备、测量方法、外界环境、操作技术等带来误差的诸因素共同作用的结果。

根据误差的性质及其产生的原因,可将误差分为如下几类。

(一)系统误差

系统误差是指在一定条件下多次测量时,误差的数值保持恒定,或按某种已知的函数规律变化的误差。

系统误差产生的原因主要是由于仪器不良,如刻度不准、砝码未校正;周围环境的改变，如外界温度、压力、湿度等的影响；个人习惯与偏向，如读数时偏高或偏低等。根据仪器的特点、外界条件变化影响的大小、个人的偏向，分别加以校正后，可以在一定程度上清除系统误差的影响。

（二）随机误差

随机误差又称偶然误差，它具有随机变量的一切特点，因而在一定条件下服从统计规律。随机误差的产生取决于测量进行中一系列随机因素的影响。

偶然误差有时大，有时小，有时正，有时负，方向不一定。偶然误差产生的原因一般不详，因而无法控制。但同一精密仪器，在同样条件下，对同一物理量进行多次测量，若测量次数足够多，则可发现偶然误差基本服从统计规律。

（三）疏失误差

疏失误差是一种显然与事实不符的误差，它主要是测试者不细心或操作不正确等而引起的，如刻度值读错、记录有误、计算错误等。此类误差无规律可循，它明显地歪曲了测量结果，含有疏失误差的测量数据称为反常值或坏值，应剔除不用。

在作误差分析时，要考虑的只有系统误差和随机误差，而疏失误差只要试验安排正确，测量人员专心一致，一般是可以避免的。

三、误差的表示方法

（一）绝对误差

测量一个物理量后，测量值和真实值之差称为绝对误差，简称误差，即：

$$\varepsilon = x - x_0$$

式中　ε——绝对误差；

x——测量值；

x_0——真实值。

绝对误差可以是正值或负值。所谓真实值（真值）是指在某一时间和空间状态中体现某一物理量的客观值，所以真值是一个理想概念的数值，一般是不知道的。但在某些特定情况下真值又是可知的，例如，平面三角形内角之和为180°，一个整圆周角为360°等，一般采用多次测量的算术平均值作为真值。

（二）相对误差

为了统一评定测量值的精确度，一般采用相对误差这个概念。绝对误差与被测量物理量的真值之比称为相对误差：

$$\delta = \frac{x - x_0}{x_0} \quad (\%)$$

式中　δ——相对误差；

其他符号含义同前。

相对误差为一无因次量，一般以百分数来表示。由于真值一般情况下无法知道，因此相对误差也可近似地用绝对误差与测量值的均值之比作为相对误差，即：

$$\delta \approx \frac{\varepsilon}{\bar{x}} \times 100\%$$

（三）引用误差

引用误差（或称满度误差）是一种简化的和使用方便的相对误差，常常在多挡和连续刻度的仪器仪表中应用。这类仪表可测范围是一个量程，各刻度点的值称为示值，该值与其对应的真值都不一致，为了便于计算和划分准确度等级，一律使用引用误差，即：

$$引用误差=\frac{示值误差}{满刻度值}$$

在选择水工及河工模型试验的仪表时，通常是根据引用误差来进行的。

（四）精密度、准确度与精确度

精密度反映偶然误差大小的程度，准确度反映系统误差大小的程度，精确度反映综合误差大小的程度。

关于精密度、准确度和精确度的意义，可用图8-1加以说明。如我们射击打靶，可能会出现以下情况：

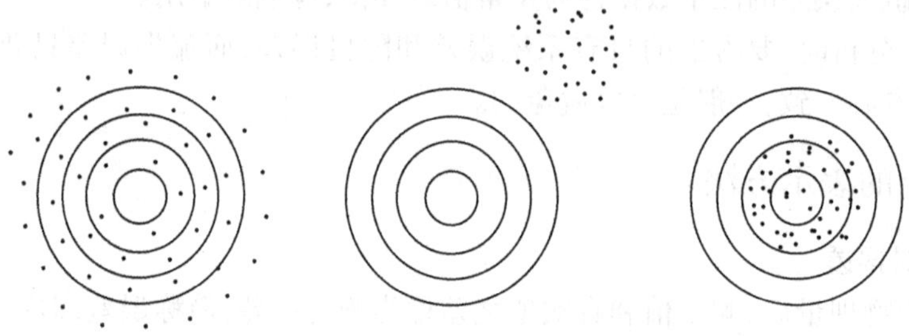

(a)　(b)　(c)

图8-1　精密度、准确度与精确度

图8-1(a)，射击点在靶心附近，我们说它的准确度高、精密度低。原因是射击较准，但分布很散，所以精密度低。

图8-1(b)，射击点离靶心较远，但都密集在一起，这种情况精密度高、准确度低。原因是虽未射击在靶心但较集中。

图8-1(c)，射击点在靶心很近的某一处。这种情况我们说它的精密度和准确度都比较高。原因是大部分都落在靶心，而且分布比较集中，所以既准确、又精密。

在测量中应尽量做到偶然误差与系统误差均较小，即综合误差小，从而精确度（简称精度）高。

在测量过程中，除疏失误差外，系统误差与随机误差通常是同时发生的。系统误差可以用各种方法加以消除；疏失误差表现反常，可以直接剔除。所以，在以下讨论中，均认为试验数据中只含有随机误差。

四、误差分析

（一）统计特征值

模型试验所测的大量数据，因偶然因素的影响，是随机的。因此，必须运用数理统计的方法加以分类、归纳，找出其规律性。最能反映数理统计规律性的有两类统计特征值，第一类是平均值，它显示数据的集中位置；第二类为离差，它表示数据的离散程度。

1. 平均值

平均值有算术平均值和几何平均值两类。平均值用来作为总体的特征值时，叫做参量，用来作为样本的特征值时，叫做统计量。

设 $x_1, x_2, x_3, \cdots, x_n$ 是某观测对象的一组观测数据，其最佳近似值为算术平均值，即：

$$\bar{x} = \frac{1}{n}\sum_{i=1}^{n} x_i$$

算术平均值计算简单，并可据以进一步作代数演算，因此是一种最常用的平均值。将 n 个测量数据的乘积开 n 次方，所得结果称为几何平均值，即：

$$\bar{x}_g = \sqrt[n]{x_1 x_2 \cdots x_n}$$

几何平均值的求法不便，当资料中有零或负值时，无法求得几何平均值，故应用不广。如原始数据按大小顺序排列，则当 n 为奇数时，最中间一数称为中值(或中位数)；当 n 为偶数时，中值为最中间两数的平均值。中值只是排列位置上的居中值，并不是计算得来的。

2. 离差

可采用不同的参数来表征离差。最常用的为标准误差、平均误差和概率误差。

1)标准误差

标准误差(或简称标准差)又叫均方误差(或简称均方差)。标准差 σ 是 n 个测量数据与其平均值之差的平方和的平均值的平方根，即：

$$\sigma = \sqrt{\frac{\sum_{i=1}^{n}(x_i - \bar{x})^2}{n}} = \sqrt{\frac{\sum_{i=1}^{n} v_i^2}{n}}$$

式中　v_i——残差，$v_i = x_i - \bar{x}$。

由上式可知，均方差 σ 大，意味着数据的离散程度大。当观测次数较多时，σ 可用下式计算：

$$\sigma = \sqrt{\frac{\sum_{i=1}^{n}(x_i - \bar{x})^2}{n-1}}$$

该式不取决于观测中个别误差的符号，对观测值中的较大误差或较小误差的反映比较灵敏，故是表示测量误差的常用方法。

2)平均误差 η

平均误差 η 是残差的绝对值的算术平均值，即：

$$\eta = \frac{\sum_{i=1}^{n}|v_i|}{n}$$

平均误差计算较简单，但无法表示出各次观测间彼此符合的情况。如一组观测值中，偏差较接近，而另一组观测值偏差有大、中、小三种，但这两组不同观测所得的平均误差可能相同，所以只有当 n 很大时才较可靠。

3)概率误差

将误差按绝对值的大小顺序排列，序列的中间数就是概率误差。

4）离散系数

标准差 σ 或平均误差 η 与算术平均数 $\bar{x}$ 之比称离散系数：

$$V = \frac{\sigma}{\bar{x}} \times 100\%$$

$$V_\eta = \frac{\eta}{\bar{x}} \times 100\%$$

标准差或平均误差是有因次数，不便于相互比较，采用离散系数后，变为无因次数，就可对两组标准差单位不同或同一组但标准差绝对值不同的离散度进行比较分析。

（二）随机误差的特点及分布

对某一物理参数进行多次重复测量，会得到一系列含有随机误差的测量值。随机误差对个体而言，时大时小，似乎没有什么规律，但就误差的总体而言，却具有统计规律性。因此，需要利用概率理论来研究随机误差的统计规律，以便设法估计出随机误差对测量结果总的影响程度。

对随机误差所做的概率统计处理，是在假定系统误差不存在或已被消除或小得可以忽略不计的情况下进行的。

1. 随机误差的特点

大量试验证明，从统计观点看，特别是当测量次数无限增多时，可发现随机误差具有以下特点：

（1）绝对值相等的正误差与负误差出现的概率大致相等，即随机误差的分布具有对称性。

（2）绝对值小的误差比绝对值大的误差出现的机会多，即随机误差的分布具有“两头小、中间大”的单峰性。

（3）在一定的测量条件下，绝对值很大的随机误差出现的机会极少。因此，在有限次测量中，误差的绝对值不会超过一定的范围，即随机误差的分布存在有界性。

（4）随着测量次数的无限增加，随机误差的算术平均值趋向于零，即：

$$\lim_{n\to\infty}\left(\frac{1}{n}\sum_{i=1}^{n}\xi_i\right) = 0$$

式中 ξ_i——随机误差；

n——测量次数。

2. 随机误差的分布

根据随机误差的统计特性，可以采用不同的方法推导随机误差分布规律的数学模型。大量实践证明，多数的随机误差都服从正态分布规律，加之用正态误差定律比其他误差定律更便于处理，故正态分布的误差定律得到了广泛应用。由于最早提出正态误差定律的是高斯，故又称高斯误差定律。

设 $x_1, x_2, \cdots, x_n$ 是对被测量 x 所进行的 n 次观测值，令其算术平均值为 $\bar{x}$，标准差为 σ，则正态分布的随机误差的分布密度函数为：

$$f(\xi) = \frac{1}{\sigma\sqrt{2\pi}}e^{-\xi^2/(2\sigma^2)} = \frac{h}{\sqrt{\pi}}e^{-h^2\xi^2} \tag{8-1}$$

式中　$f(\xi)$——随机误差 ξ 的概率密度；

$h = 1/(\sqrt{2}\sigma)$——精密度指数；

$e = 2.7182$。

正态分布的密度函数的图形如图 8-2 所示，称误差曲线。分布曲线对称于垂直轴（即 $\xi = 0$ 处），此时误差的分布密度达到最大值 $\frac{1}{\sqrt{2\pi}\sigma}$；在 $\xi = \sigma$ 处有拐点；当 $x \to \pm\infty$ 时，曲线以 x 轴为其渐近线，这说明大误差出现的概率小，小误差出现的概率大。

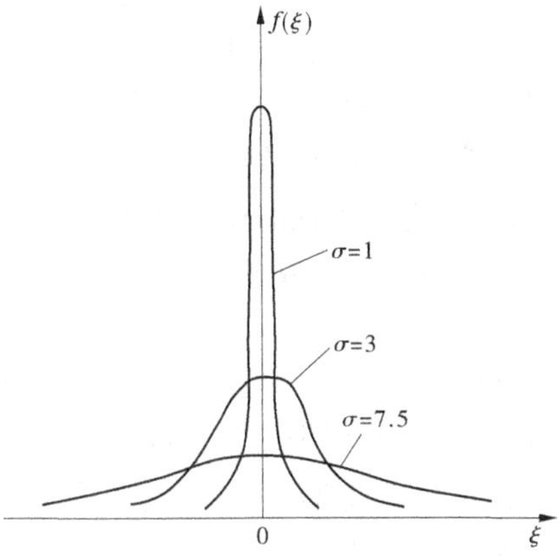

图 8-2　误差曲线

当标准差 σ 减小时，误差曲线在中心部分的纵坐标增大，但由于分布曲线与横坐标所包含的总面积始终等于 1，故曲线中心部分升高，两侧则很快趋近 x 轴，呈尖塔形，说明误差小且很集中，测量精度高；反之，当 σ 大或 h 小时，曲线矮胖，说明误差大且分散，测量精度低。因此，h 可评定测量精度的高低，故称其为精密度指数。

由式(8-1)可得正态分布的分布函数为：

$$F(\xi) = \frac{1}{\sigma\sqrt{2\pi}}\int_{-\infty}^{x} e^{-\xi^2/(2\sigma^2)} d\xi$$

显然，正态分布的随机误差 ξ 落在区间 (ξ_1, ξ_2) 内的概率为：

$$P(\xi_1 < \xi < \xi_2) = \int_{\xi_1}^{\xi_2} f(\xi) d\xi \tag{8-2}$$

由式(8-2)可求得不同 t 时的概率 $P(|\xi| \leqslant t\sigma)$，表 8-2 给出了一些常用的结果。

表 8-2　误差概率

误差限	$\lvert\xi\rvert = 0$	$\lvert\xi\rvert \leqslant \sigma$	$\lvert\xi\rvert \leqslant 2\sigma$	$\lvert\xi\rvert \leqslant 3\sigma$	$\lvert\xi\rvert \leqslant 4\sigma$
概率	0.00	68.26%	95.44%	99.73%	99.94%

在模型试验或其他测试中，常要根据有限组次的测试值，预测可能出现的最大测试值。这样，就有必要给测试值的随机误差规定一个极限值 Δ（或简称误差限），而绝对值超过这个极限误差值的误差出现的可能性很小，称为小概率事件，在实际工作中认为它是不可能事件，这个概率也可称为置信概率。对于不同的测量对象和目的，置信概率取值应是不同的，目前尚无确切的标准。一般认为，在一些与人身事故有直接关系的场合，由于对可靠性的要求很高，几乎要万无一失，其误差限应取 4σ；对一般工程，置信概率通常取 P 大于 95%，其误差限可取 2σ；在一般的计量及精密测量中，P 可取 99.73%，亦即 $\Delta = 3\sigma$。

根据所选的误差限，即可采用试验中取得的任一次测量值 x_i 来表示 x 的大小：

$$x = x_i \pm \Delta$$

x 的置信概率为：

$$P(|\xi| \leqslant \Delta)$$

当采用 $\Delta \leqslant 3\sigma$ 时，有 $P(|\xi| \leqslant 3\sigma) = 99.7\%$，即超出 x 值的概率只有约 1/400。

利用上述误差限，还可以用来判断某一给定误差属于随机误差或是疏失误差；或者判断用不同方法测量同一物理量时，所得结果彼此符合的程度。

显然，对于随机数据来说，不但要知其平均值，还要了解其平均值的变动范围，特别是上限，因为它对工程的设计特别重要。

令 $\hat{x}$ 为未知参数 x 的估计值，则误差不超过某一正数 ε 的概率 a 为：

$$P(|\hat{x} - x| < \varepsilon) = a$$

这也就是参数 x 位于区间 $(\hat{x} - \varepsilon, \hat{x} + \varepsilon)$ 内的概率。通常把概率 a 叫做置信概率，区间 $(\hat{x} - \varepsilon, \hat{x} + \varepsilon)$ 叫做置信区间。我们的任务就是要确定数学期望的置信区间。

设 n 次试验观测值的算术平均值 $\bar{x}$ 作为随机变量 ξ 的数学期望 a 的估计值。

令随机变量 t：

$$t = \frac{\bar{x} - a}{\sigma/\sqrt{n}}$$

式中　t——自由度为 n 的 Student 分布的分布参数；

σ——试验值的均方差。

当随机变量 ξ 服从正态分布时，可以证明，随机变量 t 具有如下分布密度：

$$P(t) = \frac{\Gamma(n/2)}{\sqrt{n-1}\,\pi\Gamma(\frac{n-1}{2})}(1 + \frac{t^2}{n-1})^{-n/2}$$

这个分布叫做自由度为 $k = n - 1$ 的 t 分布，如图 8-3 所示。

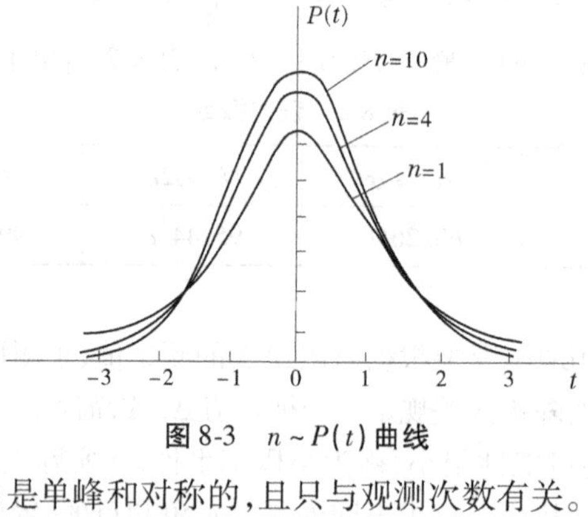

图 8-3　$n \sim P(t)$ 曲线

上述密度函数 $P(t)$ 是单峰和对称的，且只与观测次数有关。

利用 t 分布，可得：

$$P(|\bar{x} - a| < \varepsilon) = P(\frac{|\bar{x} - a|}{\sigma/\sqrt{n}} < \frac{\varepsilon}{\sigma/\sqrt{n}}) = P(|t| < t_a) = \int_{-t_a}^{t} P(t)\,\mathrm{d}t = a\int_0^{t_a} P(t)\,\mathrm{d}t$$

式中，$t_a = \frac{\varepsilon\sqrt{n}}{\sigma}$，即 $\varepsilon = \frac{\sigma}{\sqrt{n}}t_a$。

所以，对应于置信概率：

$$a = 2\int_0^{t_a} P(t)\,\mathrm{d}t$$

数学期望 a 的置信区间为：

$$\bar{x}-\frac{\sigma}{\sqrt{n}}t_a<a<\bar{x}+\frac{\sigma}{\sqrt{n}}t_a$$

（三）间接测量误差的估计

1. 基本问题

任何直接测量到的量都是带有一定误差的，那么，直接测量的物理量的平均值以及其误差如何影响到间接测量的物理量的平均值及其误差，通常可分为三个问题来讨论：

（1）正问题：从直接测量值的精度来估计间接测量值的精度。这是在已知函数关系和给定各个直接测量值误差的情况下，计算间接测量值误差的问题，也就是误差传递问题。

（2）反问题：如果对间接测量值的精度有了一定的要求，那么直接测量值应具有怎样的测量精度，才能保证间接测量量的要求精度。这一类问题实际上是从精度角度考虑测量仪表的选择问题，以及各个测量仪表的精度分配问题，也就是误差分配问题。

（3）寻求测量的最有利条件：也就是使间接的被测量的误差达到最小值的条件问题。

以上三个问题就是间接测量误差的基本问题，也称为误差传递问题。

2. 间接测量误差的估计方法

间接测量的物理量是用直接测量的物理量再通过函数关系计算出来的。现在的问题是如何根据直接测量的误差来估算间接测量的误差，这就是所要了解的误差传递规律，也就是通常所说的函数误差。

设间接测量值 z 与直接测量值 $x_1,x_2,\cdots,x_n$ 之间具有下列函数关系：

$$z=f(x_1,x_2,\cdots,x_n) \tag{8-3}$$

令直接测量值 x_i 的均方差为 σ_{xi}，其残差为 v_{xi}，则由式（8-3）可得：

$$z+\boldsymbol{v}_x=f(x_1+\boldsymbol{v}_{x1},x_2+\boldsymbol{v}_{x2},\cdots,x_n+\boldsymbol{v}_{xn})$$

按泰勒级数展开，并略去高阶项后可得：

$$z+\boldsymbol{v}_x=f(x_1,x_2,\cdots,x_n)+\frac{\partial f}{\partial x_1}\boldsymbol{v}_{x1}+\frac{\partial f}{\partial x_2}\boldsymbol{v}_{x2}+\cdots+\frac{\partial f}{\partial x_n}\boldsymbol{v}_{xn}$$

将上式减去式（8-3）得：

$$\boldsymbol{v}_x=\frac{\partial f}{\partial x_1}\boldsymbol{v}_{x1}+\frac{\partial f}{\partial x_2}\boldsymbol{v}_{x2}+\cdots+\frac{\partial f}{\partial x_n}\boldsymbol{v}_{xn}=\sum_{i=1}^{n}\frac{\partial f}{\partial x_i}\boldsymbol{v}_{xi}$$

按照上述线性关系的误差传递法则，可得一般函数的误差传递的公式如下：

$$\sigma_x=\sqrt{\sum_{i=1}^{n}\left(\frac{\partial f}{\partial x_i}\sigma_{x_i}\right)^2} \tag{8-4}$$

式中，偏导数 $\frac{\partial f}{\partial x_i}$ 称为直接测量误差的传递函数，它表征直接测量误差对间接测量误差的影响程度。根据上述误差有效期传递公式（8-4），可容易地求得下列几个复合量的标准误差。

（1）和数 (x_1+x_2) 的均值标准误差等于 $\sqrt{\sigma_{\bar{x}_1}^2+\sigma_{\bar{x}_2}^2}$；

（2）差数 (x_1-x_2) 的均值标准误差等于 $\sqrt{\sigma_{\bar{x}_1}^2+\sigma_{\bar{x}_2}^2}$；

（3）倍数 kx_1 的均值标准误差等于 $k\sigma_{\bar{x}_1}$；

（4）积 (x_1x_2) 的均值标准误差等于 $\sqrt{x_1^2\sigma_{\bar{x}_2}^2+x_2^2\sigma_{\bar{x}_1}^2}$。

第四节　试验数据的统计检验

模型试验所获得的数据是随机变量，在进行统计分析时，首先应该对数据本身进行初步的加工和处理，才能保证统计成果的可靠和正确。统计检验的内容很广泛，本节只讨论两个问题：①系统误差的检验与消除；②分布形式的检验。

一、系统误差的检验与消除

系统误差和随机误差往往总是同时存在的。一次试验结果的准确与否，不仅取决于随机误差的大小，也取决于系统误差的大小。测量中是否存在系统误差，必须进行检验、判别，然后才可设法消除。

测量结果中，如果存在明显的系统误差，如试验序列数据的大小和符号或数据残差的变化趋势取决于系统误差的变化规律，此时，可由直接观测来发现。

当系统误差成分很显著时，一般可采用阿贝 - 赫梅特准则或马列科夫准则来判断是否存在系统误差。

设有一组 n 次测量数据，按测量顺序为 $x_1, x_2, \cdots, x_n$，相应的残差为 $v_1, v_2, \cdots, v_n$，标准误差为 σ。相邻残差积的代数和为：

$$A = \sum_{i=1}^{n-1} v_i v_{i+1}$$

当 $|A| > \sqrt{n-1}\sigma^2$ 时，可认为测量数组中存在周期性系统误差。

一般认为，当系统误差 $|\delta|$ 不超过总误差 Δx 有效数字最后一位数的一半时，即当误差用两位有效数字时：

$$|\delta| < 0.005|\Delta x|$$

当误差用一位有效数字时：

$$|\delta| < 0.05|\Delta x|$$

就可以认为系统误差可以忽略。

如发现存在系统误差，应立即找出原因，设法予以消除或减弱。在水工及河工模型试验中，由于测试系统的零漂、漏电、干扰，线路中的充放电作用，传感器特性差及安装、连接不良等原因，严重影响数据处理的真实性，应从根本上予以减弱或修正。

二、分布形式的检验

进行试验数据的统计推断时，最好先确定所研究的随机变量遵从的分布类型，从而提高统计推断的准确性。许多统计方法都是以已知分布类型为前提的，因此只有在满足分布类型的条件下，才能获得预定的准确程度。为了解决这个问题，需要用数理统计方法检验分布形式，下面介绍一种常用检验方法，即 χ^2 检验法。

χ^2 检验是关于理论分布和统计分布之间差异度的比较检验，其步骤如下：

(1)假设理论频数分布与实测的统计频数分布没有差异。

(2)根据所测试的资料，计算差异度：

$$\chi^2 = \sum_{i=1}^{k} \frac{(O_i - E_i)^2}{E_i}$$

式中 O_i——实际频数；

E_i——理论频数。

(3)计算自由度：

$$n = k - r - 1$$

式中 k——区间数；

r——理论分布中需要利用试验数据计算其估计值的未知参数的个数。

(4)根据自由度 n 与一定的置信度(应根据问题的具体要求，一般取 $a = 0.01 \sim 0.05$)，从 χ^2 表中查出其限值 χ_p^2，若 $\chi^2 < \chi_p^2$，则接受假设，认为理论分布与统计分布没有差异；若 $\chi^2 > \chi_p^2$，则拒绝假设，认为理论分布与统计分布有显著差异。

应该指出，利用 χ^2 准则检验时，试验次数及每区间内的频数应相当大，通常取 $k \geqslant 5$，$O_i \geqslant 5$；如 O_i 太小，则应适当把相邻的两个或几个区间合并。

例 8-1 已知某一个实测波面曲线如图 8-4 所示，检验它是否符合微幅波。

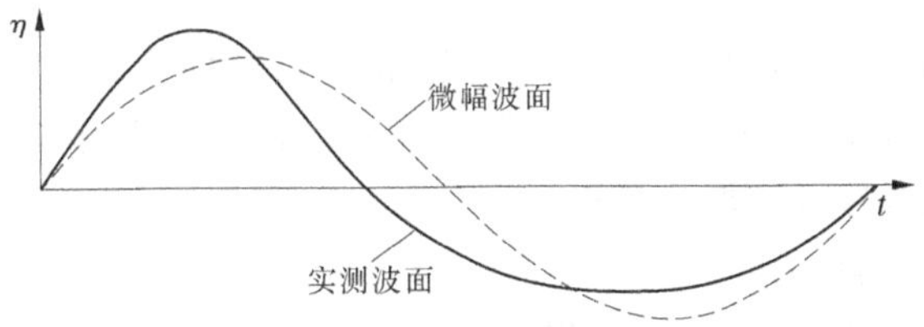

图 8-4 波面曲线

解：将一个波周内的波面离散为 60 个子样，并按波面高程分成 6 个区间，每个区间的实测频数与微幅波面的理论频数列于表 8-3。

表 8-3 实测频数与微幅波面的理论频数比较

区间范围	实测频数 O_i	理论频数 E_i	$(O_i - E_i)^2/E_i$
$-\infty \sim -2$	0	10	10
$-2.0 \sim -1.0$	21	12	6.7
$-1.0 \sim 0$	13	8	3.1
$0 \sim 1.0$	8	8	0
$1.0 \sim 2.0$	6	12	3.0
$2.0 \sim \infty$	12	10	0.4

由表 8-3 可得：

$$\chi^2 = \sum_{i=1}^{k} \frac{(O_i - E_i)^2}{E_i} = 23.2$$

现区间数为 6，故自由度 $n = 6 - 1 = 5$。从有关数学手册中查得，当 $n = 5$，置信度为

5%时，$\chi^2_{p(0.95)}=1.145$。因$\chi^2>\chi^2_p$，故拒绝假设，即认为理论频数分布与实测频数分布间有显著差异，也就是实测波面不能视为微幅波面。

第五节　经验公式的拟合

在试验研究中，变量之间多表现为相关关系。研究相关关系，一般采用统计的办法，即对大量的试验数据作统计分析，以寻找隐藏在随机性后面的统计规律性。根据试验获得一组试验数据，应用统计办法，寻求变量间的最佳函数关系，借以确定变量间的物理关系，建立简单而实用的经验公式，便于工程应用。

经验公式的建立包括两个步骤：

(1)判定公式的类型，写出变量间的数学模式。一般依据理论和因次分析以及试验数据在坐标上的分布规律来判定。在很多情况下，还需凭试验者的经验和水平。

(2)确定公式中的常数，在统计学上属回归分析，可根据作图或计算来确定。

一、一元线性回归

一元回归研究两个变量间的关系。如两变量间的关系呈线性，则为一元线性回归。在水工及河工模型试验中，一元线性回归问题大量存在，是最基本的，且许多非线性的一元回归问题仍可转化为线性问题来处理。

(一)散点图与回归线

对两个变量x和y，若通过试验观测到n组对应的观测值：(x_1,y_1)、(x_2,y_2)、…、(x_n,y_n)。将上述n组观测值点绘在坐标纸上，如图8-5所示。从图中可以看出，这些试验点不像两个有确定性函数关系对应的点那样，在坐标平面上形成某种曲线，而是比较零散地散布在平面上，所以这种图称为随机变量x与y的散点图。但从散点图8-5可以直观地看出，两变量之间大致呈线性关系。当然，这种关系并非确定的函数关系，而是一种相关关系。

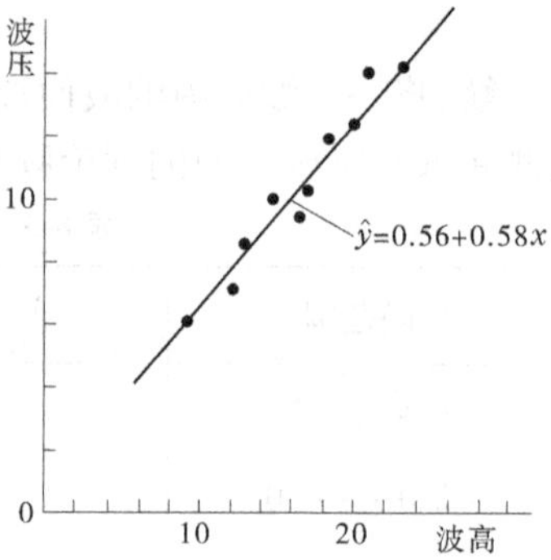

图8-5　试验值散点图

这条相关直线所表示的关系，称为变量y对x的回归直线，也叫y对x的回归方程。线性回归方程可用下式表示：

$$y=a+bx$$

式中　a、b——待定常数。

(二)一元线性回归方程的求法

最简单的方法就是用直尺凭视觉在散点图上画一条直线，再按几何关系就可求得回归方程，但这种方法精度不高。因此，一般都按最小二乘原理来求回归方程，其结果为：

$$a=\overline{y}-b\overline{x},b=l_{xy}/l_{xx}$$

式中

$$\bar{x} = \frac{1}{n}\sum_{i=1}^{n} x_i$$

$$\bar{y} = \frac{1}{n}\sum_{i=1}^{n} y_i$$

$$l_{xx} = \sum_{i=1}^{n} (x_i - \bar{x})^2$$

$$l_{xy} = \sum_{i=1}^{n} (x_i - \bar{x})(y_i - \bar{y})$$

(三)回归方程的检验

当变量 y 和 x 间确有线性关系时,按上述方法得到的回归方程是有意义的。当 y 与 x 没有线性关系时,虽也可以用上述方法求得回归方程,但所求的回归方程显然是没有意义的。但是,事先我们并不能确切知道 y 和 x 之间是否有线性关系,因此须设法予以检验。检验回归方程有许多方法,下面仅介绍相关系数检验法。

已知回归直线方程 $\hat{y} = a + bx$,其中回归系数 $a = \bar{y} - b\bar{x}$,$b = l_{xy}/l_{xx}$,由此可得实测点与回归直线上相应点之间偏差的平方和为:

$$Q = \sum_{i=1}^{n} (y_i - \hat{y}_i)^2 = \sum_{i=1}^{n} (y_i - \bar{y})^2 [1 - r^2] \tag{8-5}$$

式中　r——相关系数,$r^2 = l_{xy}/\sqrt{l_{xx}l_{yy}}$,$l_{yy} = \sum_{i=1}^{n}(y_i - \bar{y})^2$。

由式(8-5)可知,因偏差平方和 $Q \geqslant 0$,由此可得:

$$r^2 \leqslant 1$$

即

$$-1 \leqslant r \leqslant 1$$

根据上面讨论,相关系数 r 值代表两变量 x 和 y 间线性相关的程度。当 r 为正值时,叫正相关;当 r 为负值时,叫负相关。那么,到底相关系数 $|r|$ 为多少,才可以认为所求的线性回归方程有意义呢?相关数学手册上均列出了相关系数检验表,表中列出了相关系数的临界值 $[r]$,它与观测次数 n 及所给置信度有关。当计算出的 $|r| > [r]$ 时,就认为变量 y 和 x 间有线性关系,否则无线性关系。

(四)利用回归方程进行预报

建立回归方程的主要目的是探讨物理现象的机理,并进行预报。回归方程只是变量 y 和 x 观测点的最佳拟合线。实际上,所有观测点并不完全落在回归线上,而是散布在回归线的两旁,所以按回归线求出的变量间的对应关系,是有一定误差的。

对于一个给定的 x_i 值,代入回归方程所得到的估计值 $\hat{y}_i$,只表示是与 x_i 对应的 y_i 值的平均值。实际的 y_i 值位于 $\hat{y}_i$ 值附近。那么,y_i 值与 $\hat{y}_i$ 值的误差有多大呢?也就是说 y_i 在 $\hat{y}_i$ 附近的什么范围变动呢?这样的预报问题,从统计观点看,是一个区间的估计问题。也就是在一定的置信水平 a 下,寻找一个 δ 值,使得实际的观测值 y_i 以 $1 - a$ 的概率落在区间 $(\hat{y}_i - \delta, \hat{y}_i + \delta)$ 内,即:

$$P(\hat{y}_i - \delta < y_i < \hat{y}_i + \delta) = 1 - a$$

一般来说,y_i 和 $\hat{y}_i$ 是服从正态分布的。利用正态分布的性质,可得:

$$\left.\begin{aligned} P(\hat{y}_i - 2\hat{\sigma} < y_i < \hat{y}_i + 2\hat{\sigma}) &= 95.44\% \\ P(\hat{y}_i - 3\hat{\sigma} < y_i < \hat{y}_i + 3\hat{\sigma}) &= 99.73\% \end{aligned}\right\}$$

于是,我们可以在回归直线的两边,作平行于回归直线的两条虚直线 $y' = a + bx \pm 2\hat{\sigma}$(见图 8-6),其中 $\hat{\sigma}$ 为 σ 的估计值。

由此可以知道,在可能出现的全部点中,大约有 95%的点落在这两条平行线之间。同理,如作两条平行线 $y' = a + bx \pm 3\hat{\sigma}$,则可以预料有 99%的点落在其间。

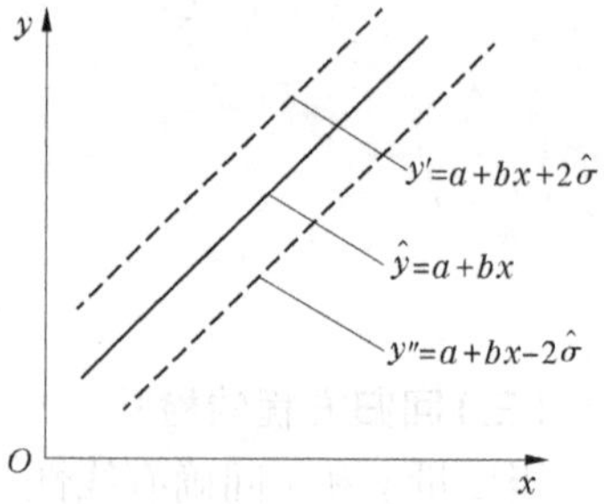

图 8-6　回归线及其概率区间

二、一元非线性回归

在实际问题中,两变量之间的回归关系不一定是线性的,而是非线性的。此时,回归线是一条曲线,这种回归关系称为一元非线性回归。

(一)一元非线性回归的步骤

对于一元非线性回归,建立回归曲线方程的步骤如下:

(1)确定回归曲线的类型。这一步较难,一般需根据理论推导或以往实际经验或样本试验数据的散点图的形状来选择类似的曲线作为回归曲线的类型。

(2)确定回归方程中的回归系数。按回归曲线的类型,常有三种方法:①化为线性回归;②多项式回归;③分段回归。

(二)常见的一元非线性回归曲线

在许多情况下,非线性回归可以通过变量代换转化为线性回归。常用的曲线类型有指数函数、幂函数、对数函数、双曲函数曲线等。

1. 指数函数

指数函数为:

$$y = ae^{bx} \quad (a > 0)$$

设:

$$X = x, Y = \lg y$$

则:

$$Y = \lg a + (b\lg e)X \tag{8-6}$$

由此可知,(x,y)在单对数坐标纸上成一直线,按式(8-6)作线性回归确定参数 $\lg a$ 和 $b\lg e$ 后再代回 $Y = \lg y$,即可求得 y 与 x 的回归指数方程。

2. 幂函数

幂函数(见图 8-7)为:

$$y = ax^b \quad (a > 0)$$

令 $X = \lg x, Y = \lg y$,则:

$$Y = \lg a + bX$$

这样,经坐标变换,即可在双对数坐标纸上变为线性方程,从而可用线性回归法求出系数 $\lg a$ 及 b,并作显著性检验。再利用坐标变换关系,求得 x 与 y 的幂函数回归方程。

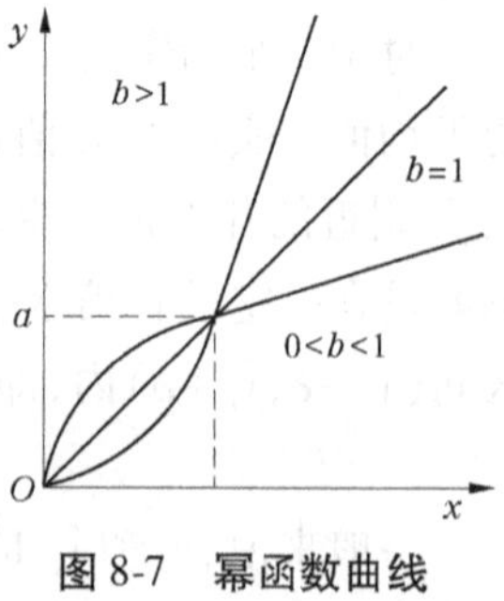

图 8-7　幂函数曲线

3. 对数函数

对数函数(见图 8-8)为:

$$y = a + b\lg x$$

令 $X = \lg x, Y = y$,则:

$$Y = a + bX$$

即可化为线性方程。

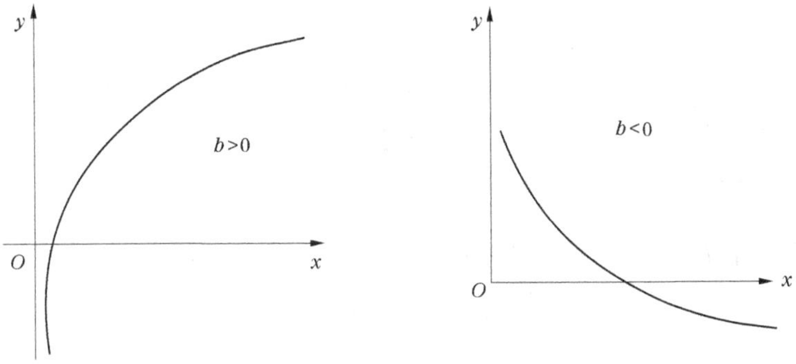

图 8-8　对数函数曲线

4. 双曲函数

双曲函数(见图 8-9)为:

$$\frac{1}{y} = a + b/x$$

令 $X = 1/x, Y = 1/y$,即得 $Y = a + bX$。

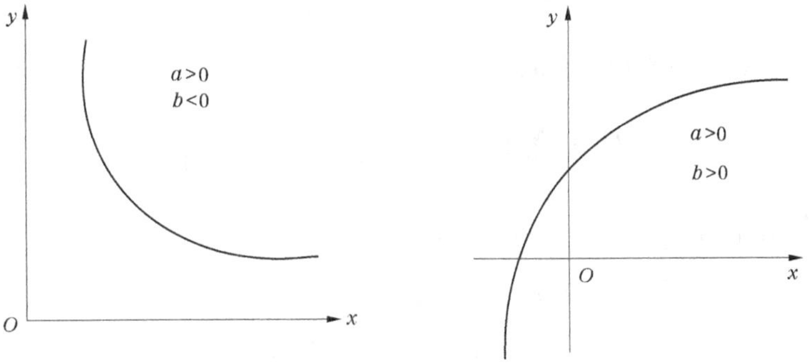

图 8-9　双曲函数曲线

上面讨论了几类典型的曲线,将其线性化后,即可采用线性回归法求得曲线回归方程。这类可化为线性回归的曲线方程还有很多,在此不一一列出了。

三、多元线性回归

在水工及河工模型试验中,涉及的影响因素往往是很复杂的。与某一现象或某变量有关的变量,不只是一个,而是多个。确定变量 y 和自变量 $x_1, x_2, \cdots, x_n$ 间的定量关系的问题,称为多元回归问题。多元回归问题中有线性的和非线性的,多元线性回归问题较简单且普遍。一些多元非线性回归问题也可化为多元线性问题来解决。因此,在此只简单介绍多元线性回归分析。多元线性回归分析的原理与一元线性回归分析原理相同,只是计算更繁杂。

设随机变量 y 随自变量 $x_1,x_2,\cdots,x_n$ 变化,现有 m 组试验数据 $(y_i,x_{1i},x_{2i},\cdots,x_{ni})_{i=1\sim m}$,令变量 y 与 n 个自变量之间的回归方程用如下线性组合的多项式来表示:

$$\hat{y}=b_0+b_1x_1+b_2x_2+\cdots+b_nx_n$$

式中 $b_0,b_1,b_2,\cdots,b_n$——待估计的回归系数。

按照最小二乘法原理,诸回归系数的估计值应使得全部观测值 y_i 和回归值 $\hat{y}_i$ 间的偏差平方和 Q 值达到最小,即式(8-7)达到极小值。

$$Q=\sum_{i=1}^{m}(y_i-\hat{y}_i)^2=\sum_{i=1}^{m}[y_i-(b_0+b_1x_{1i}+b_2x_{2i}+\cdots+b_nx_{ni})]^2 \tag{8-7}$$

根据极值原理,b_j 应为下列方程组的解:

$$\frac{\partial Q}{\partial b_j}=0 \quad (j=0,1,\cdots,n)$$

由 $\frac{\partial Q}{\partial b_0}=0$,可得:

$$b_0=\bar{y}-\sum_{j=1}^{n}b_j\bar{x}_j \tag{8-8}$$

式中

$$\bar{y}=\frac{1}{m}\sum_{i=1}^{m}y_i$$

$$\bar{x}_j=\frac{1}{m}\sum_{i=1}^{m}x_{ji} \quad (j=1,2,\cdots,n)$$

将式(8-8)代入式(8-7),可得:

$$Q=\sum_{i=1}^{m}\left[y_i-\bar{y}_i-\sum_{j=1}^{n}b_j(x_{ji}-\bar{x}_j)\right]^2$$

将上式取 $\frac{\partial Q}{\partial b_j}=0$,即可得 n 个联立方程式:

$$\left.\begin{aligned} l_{11}b_1+l_{12}b_2+\cdots+l_{1n}b_n&=l_{1y}\\ l_{21}b_1+l_{22}b_2+\cdots+l_{2n}b_n&=l_{2y}\\ &\vdots\\ l_{n1}b_1+l_{n2}b_2+\cdots+l_{nn}b_n&=l_{ny}\end{aligned}\right\}$$

其中

$$l_{ij}=\sum_{i=1}^{m}(x_{ji}-\bar{x}_j)(x_{ii}-\bar{x}_i)=\sum_{i=1}^{m}x_{ii}x_{ji}-\frac{1}{m}\left[\sum_{i=1}^{m}x_{ii}\right]\left[\sum_{i=1}^{m}x_{ji}\right]$$

$$l_{iy}=\sum_{i=1}^{m}(y_{ji}-\bar{y})(x_{ii}-\bar{x}_i)=\sum_{i=1}^{m}y_ix_{ii}-\frac{1}{m}\left[\sum_{i=1}^{m}x_{ii}\right]\left[\sum_{i=1}^{m}y_i\right]$$

上述联立方程式称为正规方程式。解此线性方程组,就可求得诸回归系数 b_j。

求得回归方程后,还要对其进行统计检验。为此,需要求得下列统计量:

$$S_{总} = \sum_{i=1}^{m}(y_i - \bar{y})^2 = \sum_{i=1}^{m} y_i^2 - \frac{1}{m}\left[\sum_{i=1}^{m} y_i\right]^2$$

$$S_{回} = \sum_{i=1}^{m}(\hat{y}_i - \bar{y})^2 = \sum_{i=1}^{m} y_i l_{iy}$$

$$S_{剩} = S_{总} - S_{回}$$

上述误差平方和的相应自由度为:

$$f_{总} = m - 1, f_{回} = n, f_{剩} = m - n - 1$$

由此可得相关系数 r、$F_{比}$ 和 $\hat{\sigma}$:

$$r = \sqrt{S_{回}/f_{总}} = \sqrt{1 - S_{剩}/S_{总}}$$

$$F_{比} = (S_{回}/f_{总})/(S_{剩}/f_{剩})$$

$$\hat{\sigma} = \sqrt{S_{剩}/f_{剩}}$$

四、多项式回归

有时实际问题中的曲线类型是比较复杂的,难以判断类型或并非可线性化的非线性曲线,这时可以采用多项式回归。由微积分学可知,任一函数都可以分段用多项式来逼近。因此,多项式回归可以处理相当一部分非线性问题,故其在非线性回归分析中占有相当重要的地位。

令变量 y 与 x 的关系可以假定为 p 次多项式,则其模型为:

$$\hat{y}_i = b_0 + b_1 x_i + b_2 x_i^2 + \cdots + b_n x_i^p \quad (i = 1, 2, \cdots, n)$$

如令 $x_{i1} = x_i, x_{i2} = x_i^2, \cdots, x_{ip} = x_i^p$,则有:

$$\hat{y}_i = b_0 + b_1 x_{i1} + \cdots + b_n x_{ip}$$

由此可见,p 次多项式可用多元线性回归法加以解决。

五、试验数据的优化回归

由上述讨论可知,在探求回归方程时,一般要先画出散点图,判断变量间属何种相关类型。此时除依据散点图外,一般还要靠专业知识和经验。在很多情况下,即使是属于可线性化处理的非线性函数,在直角坐标系上也难以辨别。靠回归检验可以判断回归方程是否有意义,但也难以选择较优的回归方程;再说,如果一个个分别计算比较,则工作量繁重。为此,我们可以利用计算机自动寻求优化回归方程。

已知自变量 x 与因变量 y 之间的关系,根据实测资料,有 n 对(x,y)观测数据。利用计算机,可以分别对直线方程、可线性化的非线性方程及多项式等进行回归,求出回归方程的回归系数并作相关检验,然后进行比较,择其最优者。问题是应采用什么指标来进行比较。一般可以采用回归方程中 y 值的剩余平方和,即 $Q = (y_i - \hat{y}_i)^2$ 作为评价优劣的指标,Q 值最小者即为所求的优化回归方程。也有采用剩余标准离差 S 和相关系数作为评价指标的,剩余标准离差 S 值为:

$$S = \sqrt{\frac{Q}{n - m - 1}}$$

式中　n——实测数据点个数；

m——待定常数个数。

显然，对于一元线性方程而言，采用剩余标准离差 S 比较与采用 Q 值比较的标准是统一的。但如果要将 m 对多项式也参加回归，参加比较，则 S 值会随 m 值的多少而不统一。

另外，当用相关系数作比较时，相关系数 $r = [\sum(\hat{y} - \bar{y})^2 / \sum(y - \bar{y})^2]^{1/2}$ 与经过变量变换后的线性化相关系数并不是一回事。

应该指出，上述方法只是从数学观点进行优化。研究者还需结合物理现象，综合优选较佳的回归方程。

第六节　随机数据处理概论

一、动态信号数据的类型和描述

物理量的观测数据，可以分为确定性的和非确定性的两类，非确定性数据具有随机性。随机物理现象的观测数据每次可能都不同。

表示随机现象的单个时间历程，称为样本函数，在有限时间区间上观测的样本函数，称为样本记录。随机现象可能产生的样本函数的集合（总体），称为随机过程，一般用 $\{x(t)\}$ 表示。

随机过程可分为平稳的和非平稳的两种。平稳的随机过程是指用来表示随机过程的一些函数（均方值、概率密度和自相关函数等）不随信号取样的开始时间而变化，也就是说随机过程的统计特性不随时间而变化。平稳过程又可分为各态历经的和非各态历经的。各态历经的随机过程的不同样本函数具有相同的统计特性，也就是说随机信号的统计特性不随空间而变化。实践发现，很多自然现象是符合或近似地可以认为是各态历经的平稳随机过程。也就是说，可以用单个随机过程的样本记录来确定随机过程的特性。

一个随机过程，需用概率和统计的方法，从以下两个方面进行数学描述：

(1)时间域描述：包括均值、均方值、均方差值、概率密度、概率分布、自相关函数和互相关函数等。

(2)频率域描述：包括自功率谱密度函数（自谱）、互功率谱密度函数（互谱）、谱相关函数、传递函数等。

随机信号在上述两个域之间是可以互相转换的。时域信号通过快速傅里叶变换(FFT)可以用频谱来表示。相反，当已知信号的频谱结构时，也可采用傅里叶反变换(IFFT)反演出信号的时间历程。如许多不规则造波机和模拟试验波形的振动台就是利用这一方法。但不同的随机信号可以有相同的概率密度和概率分布函数，可以利用给定谱的随机信号发生器来模拟出等效的时域信号。

二、随机信号的时域描述

(一)幅值分析

1. 统计值

1)均值

均值是随机信号 $x(t)$ 在时域上的算术平均值,它表示随机信号的静态分量。用有限个离散值表示时有:

$$\bar{x} = \frac{1}{T}\sum_{i=0}^{T} x(t_i)\Delta t$$

2)均方值

均方值即 $x(t)$ 平方值的算术平均值,它反映随机信号的功率或能量:

$$\overline{x^2} = \frac{1}{N}\sum_{i=0}^{N} x_i^2$$

3)方差

方差反映随机信号相对于均值的离散程度:

$$\sigma^2 = \frac{1}{N}\sum_{i=0}^{N} (x_i - \bar{x})^2$$

方差的平方根 σ 称为均方差,在误差分析中又称标准差,表示随机信号在平均值附近摆动的幅度大小。

均方值等于均值的平方与方差之和,即:

$$\overline{x^2} = \bar{x}^2 + \sigma^2$$

由此可以说,均方值能描述随机信号的一般强度。

2. 幅值概率密度函数

随机数据的概率密度函数表示信号的瞬时值落在某指定范围内的概率,如图 8-10 所示的样本时间历时记录 $x(t)$,其 $x(t)$ 落在 x 与 $(x+\Delta x)$ 范围内的概率为:

$$P(x < x(t) \leqslant x + \Delta x) = \sum_{i=0}^{N} \Delta t_i / T$$

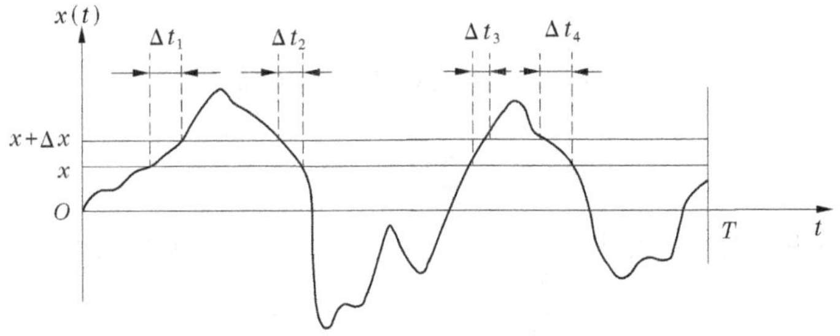

图 8-10　样本时间历时

当 T 足够长,且 $\Delta x \to 0$ 时,概率密度函数定义为:

$$p(x) = \lim_{\substack{\Delta x \to 0 \\ T \to \infty}} \frac{1}{T\Delta x} \sum_{i=1}^{K} \Delta t_i$$

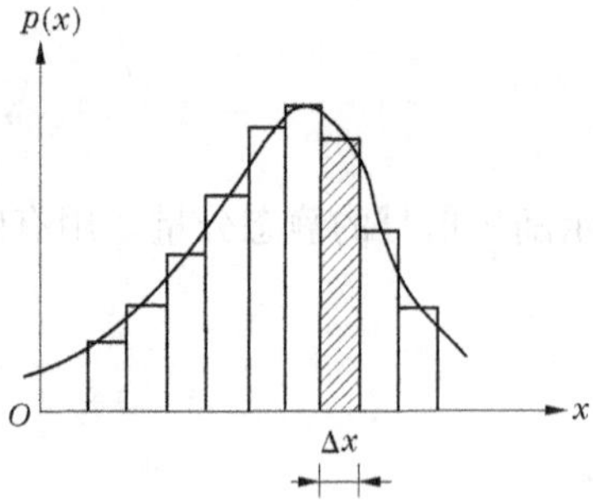

图 8-11　概率密度曲线

显然,概率密度曲线 $p(x)$ 以下、竖线 x_1 和 x_2 之间的面积(见图 8-11),就是 x_1 和 x_2 之间幅值出现的概率 $P(x)$,其值为:

$$P(x) = \sum_{x_1}^{x_2} p(x) \Delta x$$

概率密度的数值恒为正值,且各种可能出现的幅值的概率之和应等于 1,即:

$$\sum_{x=-\infty}^{\infty} p(x) \Delta x = 1$$

随机过程的概率密度具有多种数学表达形式,其中工程上常见的概率分布有正态分布和瑞利分布等。如随机海浪的瞬时波面分布多服从正态分布,而波高分布多服从瑞利分布。

(二)相关函数分析

下面用一个例子简单介绍相关函数分析方法。为了能定量地衡量两个波形的相似程度,可把两个波形 $x(t)$ 和 $y(t)$ 都等间隔地分成 N 个离散值 x_1、x_2、x_3、…、x_N 和 y_1、y_2、y_3、…、y_N,见图 8-12。它们的方差 σ^2 为:

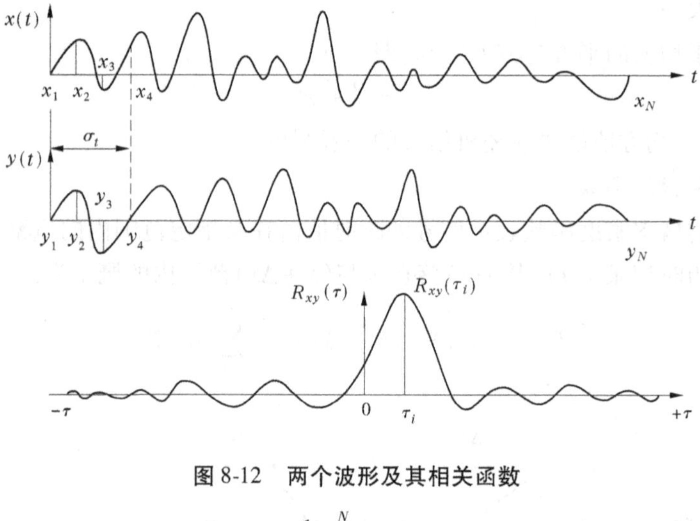

图 8-12　两个波形及其相关函数

$$\sigma^2 = \frac{1}{N} \sum_{i=1}^{N} (x_i - y_i)^2$$

σ^2 能定量地判别两个波形的相似程度。σ^2 值愈小,表示两个波形愈相似。将上式展开:

$$\sigma^2 = \frac{1}{N} \sum_{i=1}^{N} x_i^2 + \frac{1}{N} \sum_{i=1}^{N} y_i^2 - \frac{2}{N} \sum_{i=1}^{N} x_i y_i$$

前两项表示波形的均方值,即总能量,在平稳的随机过程中总能量应为常数,因此两个波形的相似程度取决于第三项的大小,可写成:

$$R_{xy}=\frac{2}{N}\sum_{i=1}^{N}x_iy_i$$

若 R_{xy} 愈大，则 σ^2 愈小，两波形的相似性愈好。

在比较两个波形的相似性时，还常常把两个波形中的一个相对于另一个移动，看移到什么位置时，两波形最相似，即

$$R_{xy}(\tau_i)=\frac{1}{N}\sum_{i=1}^{N}x_i(y_i+\tau_i)$$

式中　τ_i——时移值。

计算时 τ 可以顺序取采样时间间隔的整倍数 Δt、$2\Delta t$、$3\Delta t$、…。

当离散取样数 $N\to\infty$ 或 $\Delta t\to 0$，则上式可写成积分形式：

$$R_{xy}(\tau)=\lim_{N\to\infty}\frac{1}{N}\int_0^N x(t)y(t+\tau)\mathrm{d}t$$

$R_{xy}(\tau)$ 表示两个函数 $x(t)$ 和 $y(t)$ 间的相似程度的函数，称为互相关函数，它不仅与两波形本身的特点有关，还与两个波形的时移值 τ 有关。当 $y(t)=x(t)$ 时，得：

$$R_{xx}(\tau)=\frac{1}{N}\int_0^N x(t)x(t+\tau)\mathrm{d}t$$

$R_{xy}(\tau)$ 表示 $x(t)$ 对于自己的相同函数 $x(t+\tau)$ 相似程度的函数，称为自相关函数。

三、频谱分析

一般情况的随机信号属明显的非周期函数，如把随机信号作频谱分析，找出各组成谐波的频率成分，且每种频率有它对应的功率或能量，把它们的关系用图线表示，表示功率在频率域内的函数，称功率谱密度。

在平稳随机过程中，功率谱密度给出了某一过程的功率在频率域上的分布方式，可用来判别该过程中各种频率成分能量的强弱，可利用功率谱和响应谱来研究和测定结构的动荷载问题，进行动态结构的响应分析，还可以用能谱来模拟随机海浪，进行海浪机理和海工波力响应研究。

根据随机振动理论中的维纳－辛钦公式，功率谱密度与自相关函数的关系为：自相关函数 $R_{xx}(\tau)$ 与自功率谱密度函数 $S_{xx}(\omega)$ 互为傅里叶变换，即：

$$S_{xx}(\omega)=\frac{1}{2\pi}\int_{-\infty}^{\infty}R_{xx}(\tau)\mathrm{e}^{-j\omega\tau}\mathrm{d}\tau \tag{8-9}$$

$$R_{xx}(\tau)=\int_{-\infty}^{\infty}S_{xx}(\omega)\mathrm{e}^{j\omega\tau}\mathrm{d}\omega \tag{8-10}$$

当 $\tau=0$ 时，有：

$$R_{xx}(0)=\int_{-\infty}^{\infty}S_{xx}(\omega)\mathrm{d}\omega$$

上式表示功率谱密度函数 $S_{xx}(\omega)$ 下的面积等于随机波动量在 $\tau=0$ 时的自相关函数。由前述可知，自相关函数在 $\tau=0$ 时又等于随机波动 $x(t)$ 的总均方值。所以，功率谱密度函数 $S_{xx}(\omega)$ 曲线下的面积等于 $x(t)$ 的总均方值，也就是说，知道了 $S(\omega)$，即可算出 $\bar{x}^2$。

功率谱密度函数是描述随机过程的一个重要参数。通过功率谱的调查、研究和处理，有助于全面理解随机过程的物理机理，进行随机过程的模拟和设计工作。

式(8-9)和式(8-10)构成频谱估计的理论基础。对于平稳随机数据，最常用的谱估计方法有两种：一是利用相关函数求谱(DFT)，二是利用快速傅里叶变换求谱(FFT)。目前，在计算机中一般都是采用 FFT 法进行谱估计，它利用三角函数的周期性以最少的次数完成运算工作，运算速度可大大加快。

令一个离散化、中心化后的随机样本 $x(t)$，则可由下列两式计算 $R(v)$ 和 $S(\omega)$：

$$R(v) = \frac{1}{N-v}\sum_{n=1}^{N-v} x_n x_{n+v} \quad (v = 0,1,2,\cdots,m)$$

式中　N——样本容量；

v——时间滞后数；

m——最大滞后数。

$$S(\omega) = \frac{1}{2\pi}\sum_{v=-(N-1)}^{N-1} R(v)e^{i\omega v}, \quad |\omega| < \pi$$

经过数学推导，并引入 $\omega_r = \frac{2\pi}{N}r$，可得单侧谱估计的公式为：

$$S(\omega_r) = \frac{\Delta t}{N\pi}\left|\sum_{m=0}^{N-1} x_m e^{i\frac{2\pi}{N}rm}\right|^2 = \frac{\Delta t}{N\pi}|C_r|^2$$

式中，C_r 为离散傅里叶变换的第 r 个复系数。

按上式求得的粗谱，还需按各种窗函数进行修匀平滑。求出光滑谱后，需定出谱估计的置信范围，根据所得的谱估计，可计算谱矩和谱宽度等特征值。

四、随机数据的获得和预处理

对随机数据的获得和处理方法，视物理现象和工程目的而定。一般分数据采集、数据检验和数据分析三个方面。

数据采集的基本设备是传感器。欲测的物理量经传感器的物理效应转换为模拟电量，再经过放大、电量转换(一般是转换为电压量)，然后由计算机信号采集系统进行记录。

一般电测的物理信号是模拟电压时间过程线，为了送计算机处理，必须将模拟信号进行数字化处理，数字化处理包括采样和量化两部分。

采样是确定需要观测的数据的瞬时点。采样一般是等间隔进行的，合理地选择采样间隔对提高采样精度和速度是很重要的，采样点太密会产生相关和大量多余的数据；反之，采样太疏，就会在原始数据中引起低频、高频分量的混淆。为了避免离散数据时引起的“混频”和皱波现象，应保证采样频率满足 $f_c > f_0$ 的要求($f_c = \frac{2}{\Delta t}$为奈奎斯特频率，f_0 为数据中最高频率)。例如，在进行海浪谱估计时，考虑到波能主要集中在周期大于 1 ~ 2 s 的范围内，因此在海上条件下宜选用采样时间步长 $\Delta t = 0.5 \sim 1.0$ s。另外，考虑到资料的代表性和平稳性，样本容量 N 一般能包括 100 个以上的波，记录长度以 10 ~ 20 min 为宜。

量化就是将采样点上的模拟量(电平)由模/数转换器转化为二进制数值量(数字单位),然后再乘以标定系数 k(物理量单位/数字单位),将其变为待测物理量。

预验数据包括去掉电平漂移、趋势项和其他可能产生的各种误差。周期大于记录长度的频率成分称为趋势项。如测试系统的零漂通常是趋势项的来源之一,在进行数据分析之前必须消除,否则,在相关和功率谱分析中会出现很大的畸变。一般可用最小二乘法来消除高阶的和线性的趋势项。

分析随机数据及解释分析结果的方法是否正确,主要取决于数据的一些基本特性,包括数据的正态性、平稳性和各态历经性。因此,建立随机数据库后,在进行统计分析前,还必须对随机数据的正态性、平稳性和各态历经性进行检验。

一个随机过程,其算术平均值 $\bar{x}$、自相关函数 R 如能满足:

$$\bar{x}(t)=\text{常数}$$

$$R(t,t+\tau)=R(\tau)$$

也就是说这些统计特征不随时间的变化而变化,则说明该数据是平稳的。

一般取相隔一定时间的两组单个样本函数,取相同的样本容量 N,经统计分别求得两组单个样本的均值 $\bar{x}$ 和方差 σ^2。两组相应的特征值如果基本一致,则可认为过程是平稳的。再给出两组相关函数沿滞域的曲线,如两组曲线随着时间滞后数 τ 值的增大,$R(\tau)$ 趋于零,则说明该随机过程具有各态历经性。

进行随机数据正态性检验,其方法是算出数据的经验分布及其特征值:均方差 σ、偏差系数 C_s、峰值系数 C_e,然后可利用非参数 χ 检验,看其是否接近正态分布。

第七节　试验研究报告的撰写概要

在试验资料整理和分析的基础上,要编写模型试验报告。试验报告的内容应有试验的概况及试验任务,工程方案,模型的设计、制造和验证,试验成果的整理及分析,结论与建议。

一、报告格式

(1)封面:试验报告封面应写出报告的全称,排在上方居中;院(所)名称和日期排在下方居中。

(2)扉页:报告扉页为审批表,包括主要参加人、报告撰写人、项目负责人、审查人和批准人等。

(3)内容提要:用简短文字叙述试验内容和成果结论等。

(4)正文:为试验报告的主体。

二、报告正文

(1)报告文字应清晰,语句要精练通顺,不得使用未正式公布的简化字、自造字,标点分明、正确。

(2)报告内容包括工程概况、试验任务、模型设计、测试手段、成果分析和结论、建议等。

(3)结论观点应明确,建议要切合实际。

(4)计量单位必须使用中华人民共和国法定计量单位。

(5)技术术语应按国家标准或行业标准,尚无统一规定的,应给术语以定义。

三、报告审批

(1)报告应由项目负责人认真校核,并对报告负责。

(2)报告必须经执行任务的基层负责人审查、上级核定、主管部门批准。

(3)重大项目的试验研究报告应经学术委员会或专家组审批。

复习思考题

1. 模型试验过程中,如何进行原始记录?
2. 试验成果的表达方式一般有哪些?
3. 为什么要进行试验数据的误差分析?
4. 试验异常数据如何发现与剔除?有哪些方法?
5. 如何根据试验结果建立经验公式?经验公式的可靠性如何检验?
6. 如何撰写试验研究报告?基本格式如何?

参考文献

[1] 中华人民共和国水利部. SL155—95 水工(常规)模型试验规程[S]. 北京:中国水利水电出版社,1995.

[2] 中华人民共和国水利部. SL156 ~ 165—95 水工(专题)模型试验规程[S]. 北京:中国水利水电出版社,1995.

[3] 中华人民共和国水利部. SL99—95 河工模型试验规程[S]. 北京:中国水利水电出版社,1995.

[4] 中华人民共和国交通部. JTJ/T232—98 内河航道与港口水流泥沙模拟技术规程[S]. 北京:人民交通出版社,1999.

[5] 中华人民共和国交通部. JTJ/T235—2003 通航建筑物水力学模拟技术规程[S]. 北京:人民交通出版社,2004.

[6] 中华人民共和国交通部. JTJ/T233—98 海岸与河口潮流泥沙模拟技术规程[S]. 北京:人民交通出版社,1999.

[7] 中华人民共和国交通部. JTJ/T234—2001 波浪模型试验规程[S]. 北京:人民交通出版社,2002.

[8] 南京水利科学研究院,等. 水工模型试验[M]. 北京:水利电力出版社,1985.

[9] 左东启,等. 模型试验的理论与方法[M]. 北京:水利电力出版社,1984.

[10] 惠遇甲,王桂仙. 河工模型试验[M]. 北京:中国水利水电出版社,1999.

[11] 吴宋仁,陈永宽. 港口及航道工程模型试验[M]. 北京:人民交通出版社,1993.

[12] 谢鉴衡. 河流模拟[M]. 北京:水利电力出版社,1990.

[13] 李昌华,金德春. 河工模型试验[M]. 北京:人民交通出版社,1981.

[14] 左东启. 相似理论 20 世纪的演进和 21 世纪的展望[J]. 水利水电科技进展,1997,17(2).

[15] 归柯庭,汪军,等. 工程流体力学[M]. 北京:科学出版社,2003.

[16] 邵卫云. 工程流体力学[M]. 北京:电子工业出版社,2006.

[17] 孔珑. 工程流体力学[M]. 北京:中国电力出版社,2007.

[18] 马乾初,王家楣. 流体力学[M]. 大连:大连海事出版社,2006.

[19] 禹华谦. 工程流体力学[M]. 成都:西南交通大学出版社,1999.

[20] 余志豪,苗曼倩,等. 流体力学[M]. 北京:气象出版社,2004.

[21] 吴桢祥,杨玲霞,等. 水力学[M]. 北京:气象出版社,1994.

[22] 吴持恭. 水力学[M]. 北京:高等教育出版社,2008.

[23] 屈孟浩. 黄河动床模型试验理论和方法[M]. 郑州:黄河水利出版社,2005.

[24] 胡旭跃,黄伦超,等. 分汊河道分流区航道内斜流的整治方法研究[J]. 长江科学院院报,2002,3.

[25] 黄伦超,刘晓平,等. 分汊河段低水头枢纽两汊泄流宽度对泄洪能力的影响[J]. 水利水运工程学报,2005,1.

[26] 周美林,黄伦超,等. 微弯分汊河道水力特性对株洲航电枢纽布置影响模拟试验研究[R]. 长沙:长沙理工大学,2003.

[27] 刘晓平,黄伦超,等. 株洲航电枢纽布置方案研究及优化[J]. 长沙交通学院学报,2000,4.

[28] 黄伦超,周美林,等. 株洲航电枢纽泄水闸优化调度试验研究[J]. 水运工程,2003,7.

[29] 李明德,黄伦超,等. 株洲枢纽船闸下引航道口门区整治措施及效果分析[J]. 水运工程,2006,8.

[30] 夏毓常,张黎明. 水工水力学原型观测与模型试验[M]. 北京:中国电力出版社,1999.

[31] 李兆鹏. 二滩导流水工模型试验研究[J]. 水电站设计,1994,10(1):62-69.

[32] 梁川,谢省宗. 三峡船闸输水隧洞反弧门后廊道体型空化模型试验[J]. 四川大学学报(工程科学

版),2000,32(2).
[33] 刘诚,黄伦超. 微弯分汊河道低水头航电枢纽水流泥沙运动特点及工程对策[J]. 水运工程,2003,3.
[34] 黄伦超. 湘江大源渡航运枢纽整体模型试验研究[J]. 湖南交通科技,1997,4.
[35] 黄伦超. 湘江大源渡枢纽施工期通航水流条件分析[J]. 长沙交通学院学报,1998,1.
[36] 黄伦超,江诗群. 湘江株洲枢纽工程施工期通航水流条件试验研究[J]. 水运工程,2001,11.
[37] 黄伦超,刘晓平,等. 长沙综合枢纽工可阶段枢纽总体平面布置模型试验研究[R]. 长沙:长沙理工大学,2004.
[38] 袁光裕. 水利工程施工[M]. 北京:中国水利水电出版社,2004.
[39] 汪定扬.《立堵截流实用水力学计算》的成稿过程[J]. 长江志季刊,2003,总 76 期:30-32.
[40] 苗宝广. 掺气减蚀设施水力特性研究[D]. 成都:四川大学,2005.
[41] 黄伦超,刘晓平. 大源渡枢纽泄洪能力研究[J]. 水运工程,2000,10.
[42] 黄伦超,刘晓平. 关于大源渡枢纽的泄洪能力[J]. 交通科技,2000,3.
[43] 黄伦超,李伟,等. 河岸形态对低水头枢纽船闸口门区水流条件影响研究[J]. 水运工程,2006,11.
[44] 刘诚,黄伦超,等. 空洲洲头形式及上引航道导堤长度对株洲枢纽水流条件的影响[J]. 长沙交通学院学报,2002,1.
[45] HUANG LUNCHAO, *et al.*. Thewater-sediment characteristics and dredging measures in the river section of Zhuzhou avigation and hydropower junction in construction and service period[C]. XXXI IAHR CONGRESS,2005.
[46] 胡旭跃,黄伦超,等. 入湖河流尾闾段的河性及航道整治[J]. 长沙交通学院学报,2002,1.
[47] 周克发,李雷,等. 我国溃坝生命损失评价模型初步研究[J]. 安全与环境学报,2007,7(3):146-149.
[48] 朱勇辉,廖鸿志,等. 土坝溃决模型及其发展[J]. 水力发电学报,2003(2):31-37.
[49] 刘晓平,黄伦超,等. 低水头枢纽闸坝型式与布置对行洪能力影响的研究[R]. 长沙:长沙理工大学,2004.
[50] 黄伦超,刘晓平,等. 连江西牛航运枢纽工程泄水闸断面水工模型试验研究[R]. 长沙:长沙理工大学,2003.
[51] 黄伦超,刘晓平,等. 松花江大顶子山航运枢纽通航技术研究——泄水闸断面水工模型试验[R]. 长沙理工大学,2004.
[52] 吴杰芳,张林让,等. 三峡大坝导流底孔闸门流激振动水弹性模型试验研究[J]. 长江科学院院报,2001,18(5).
[53] 周华兴,郑宝友,等. 大顶子山枢纽船闸分散输水系统水工模型试验报告[R]. 天津:交通部天津水运工程科学研究所,2004.
[54] 郑小玉,杨永全. 明渠水流模型试验中糙率不相似问题研究[J]. 四川大学学报(工程科学版),2003,35(4):25-28.
[55] 黄纪忠,杨小亭. 明渠清水定床模型试验方法的比较与应用[J]. 武汉水利电力大学学报,1998,31(4):51-55.
[56] 吴明阳,冯玉林. 上海洋山港区一期工程潮流模型试验研究[J]. 泥沙研究,2002,8.
[57] 史宏达,韩桂萍,等. 防波堤断面结构型式及护面块体稳定性模型试验研究[J]. 中国海洋大学学报,2006,11.
[58] 严恺,梁其荀. 海岸工程[M]. 北京:海洋出版社,2002.
[59] 松辽水利委员会科学研究所,长江科学院. 水工建筑物水力学原型观测[M]. 北京:水利电力出版社,1988.

[60] 尹亚敏,陈丽红,等. 木模在水工模型有机玻璃制作中的应用[J]. 实验室研究与探索,2004,23(4):28-30.
[61] 蔡守允,周益人,谢瑞,等. 河流海岸模型测试技术[M]. 北京:海洋出版社,2004.
[62] Cai shou yun. Measurement technology of thc scdimcntation model testin the three gorges project(AtDam-Site) [C]. In:CHES and IAHReds. Proceedingso the first internation alsymposium on Hydraulic Measurement, Beijing, 1994.
[63] 蔡守允,魏延文,等. LGY－Ⅲ型智能测沙颗分仪[J]. 海洋工程,1999,17(4):49-54.
[64] 蔡守允,戴杰,等. 大型模型试验水沙循环调制设备及控制系统[J]. 海洋工程,2006,24(2):118-122.
[65] 肖兴斌. 水工泥沙实验工[M]. 郑州:黄河水利出版社,1996.
[66] 蔡守允,戴杰,等. 大型模型试验水沙循环调制设备及控制系统[J]. 海洋工程,2006,24(2):118-122.
[67] 孙鹤泉,康海贵,等. PIV 的原理与应用[J]. 水道港口,2002,23(1).
[68] 刘敏,舒乃秋. CLM－Ⅱ超声水位仪的研制[J]. 中国农村水利水电,2003,10.
[69] 蔡守允,谢瑞,等. 多功能智能流速仪[J]. 海洋工程,2004,22(2):83-86.